科学与工程
计算技术丛书

MATLAB GUI 设计全解

基于App Designer的实现方法

刘 浩◎编著

清华大学出版社

北京

内 容 简 介

MATLAB App 设计工具（App Designer）是 MATLAB 提供的一套用于创建图形用户界面（GUI）和交互式应用程序的强大而直观的 App 设计工具，深受广大用户的喜爱。

本书在讲解 MATLAB 基础知识、程序设计等内容的基础上，全面细致地讲解了 MATLAB 的 App 设计工具，以引导读者通过 GUI 构建各种 App。本书从初步构建 App 到设计组件、布局与回调，再到 App 的编程、打包与共享，涉及 App 开发的方方面面。本书的最后通过具体的 App 设计实例帮助读者深入掌握 App 的设计流程。书中示例均已记录在 M 文件及其他相关文件中，读者可以直接使用这些文件进行学习，以提高学习效率。

本书内容翔实，结合示例引导，讲解深入浅出，适合从事 App 设计开发工作的读者参考。本书既可作为高等院校理工科相关专业研究生、本科生的教材，也可作为广大科研工程技术人员的自学用书。

版权所有，侵权必究。举报：010-62782989，beiqinquan@tup.tsinghua.edu.cn。

图书在版编目（CIP）数据

MATLAB GUI设计全解：基于App Designer的实现方法 / 刘浩编著. -- 北京：清华大学出版社, 2025. 2. -- (科学与工程计算技术丛书). -- ISBN 978-7-302-68375-9

Ⅰ. TP317

中国国家版本馆CIP数据核字第20252MP520号

策划编辑：盛东亮
责任编辑：李 晔
封面设计：李召霞
责任校对：时翠兰
责任印制：刘 菲

出版发行：清华大学出版社
网　　址：https://www.tup.com.cn，https://www.wqxuetang.com
地　　址：北京清华大学学研大厦A座　　邮　编：100084
社 总 机：010-83470000　　邮　购：010-62786544
投稿与读者服务：010-62776969，c-service@tup.tsinghua.edu.cn
质 量 反 馈：010-62772015，zhiliang@tup.tsinghua.edu.cn
课 件 下 载：https://www.tup.com.cn, 010-83470236

印 装 者：北京瑞禾彩色印刷有限公司
经　　销：全国新华书店
开　　本：203mm×260mm　　印　张：18.25　　字　数：526千字
版　　次：2025年4月第1版　　印　次：2025年4月第1次印刷
印　　数：1～1500
定　　价：79.00元

产品编号：106936-01

序言
FOREWORD

致力于加快工程技术和科学研究的步伐——这句话总结了 MathWorks 坚持超过 30 年的使命。

在这期间，MathWorks 有幸见证了工程师和科学家使用 MATLAB 和 Simulink 在多个应用领域中的无数变革和突破：汽车行业的电气化和不断提高的自动化水平；日益精确的气象建模和预测；航空航天领域持续提高的性能和安全指标；由神经学家破解的大脑和身体奥秘；无线通信技术的普及；电力网络可靠性的提高，等等。

与此同时，MATLAB 和 Simulink 帮助了无数大学生在工程技术和科学研究课程里学习关键的技术理念并应用于实际问题中，培养他们成为栋梁之材，更好地投入科研、教学以及工业应用中，指引他们致力于学习、探索先进的技术，融合并应用于创新实践中。

如今，工程技术和科研创新的步伐令人惊叹。创新进程以大量的数据为驱动，结合相应的计算硬件和用于提取信息的机器学习算法。软件和算法几乎无处不在——从孩子的玩具到家用设备，从机器人和制造体系到每一种运输方式——让这些系统更具功能性、灵活性、自主性。最重要的是，工程师和科学家推动了这些进程，他们洞悉问题，创造技术，设计革新系统。

为了支持创新的步伐，MATLAB 发展成为一个广泛而统一的计算技术平台，将成熟的技术方法（比如控制设计和信号处理）融入令人激动的新兴领域，例如，深度学习、机器人、物联网开发等。对于现在的智能连接系统，Simulink 平台可以让您实现模拟系统，优化设计，并自动生成嵌入式代码。

"科学与工程计算技术丛书"系列主题反映了 MATLAB 和 Simulink 汇集领域的研究成果，包括大规模编程、机器学习、科学计算、机器人等。我们高兴地看到"科学与工程计算技术丛书"支持 MathWorks 一直以来追求的目标：助您加速工程技术和科学研究进程。

期待着您的创新！

Jim Tung
MathWorks Fellow

序言
FOREWORD

To Accelerate the Pace of Engineering and Science. These eight words have summarized the MathWorks mission for over 30 years.

In that time, it has been an honor and a humbling experience to see engineers and scientists using MATLAB and Simulink to create transformational breakthroughs in an amazingly diverse range of applications: the electrification and increasing autonomy of automobiles; the dramatically more accurate models and forecasts of our weather and climates; the increased performance and safety of aircraft; the insights from neuroscientists about how our brains and bodies work; the pervasiveness of wireless communications; the reliability of power grids; and much more.

At the same time, MATLAB and Simulink have helped countless students in engineering and science courses to learn key technical concepts and apply them to real-world problems, preparing them better for roles in research, teaching, and industry. They are also equipped to become lifelong learners, exploring for new techniques, combining them, and applying them in novel ways.

Today, the pace of innovation in engineering and science is astonishing. That pace is fueled by huge volumes of data, matched with computing hardware and machine-learning algorithms for extracting information from it. It is embodied by software and algorithms in almost every type of system — from children's toys to household appliances to robots and manufacturing systems to almost every form of transportation — making those systems more functional, flexible, and autonomous. Most important, that pace is driven by the engineers and scientists who gain the insights, create the technologies, and design the innovative systems.

To support today's pace of innovation, MATLAB has evolved into a broad and unifying technical computing platform, spanning well-established methods, such as control design and signal processing, with exciting newer areas, such as deep learning, robotics, and IoT development. For today's smart connected systems, Simulink is the platform that enables you to simulate those systems, optimize the design, and automatically generate the embedded code.

The topics in this book series reflect the broad set of areas that MATLAB and Simulink bring together: large-scale programming, machine learning, scientific computing, robotics, and more. We are delighted to collaborate on this series, in support of our ongoing goal: to enable you to accelerate the pace of your engineering and scientific work.

I look forward to the innovations that you will create!

Jim Tung
MathWorks Fellow

前言
PREFACE

MATLAB 是由美国 MathWorks 公司推出的商业数学软件，是用于算法开发、数据可视化、数据分析以及数值计算的高级技术计算语言和交互式环境，在很大程度上摆脱了传统非交互式程序设计语言的编辑模式，代表了当今世界科学计算软件的先进水平。

MATLAB 中的 App 设计工具是 MATLAB 提供的一套强大而直观的工具，用于创建 GUI 和交互式应用程序。这些工具使得用户能够通过拖放组件、配置属性和编写回调函数轻松地构建专业而灵活的应用，而无须深入涉及底层的图形编程。MATLAB App 设计工具的使用简化了 GUI 的创建过程，使得即使没有深厚的编程背景的用户也能够创建出功能丰富的应用程序。

对于熟悉 MATLAB 编程的用户，App 设计工具提供了代码视图模式，允许直接编辑生成 MATLAB 代码，进一步增强了设计灵活性。最重要的是，在设计完成后，用户可以轻松地部署应用程序或共享给其他用户，使得创建功能丰富的应用更容易传播和使用。MATLAB App 设计工具的存在极大地拓展了 MATLAB 的应用领域，使其成为一个更全面、可视化且易用的科学计算和应用开发平台。

1. 本书内容

本书在介绍 MATLAB 基本应用知识的基础上，全面讲解了 MATLAB 编程语言和 App 设计工具。本书基于 MATLAB 帮助文档编写，书中各章均提供了大量的针对性示例，帮助读者快速掌握 MATLAB App 的设计方法。全书分为 3 部分共 12 章，具体内容如下：

第一部分　MATLAB 基础知识

本书从 MATLAB 的基础知识入手，介绍了工作环境、搜索路径、M 文件、通用命令和帮助系统等知识，为读者提供了建立在牢固基础上的编程起点。通过深入浅出的方式，帮助读者掌握数据类型、基本运算、字符串、数组等基础知识，为后续的程序设计打下坚实的基础。

第二部分　高级编程和应用设计

随着读者逐步熟悉 MATLAB 的基础知识，本书深入探讨了程序设计、函数运用和图形绘制等高级主题。读者将学会程序语法规则、程序结构、控制语句，以及如何调试程序。进一步地，书中详细介绍了函数的创建和使用，以及图形绘制的基本原理，为读者提供更广泛的编程应用场景。

第三部分　App 设计和实际应用

本书的后半部分聚焦于 MATLAB 的 App 设计工具，引导读者通过 GUI 构建各种应用。从初步构建 App 到设计组件、布局与回调，再到 App 的编程、打包与共享，本书提供了全面的 App 设计指南。最后，通过具体的设计实例，读者将学会如何实现设计绘图 App、自动调整布局的 App 等实际应用，将所学知识应用于解决实际问题。

2. 本书特点

由浅入深、循序渐进。本书以初、中级读者为对象，从 MATLAB 及 App 设计的基本知识讲起，辅以各种应用示例，帮助读者尽快掌握 MATLAB App 设计技能。

步骤详尽、内容新颖。本书根据作者多年的 MATLAB App 设计经验，结合大量操作示例，将 App 设计工具的各种功能、使用技巧等详细地讲解给读者，在讲解过程中步骤详尽、内容新颖，并辅以相应的图片，使读者在阅读时一目了然，从而快速掌握书中所讲内容。

示例典型、轻松易学。通过学习应用案例的具体操作是掌握 MATLAB App 设计工具使用方法的最好方式。本书通过应用示例，详尽透彻地讲解了 MATLAB App 设计工具的各种功能。

3. 读者对象

本书适合 MATLAB 初学者和希望提高 MATLAB 应用技能的读者，具体如下：

- ★ MATLAB 爱好者
- ★ 广大科研工作者
- ★ 大中专院校教师和在校生
- ★ 相关培训机构教师和学员
- ★ MATLAB App 开发人员

本书由刘浩编著，虽然编者在本书的编写过程中力求叙述准确、完善，但由于水平有限，书中疏漏之处在所难免，希望读者能够及时指出，共同促进本书质量的提高。最后再次希望本书能为读者的学习和工作提供帮助！

编者

2025 年 2 月

目录
CONTENTS

第一部分 MATLAB 基础知识

第 1 章 初识 MATLAB ... 3
▶ 微课视频 59 分钟
- 1.1 工作环境 ... 3
  - 1.1.1 命令行窗口 ... 4
  - 1.1.2 命令历史记录窗口 ... 9
  - 1.1.3 当前文件夹 ... 10
  - 1.1.4 工作区和变量编辑器 ... 11
- 1.2 搜索路径 ... 13
  - 1.2.1 路径搜索机制 ... 13
  - 1.2.2 设置搜索路径 ... 14
- 1.3 M 文件 ... 15
  - 1.3.1 M 文件编辑器 ... 16
  - 1.3.2 函数式 M 文件 ... 16
  - 1.3.3 脚本式 M 文件 ... 18
  - 1.3.4 M 文件遵循的规则 ... 19
- 1.4 通用命令 ... 19
  - 1.4.1 常用命令 ... 20
  - 1.4.2 编辑命令 ... 20
  - 1.4.3 特殊符号 ... 21
  - 1.4.4 数据存取 ... 21
- 1.5 帮助系统 ... 23
  - 1.5.1 使用帮助命令 ... 23
  - 1.5.2 帮助导航 ... 25
  - 1.5.3 示例帮助 ... 26
- 1.6 本章小结 ... 26

第 2 章 基础知识 ... 27
▶ 微课视频 119 分钟
- 2.1 基本概念 ... 27
  - 2.1.1 常量与变量 ... 27
  - 2.1.2 无穷量和非数值量 ... 28

- 2.1.3 标量、向量、矩阵与数组 ... 29
- 2.1.4 命令、函数、表达式和语句 ... 31
- 2.2 数据类型 ... 32
  - 2.2.1 数据类型概述 ... 32
  - 2.2.2 整数型 ... 33
  - 2.2.3 浮点数型 ... 35
  - 2.2.4 显示格式 ... 36
  - 2.2.5 结构体 ... 37
  - 2.2.6 元胞数组 ... 38
  - 2.2.7 函数句柄 ... 39
- 2.3 基本运算 ... 40
  - 2.3.1 算术运算 ... 40
  - 2.3.2 关系运算 ... 42
  - 2.3.3 逻辑运算 ... 43
  - 2.3.4 运算符优先级 ... 46
  - 2.3.5 常用函数 ... 46
- 2.4 字符串 ... 47
  - 2.4.1 字符串变量 ... 47
  - 2.4.2 一维字符数组 ... 47
  - 2.4.3 对字符串的操作 ... 48
  - 2.4.4 二维字符数组 ... 50
- 2.5 数组 ... 52
  - 2.5.1 空数组 ... 52
  - 2.5.2 一维数组（向量） ... 53
  - 2.5.3 二维数组（矩阵） ... 55
  - 2.5.4 数组拼接 ... 56
- 2.6 标准数组 ... 56
  - 2.6.1 0-1 数组 ... 56
  - 2.6.2 对角数组 ... 58
  - 2.6.3 随机数组 ... 59
  - 2.6.4 幻方数组 ... 61
- 2.7 本章小结 ... 63

第二部分 高级编程和应用设计

第3章 程序设计 ... 67
▶微课视频 63 分钟
- 3.1 程序语法规则 ... 67
  - 3.1.1 程序设计中的变量 ... 67
  - 3.1.2 编程方法 ... 68

3.2 程序结构 69
3.2.1 顺序结构 69
3.2.2 循环结构 69
3.2.3 条件结构 74
3.3 控制语句 78
3.3.1 continue 命令 78
3.3.2 break 命令 79
3.3.3 keyboard 命令 80
3.3.4 return 命令 81
3.3.5 input( )函数 82
3.4 程序调试 82
3.4.1 常见的错误类型 82
3.4.2 直接调试法 83
3.4.3 工具调试法 83
3.4.4 程序调试命令 85
3.4.5 程序调试剖析 86
3.5 本章小结 89

第 4 章 函数运用 90
▶ 微课视频 43 分钟
4.1 函数文件 90
4.1.1 函数文件结构 90
4.1.2 函数调用 93
4.2 函数类型 95
4.2.1 匿名函数 95
4.2.2 主函数 96
4.2.3 嵌套函数 96
4.2.4 子函数 97
4.2.5 私有函数 97
4.2.6 重载函数 97
4.3 参数传递 97
4.3.1 参数传递概述 98
4.3.2 输入和输出参数的数目 98
4.3.3 可变数目的参数传递 99
4.3.4 返回被修改的输入参数 100
4.3.5 全局变量 101
4.4 本章小结 101

第 5 章 图形绘制 102
▶ 微课视频 39 分钟
5.1 图形绘制简介 102

	5.1.1 离散数据可视化	102
	5.1.2 连续函数可视化	104
5.2	二维绘图	106
	5.2.1 基本绘图函数	106
	5.2.2 图形修饰	108
	5.2.3 子图绘制	115
5.3	三维绘制	117
	5.3.1 基本绘图函数	118
	5.3.2 显示和关闭隐藏线	120
5.4	特殊图形的绘制	121
	5.4.1 特殊二维图形	121
	5.4.2 特殊三维图形	122
5.5	本章小结	125

第三部分　App 设计和实际应用

第 6 章　App 构建初步　129
微课视频 43 分钟

6.1	App 设计工具介绍	129
	6.1.1 App 设计工具的特点	129
	6.1.2 构建 App 的动力	130
	6.1.3 构建 App	130
	6.1.4 构建实时编辑器任务	132
6.2	App 设计工具操作界面	132
	6.2.1 启动 App 设计工具	132
	6.2.2 设计视图下的操作界面	133
	6.2.3 代码视图下的操作界面	135
6.3	创建并运行简单的 App	136
	6.3.1 建立新的 App	136
	6.3.2 创建组件	136
	6.3.3 添加回调	137
	6.3.4 运行 App	139
6.4	在设计工具中显示图形	139
	6.4.1 在现有坐标区上显示图形	140
	6.4.2 在容器中显示图形	141
	6.4.3 以编程方式创建坐标区	143
	6.4.4 使用不带目标参数的函数	145
	6.4.5 使用不支持自动调整大小的函数	145
6.5	获取 App	146

6.6	本章小结	147

第 7 章 App 构建组件 ... 148
▶ 微课视频 96 分钟

7.1	组件概述	148
7.2	容器与图窗工具组件	153
	7.2.1 图窗	153
	7.2.2 网格布局管理器	154
	7.2.3 选项卡组	155
	7.2.4 面板	155
	7.2.5 菜单栏	156
	7.2.6 上下文菜单	157
	7.2.7 工具栏	157
7.3	常用组件	158
	7.3.1 按钮	158
	7.3.2 状态按钮	160
	7.3.3 下拉框	160
	7.3.4 按钮组	161
	7.3.5 列表框	162
	7.3.6 图像	162
	7.3.7 坐标区	163
	7.3.8 复选框	163
	7.3.9 微调器	164
	7.3.10 文本区域	165
	7.3.11 日期选择器	165
	7.3.12 标签	166
	7.3.13 树	167
	7.3.14 复选框树	167
	7.3.15 滑块	168
	7.3.16 数值编辑字段	169
	7.3.17 文本编辑字段	169
	7.3.18 表	170
	7.3.19 超链接	171
	7.3.20 HTML	171
7.4	仪器组件	172
	7.4.1 信号灯	172
	7.4.2 仪表	173
	7.4.3 90 度仪表	174
	7.4.4 半圆形仪表	174
	7.4.5 线性仪表	175

		7.4.6	旋钮	175
		7.4.7	分挡旋钮	176
		7.4.8	开关	177
		7.4.9	拨动开关	177
		7.4.10	跷板开关	178

7.5 在 App 中显示表格数据 179

  7.5.1 逻辑数据 179

  7.5.2 分类数据 179

  7.5.3 日期时间数据 180

  7.5.4 持续时间数据 180

  7.5.5 非标量数据 181

  7.5.6 缺失数据值 182

  7.5.7 显示表数组的 App 示例 183

7.6 以编程方式添加 UI 组件 188

  7.6.1 创建组件并分配回调 188

  7.6.2 编写回调 188

  7.6.3 在关闭时显示确认对话框示例 189

7.7 本章小结 191

第 8 章 App 布局与回调 192

▶ 微课视频 41 分钟

8.1 布局 App 192

  8.1.1 在设计视图中布局 App 192

  8.1.2 自定义组件 194

  8.1.3 对齐和间隔组件 194

  8.1.4 组件分组 196

  8.1.5 对组件重新排序 196

  8.1.6 修改组件的 Tab 键焦点切换顺序 197

  8.1.7 在容器中创建组件 198

  8.1.8 创建编辑快捷菜单 198

  8.1.9 调整 App 的大小 200

8.2 回调 201

  8.2.1 创建回调函数 201

  8.2.2 回调函数编程 202

  8.2.3 组件间共享回调 204

  8.2.4 编程创建和分配回调 204

  8.2.5 更改回调或断开与回调的连接 205

  8.2.6 搜索与删除回调 206

  8.2.7 回调应用示例 206

8.3 回调属性 207

    8.3.1 图形与图窗对象的回调 207
    8.3.2 回调属性 208
  8.4 本章小结 212
第 9 章 App 编程 213
  微课视频 51 分钟
  9.1 代码管理 213
    9.1.1 管理组件、函数和属性 213
    9.1.2 识别代码中的可编辑部分 214
    9.1.3 编写 App 215
    9.1.4 修复代码问题和运行时错误 218
    9.1.5 个性化代码视图外观 219
  9.2 启动任务和输入参数 220
    9.2.1 创建 startupFcn 回调 220
    9.2.2 定义输入 App 参数 221
  9.3 创建多窗口 App 222
    9.3.1 流程概述 222
    9.3.2 将信息发送给 Dialog Box 224
    9.3.3 将信息返回给 Main App 226
    9.3.4 关闭窗口时的管理任务 226
    9.3.5 运行双窗口 App 227
  9.4 对多个组件共享回调 227
    9.4.1 App 布局与参数设计 227
    9.4.2 代码设计 228
    9.4.3 运行 App 229
  9.5 使用辅助函数重用代码 229
    9.5.1 创建辅助函数 229
    9.5.2 管理辅助函数 231
  9.6 在 App 内共享数据 231
    9.6.1 定义属性 231
    9.6.2 访问属性 233
  9.7 本章小结 235
第 10 章 App 打包与共享 236
  微课视频 9 分钟
  10.1 打包 App 236
    10.1.1 打包窗口 236
    10.1.2 打包设置 237
    10.1.3 安装 App 238
  10.2 共享 App 239
    10.2.1 直接共享 MATLAB 文件 239

10.2.2 共享打包 App ··· 239
10.2.3 创建预部署 Web App ·· 240
10.2.4 创建独立的桌面应用程序 ··· 241
10.3 本章小结 ·· 242

第 11 章 GUIDE 迁移 ·· 243

▶ 微课视频 9 分钟

11.1 迁移到 App 设计工具 ··· 243
11.1.1 迁移方法 ··· 243
11.1.2 迁移工具的功能 ·· 244
11.1.3 回调代码 ··· 245
11.1.4 手动代码更新 ··· 246
11.1.5 代码间的差异 ··· 246
11.1.6 更新迁移的 App 回调代码 ··· 247
11.2 导出到 MATLAB 文件 ·· 248
11.3 本章小结 ·· 248

第 12 章 App 设计实例 ·· 249

▶ 微课视频 54 分钟

12.1 设计绘图 App ·· 249
12.1.1 布局 UI 组件 ··· 249
12.1.2 App 行为编程 ·· 250
12.1.3 代码解析 ··· 251
12.1.4 运行 App ·· 254
12.2 设计自动调整布局的 App ··· 255
12.2.1 布局 UI 组件 ··· 255
12.2.2 自动调整布局行为 ·· 258
12.2.3 App 行为编程 ·· 258
12.2.4 运行 App ·· 263
12.3 使用网格布局构建 App ··· 265
12.3.1 布局 UI 组件 ··· 265
12.3.2 App 行为编程 ·· 266
12.3.3 运行 App ·· 271
12.4 本章小结 ·· 272

参考文献 ·· 273

视 频 目 录
VIDEO CONTENTS

视 频 名 称	时长/min	位　　置
第1集　工作环境	18	1.1节
第2集　搜索路径	6	1.2节
第3集　M文件	13	1.3节
第4集　通用命令	15	1.4节
第5集　帮助系统	7	1.5节
第6集　基本概念	19	2.1节
第7集　数据类型	30	2.2节
第8集　基本运算	23	2.3节
第9集　字符串	16	2.4节
第10集　数组	13	2.5节
第11集　标准数组	18	2.6节
第12集　程序语法规则	6	3.1节
第13集　程序结构	28	3.2节
第14集　控制语句	14	3.3节
第15集　程序调试	15	3.4节
第16集　函数文件	16	4.1节
第17集　函数类型	9	4.2节
第18集　参数传递	18	4.3节
第19集　图形绘制简介	11	5.1节
第20集　二维绘图	12	5.2节
第21集　三维绘制	8	5.3节
第22集　特殊图形的绘制	8	5.4节
第23集　App设计工具介绍	8	6.1节
第24集　App设计工具操作界面	16	6.2节
第25集　创建并运行简单的App	3	6.3节
第26集　在设计工具中显示图形	5	6.4节
第27集　获取App	11	6.5节
第28集　组件概述	32	7.1节
第29集　容器与图窗工具组件	14	7.2节
第30集　常用组件	17	7.3节
第31集　仪器组件	8	7.4节

续表

视频名称	时长/min	位置
第32集 在App中显示表格数据	17	7.5节
第33集 以编程方式添加UI组件	8	7.6节
第34集 布局App	18	8.1节
第35集 回调	13	8.2节
第36集 回调属性	10	8.3节
第37集 代码管理	14	9.1节
第38集 启动任务和输入参数	5	9.2节
第39集 创建多窗口App	14	9.3节
第40集 对多个组件共享回调	6	9.4节
第41集 使用辅助函数重用代码	3	9.5节
第42集 在App内共享数据	9	9.6节
第43集 打包App	3	10.1节
第44集 共享App	6	10.2节
第45集 迁移到App设计工具	9	11.1节
第46集 设计绘图App	12	12.1节
第47集 设计自动调整布局的App	27	12.2节
第48集 使用网格布局构建App	15	12.3节

第一部分
MATLAB 基础知识

- 第 1 章 初识 MATLAB
- 第 2 章 基础知识

第 1 章　初识 MATLAB

CHAPTER 1

伴随着科技的不断发展，MATLAB 已经成为一种集数值运算、符号运算、数据可视化、程序设计、系统仿真等多种功能于一体的综合应用软件。在正式学习 MATLAB 之前，本章先介绍其工作环境、通用命令和帮助系统等，帮助读者尽快了解 MATLAB 软件。

1.1　工作环境

与其他 Windows 应用程序一样，在完成 MATLAB 的安装后，可以使用以下两种方式启动 MATLAB：
（1）双击桌面上的快捷方式图标（要求 MATLAB 快捷方式已添加到桌面）；
（2）在 MATLAB 的安装文件夹（默认路径为 C:\Program Files\MATLAB\R2022a\bin\）中，双击 matlab.exe 应用程序。

初次启动后的 MATLAB 默认主界面如图 1-1 所示。这是系统默认的、未曾被用户依据自身需要和喜好设置过的主界面。

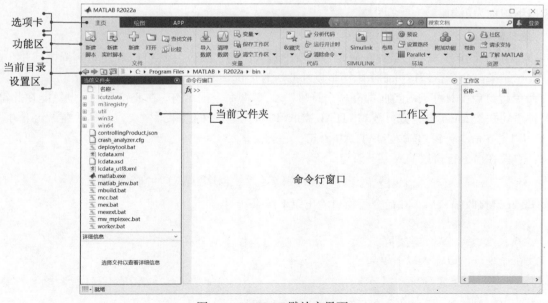

图 1-1　MATLAB 默认主界面

在默认情况下，MATLAB 的操作界面包含"选项卡""功能区""命令行窗口""命令历史记录窗口""工作区""当前文件夹"等，其中命令历史记录窗口须在命令行窗口中按向上（↑）箭头键方可显示。

界面中的命令行窗口、工作区等可以从 MATLAB 主界面中分离出来单独显示和操作。分离出的窗口也可重新回到主界面中。以命令行窗口为例，分离的方法为：

（1）在窗口右上角 ▼（下三角）按钮的下拉菜单中执行"取消停靠"命令；
（2）直接在标题栏上按住鼠标左键拖动窗口，将命令行窗口拖离主界面。

分离后的命令行窗口如图 1-2 所示。若要将分离的命令行窗口停靠在主界面中，则在窗口右上角 ▼（下三角）按钮的下拉菜单中执行"停靠"命令。

图 1-2　分离后的命令行窗口

选项卡和功能区在组成方式和内容上与一般应用软件基本相同，其功能也比较直观，本章不再赘述。下面重点介绍 MATLAB 的几个专有窗口。

1.1.1　命令行窗口

MATLAB 默认主界面的中间部分是命令行窗口。命令行窗口就是接收命令输入的窗口，可输入的对象除 MATLAB 命令外，还包括函数、表达式、语句及 M 文件名、MEX 文件名等，为叙述方便，这些可输入的对象以下统称为语句。

1．语句的输入

MATLAB 的工作方式之一是：在命令行窗口中输入语句，然后由 MATLAB 逐句解释执行并在命令行窗口中显示结果。命令行窗口可显示除图形以外的所有运行结果。

在命令行窗口中，每条语句前都有一个符号">>"，即命令提示符。在此符号后（也只能在此符号后）输入各种语句并按 Enter 键，方可被 MATLAB 接收和执行。执行的结果通常会直接显示在语句下方。

【例 1-1】 在命令行窗口输入 MATLAB 语句，并运行。

解：直接在命令行窗口输入以下语句。

```
>> a=6                                          % 创建变量 a，并将其赋值为 6
```

按 Enter 键接收输入后，在命令行窗口输出以下结果。

```
a=
    6
```

继续在命令行窗口输入以下语句。

```
>> A=[1 3 5; 2 4 6]                             % 创建一个 2×3 的矩阵 A，行与行用 ";" 分隔
```

按 Enter 键接收输入后，在命令行窗口输出以下结果。

```
A=
```

```
     1     3     5
     2     4     6
```

语句执行完成之后变量会出现在工作区中,如图 1-3 所示。

图 1-3 执行语句后的命令行窗口及工作区

说明：MATLAB 中的注释采用 "%"（即注释符）标记。在 "%" 后的文字均为注释,不参与程序的运行。

2. 命令提示符和语句颜色

不同类型的语句用不同的颜色区分。默认情况下,输入的命令、函数、表达式以及计算结果等以黑色显示,字符串以红色显示,if、for 等关键词以蓝色显示,注释语句以绿色显示。

【例 1-2】 在命令行窗口中输入 MATLAB 语句,观察语句的颜色及输出结果。

解：直接在命令行窗口输入以下语句。

```
>> A=[1 3 5; 2 4 6; 7 8 10]           % 创建一个 3×3 的矩阵
```

按 Enter 键接收输入后,在命令行窗口输出以下结果。

```
A=
     1     3     5
     2     4     6
     7     8    10
```

继续在命令行窗口输入以下语句。

```
>> B=[2 4 5]
```

按 Enter 键接收输入后,在命令行窗口输出以下结果。

```
B=
     2     4     5
```

继续在命令行窗口输入以下语句。

```
>> str=["Mercury" "Gemini" "Apollo";
       "Skylab" "Skylab B" "ISS"]     % 创建一个 2×3 的字符串数组
```

按 Enter 键接收输入后,在命令行窗口输出以下结果。

```
str=
  2×3 string 数组
    "Mercury"    "Gemini"     "Apollo"
    "Skylab"     "Skylab B"   "ISS"
```

注意：在向命令行窗口输入语句时,一定要在英文输入状态下输入（在刚输完汉字后,初学者很容易忽视中英文输入状态的切换）。

3. 命令行窗口中数值的显示格式

为了适应用户以不同格式显示计算结果的需要，MATLAB 设计了多种数值显示格式供用户选用，如表 1-1 所示。

说明：在默认情况下，数值为整数时，以整数显示；数值为实数时，以 short 格式显示；若数值的有效数字超出了范围，则以科学记数法显示结果。

表 1-1 命令行窗口中数值的显示格式

格　式	显示格式（自然常数e）	格式效果说明
short	2.7183	短固定十进制小数点格式（默认）。小数点后保留4位小数，整数部分超过3位的小数用short e格式
long	2.718281828459045	长固定十进制小数点格式。小数点后保留15位小数（double型）或7位小数（single型），否则用long e格式表示
shortE或 short e	2.7183e+00	短科学记数法。小数点后保留4位小数，倍数关系用科学记数法表示成十进制指数形式
longE或 long e	2.718281828459045e+00	长科学记数法。小数点后保留15位小数（double型）或7位小数（single型）
shortG或 short g	2.7183	短固定十进制小数点格式或科学记数法（取紧凑的）。保留5位有效数字，数值大小为 $10^{-5}\sim10^{5}$ 时自动调整数位，超出范围时用short e格式
longG或 long g	2.71828182845905	长固定十进制小数点格式或科学记数法（取紧凑的）。对于double型，保留15位有效数字，数字大小为 $10^{-15}\sim10^{15}$ 时，自动调整数位，超出范围时用long e格式；对于single型，保留7位有效数字
shortEng	2.7183e+000	短工程记数法。小数点后包含4位小数，指数为3的倍数
longEng	2.71828182845905e+000	长工程记数法。包含15位有效位数，指数为3的倍数
hex	4005bf0a8b145769	十六进制显示格式。二进制双精度数字的十六进制表示形式
bank	2.72	货币格式。小数点后包含2位小数，用于表示元、角、分
+	+	正/负格式。正数、负数和零分别用+、–和空格表示
rational	1457/536	小整数比格式。用分数有理数近似表示
compact	不留空行显示	屏幕控制显示格式。在显示结果之间没有空行的紧凑格式
loose	留空行显示	屏幕控制显示格式。在显示结果之间存在空行的稀疏格式

说明：表 1-1 中最后两个格式 compact 与 loose 用于控制屏幕显示格式，而非数值显示格式。MATLAB 的所有数值均按 IEEE 浮点标准规定的 long 格式存储，显示的精度并不代表数值实际的存储精度，或者说数值参与运算的精度。

4. 数值显示格式的设置方法

在 MATLAB 中，命令行窗口数值显示格式的设置方法有两种：

（1）在 MATLAB 主界面中，单击"主页"选项卡→"环境"选项组→ （预设）按钮，在弹出的"预设项"对话框中选择"命令行窗口"进行显示格式设置，如图 1-4 所示。

说明：本书后面执行选项卡中的命令时采用简化描述方式，即以→表示执行顺序，如上面的操作简化为：单击"主页"→"环境"→ （预设）按钮。

图 1-4 "预设项"对话框

（2）在命令行窗口中执行 format 命令，例如，要用 long 格式时，在命令行窗口中输入 format long 语句即可。这种方法在程序设计时进行格式设置。

【例 1-3】 MATLAB 数值显示格式设置示例。

解： 直接在命令行窗口输入以下语句，并观察输出结果（与表 1-1 对应）。

```
>> format compact              % 紧凑格式显示
>> e=exp(1)                    % 短固定十进制小数点格式（默认 short 格式）
e=
    2.7183
>> format long                 % 长固定十进制小数点格式
>> e
e=
    2.718281828459045
>> format shortE               % 短科学记数法
>> e
e=
    2.7183e+00
>> format longE                % 长科学记数法
>> e
e=
    2.718281828459045e+00
>> format shortG               % 短固定十进制小数点格式或科学记数法（取紧凑的）
```

```
>> e
e=
        2.7183
>> format longG                 % 长固定十进制小数点格式或科学记数法（取紧凑的）
>> e
e=
          2.71828182845905

>> format shortEng              % 短工程记数法
>> e
e=
     2.7183e+000
>> format longEng               % 长工程记数法
>> e
e=
     2.71828182845905e+000
>> format hex                   % 十六进制显示格式
>> e
e=
   4005bf0a8b145769
>> format bank                  % 货币格式
>> e
e=
         2.72
>> format rational              % 小整数比格式
>> e
e=
     1457/536
```

不仅数值显示格式可以自行设置，数字和文字的字体显示风格、大小、颜色也可自行设置。在"预设项"对话框左侧的格式对象树中选择要设置的对象，再配合相应的选项，便可对所选对象的风格、大小、颜色等进行设置。

【例 1-4】 MATLAB 屏幕显示格式设置示例。

解： 直接在命令行窗口输入以下语句，并观察输出结果（与表 1-1 对应）。

```
>> format loose                 % 稀疏格式显示
>> theta=pi/2

theta=

    1.5708


>> format compact               % 紧凑格式显示
>> theta=pi/2
theta=
    1.5708
```

5. 命令行窗口清屏

当命令行窗口中执行过许多命令后，经常需要对窗口进行清屏操作，通常有如下方法：

（1）执行"主页"→"代码"→"清除命令"→"命令行窗口"命令。
（2）在命令提示符后直接输入 clc 命令后按 Enter 键即可。

注意：clc 仅清除命令行窗口中显示的内容，而不能清除工作区的内容。如果需要将工作区的内容清除，则需要执行 clear 命令。

1.1.2 命令历史记录窗口

命令历史记录窗口用来存放曾在命令行窗口中使用过的语句，以方便用户追溯、查找曾经使用过的语句，利用这些既有的资源可以节省语句输入时间。在下面两种情况下，命令历史记录窗口的优势体现得尤为明显：

（1）需要重复处理的长语句；

（2）需要选择多行曾经使用过的语句形成 M 文件。

在默认工作界面中，命令历史记录窗口并不显示在界面中。在命令行窗口中按向上（↑）箭头键即可实时弹出浮动命令历史记录窗口。

说明：读者也可以执行"主页"→"环境"→"布局"→"命令历史记录"→"停靠"命令，将命令历史记录窗口显示在工作界面中。

类似命令行窗口，对命令历史记录窗口也可进行停靠、分离等操作，分离后的窗口如图 1-5 所示。从窗口中记录的时间可以看出，其中存放的正是曾经用过的语句。

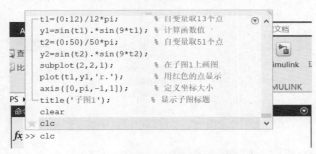

图 1-5　分离后的命令历史记录窗口

注意：对命令历史记录窗口执行分离操作后，该窗口会处于隐藏状态，在命令行窗口中按向上（↑）箭头键即可将其弹出，此时窗口处于浮动状态，这与其他窗口的操作结果不同。

对于命令历史记录窗口中的内容，可在选中的前提下将它们复制到当前正在工作的命令行窗口中，以供进一步修改或直接运行。

1. 复制、执行命令历史记录窗口中的命令

命令历史记录窗口的主要用途及操作方法如表 1-2 所示，"操作方法"中提到的"选中"操作与 Windows 中选中文件的方法相同，同样可以结合 Ctrl 键和 Shift 键使用。

表 1-2　命令历史记录窗口的主要用途及操作方法

主要用途	操 作 方 法
复制单行或多行语句	选中单行或多行语句，执行"复制"命令（按 Ctrl+C 组合键），回到命令行窗口，执行"粘贴"命令（按 Ctrl+V 组合键）即可实现复制

续表

主要用途	操作方法
执行单行或多行语句	选中单行或多行语句，右击，在弹出的快捷菜单中执行"执行所选内容"命令，选中的语句将在命令行窗口中运行，并同步显示相应结果；双击语句行也可运行该语句
把多行语句写成M文件	选中单行或多行语句，右击，在弹出的快捷菜单中执行"创建实时脚本"或"创建脚本"命令，利用随之打开的实时编辑器窗口，可将选中语句保存为M文件

用命令历史记录窗口完成所选语句的复制操作如下：

（1）选中所需的第一行语句。

（2）按 Shift 键并选中所需的最后一行语句，连续多行语句即被选中；按 Ctrl 键并选中所需的其他语句，需要的多行语句即被选中。

（3）按 Ctrl+C 键或在选中区域右击，在弹出的快捷菜单中执行"复制"命令。

（4）回到命令行窗口，在该窗口中右击，在弹出的快捷菜单中执行"粘贴"命令，所选内容即被复制到命令行窗口中，如图 1-6 所示。

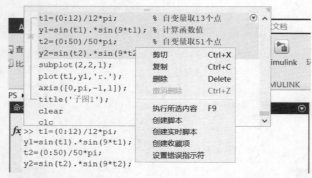

图 1-6　命令历史记录窗口中的选中与复制操作

用命令历史记录窗口执行所选语句的操作如下：

（1）选中所需的第一行语句。

（2）结合 Shift 键选中连续多行语句，按住 Ctrl 可选中不连续的多行语句。

（3）在选中的区域右击，在弹出的快捷菜单中执行"执行所选内容"命令，计算结果就会出现在命令行窗口中。

2. 清除命令历史记录窗口中的内容

执行"主页"→"代码"→"清除命令"→"命令历史记录"命令，即可清除命令历史记录窗口中的当前内容，以前的命令将不能被追溯和使用。

1.1.3　当前文件夹

MATLAB 利用当前文件夹窗口（如图 1-7 所示）可以组织、管理和使用所有 MATLAB 文件和非 MATLAB 文件，如新建、复制、删除、重命名文件夹和文件等，还可以利用其打开、编辑和运行 M 程序文件及载入 MAT 数据文件等。

MATLAB 的当前文件夹是实施打开、装载、编辑和保存文件等操作时系

图 1-7　当前文件夹

统默认的文件夹。设置当前文件夹就是将此默认文件夹改成用户希望使用的文件夹,用来存储文件和数据。具体的设置方法有两种:

(1)在当前文件夹的目录设置区设置。设置方法同 Windows 操作,此处不再赘述。

(2)使用目录命令 cd 进行设置,其调用格式如下:

```
cd                          % 显示当前文件夹
cd newFolder                % 设定当前文件夹为 newFolder,如 cd D:\DingJB\MATLAB
```

用命令设置当前文件夹,为在程序中改变当前文件夹提供了方便,因为编写完成的程序通常用 M 文件存放,执行这些文件时即可将其存储到需要的位置。

1.1.4 工作区和变量编辑器

在默认情况下,工作区位于 MATLAB 操作界面的右侧。与命令行窗口类似,也可对该工作区进行停靠、分离等操作,分离后的工作区窗口如图 1-8 所示。

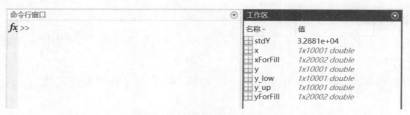

图 1-8 分离后的工作区窗口

工作区拥有许多其他功能,例如,内存变量的打印、保存、编辑和图形绘制等。这些操作都比较简单,只需要在工作区中选择相应的变量并右击,在弹出的快捷菜单(如图 1-9 所示)中执行相应的菜单命令即可。

1. 变量编辑器

在 MATLAB 中,数组和矩阵等都是十分重要的基础变量,因此 MATLAB 专门提供了变量编辑器工具来编辑数据。

双击工作区窗口中的某个变量时,会在 MATLAB 主界面中弹出如图 1-10 所示的变量编辑器。在该编辑器中可以对变量及数组进行编辑操作,利用"绘图"选项卡下的功能命令还可以很方便地绘制各种图形。

图 1-9 对变量进行操作的快捷菜单

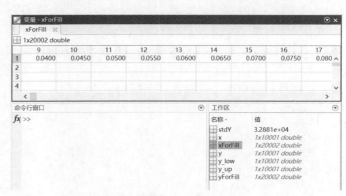

图 1-10 变量编辑器

与命令行窗口类似,变量编辑器也可从主窗口中分离,分离后的变量编辑器如图 1-11 所示。

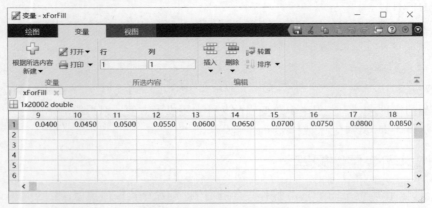

图 1-11 分离后的变量编辑器

2. 变量的查看与删除

在 MATLAB 中除了可以在工作区中编辑内存变量外,还可以在命令行窗口中输入相应的命令,查看和删除内存中的变量。

(1) 通过 who 或 whos 命令可以查看工作区中的变量,两个命令的调用格式相同,其中 who 命令的调用格式如下:

```
who                          % 按字母顺序列出当前活动工作区中的所有变量
who -file filename            % 列出指定的 MAT 文件中的变量
who global                   % 列出全局工作区中的变量
who var1…varN                % 只列出指定的变量
who -regexp expr1…exprN      % 只列出与指定的正则表达式匹配的变量
```

提示:who 和 whos 两个命令的区别只是内存变量信息的详细程度不同,whos 还包括变量的大小和类型。

(2) 通过 clear 命令可以从工作区中删除变量,释放系统内存,其调用格式如下:

```
clear                         % 删除当前工作区中所有变量,释放系统内存
clear name1…nameN             % 删除内存中指定的变量、脚本、函数或 MEX 函数
clear -regexp expr1…exprN     % 删除与正则表达式匹配的所有变量
```

【**例 1-5**】创建 A、i、j、k 四个变量,并查看内存变量的信息。随后删除内存变量 k,再查看内存变量的信息。

解:在命令行窗口中依次输入以下语句:

```
>> clear
>> clc
>> A(2,2,2)=1;
>> i=6;                      % 此处 i 作为变量存在,MATLAB 中尽量避免使用 i、j 作为变量(见后文)
>> j=12;
>> k=18;
>> who                       % 查看工作区中的变量
您的变量为:
```

```
  A i j k
>> whos                    % 查看工作区中变量的详细信息
  Name      Size          Bytes  Class      Attributes
  A         2x2x2          64    double
  i         1x1             8    double
  j         1x1             8    double
  k         1x1             8    double
```

此时的命令行窗口与工作区如图 1-12 所示。继续在命令行窗口中输入以下语句：

```
>> clear k
>> who
您的变量为：
  A i j
```

可以发现，执行 clear k 命令后，变量 k 被从工作区删除，在工作区浏览器中也被删除。

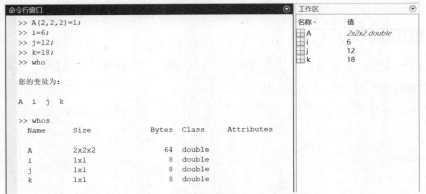

图 1-12　查看内存变量的信息

1.2　搜索路径

MATLAB 中大量的函数和工具箱文件存储在不同文件夹中，用户建立的数据文件、命令和函数文件也存放在指定的文件夹中。当需要调用这些函数或文件时，就需要找到它们所在的文件夹。

1.2.1　路径搜索机制

路径其实就是存储某个待查函数或文件的文件夹名称。当然，这个文件夹名称应包括盘符和逐级嵌套的子文件夹名。

例如，现有一文件 djb_a01.m 存放在 D 盘 DingM 文件夹下的 Char01 子文件夹中，那么它的路径为"D:\DingM\Char01"。若要调用这个 M 文件，可在命令行窗口或程序中将其表达为"D:\DingM\Char01\djb_a01.m"。

在使用时，这种书写形式过长，很不方便。MATLAB 为克服这一问题引入了搜索路径机制。搜索路径机制就是将一些可能被用到的函数或文件的存放路径提前通知系统，而无须在执行和调用这些函数和文件时输入一长串字符构成的路径。

说明：在 MATLAB 中，一个符号出现在命令行窗口的语句或程序语句中可能有多种解读，它也许是一个变量、特殊常量、函数名、M 文件或 MEX 文件等。具体应该识别成什么，涉及搜索顺序的问题。

如果在命令提示符">>"后输入符号 ding，或在程序语句中有一个符号 ding，那么 MATLAB 将试图按下列步骤搜索和识别 ding：

（1）在 MATLAB 内存中进行搜索，看 ding 是否为工作区的变量或特殊常量。若是，则将其当成变量或特殊常量来处理，不再往下展开搜索；若不是，则转步骤（2）。

（2）检查 ding 是否为 MATLAB 的内部函数，若是，则调用 ding 这个内部函数；若不是，则转步骤（3）。

（3）继续在当前文件夹中搜索是否有名为 ding.m 或 ding.mex 的文件，若存在，则将 ding 作为文件调用；若不存在，则转步骤（4）。

（4）继续在 MATLAB 搜索路径的所有目录中搜索是否有名为 ding.m 或 ding.mex 的文件存在，若存在，则将 ding 作为文件调用。

（5）上述 4 步完成后，若仍未发现 ding 这一符号的出处，则 MATLAB 发出错误信息。必须指出的是，这种搜索是以花费更多执行时间为代价的。

1.2.2　设置搜索路径

在 MATLAB 中，设置搜索路径的方法有两种：一种是利用"设置路径"对话框；另一种是采用命令。

1. 利用"设置路径"对话框设置搜索路径

在 MATLAB 主界面中单击"主页"→"环境"→"设置路径"按钮，将弹出如图 1-13 所示的"设置路径"对话框。

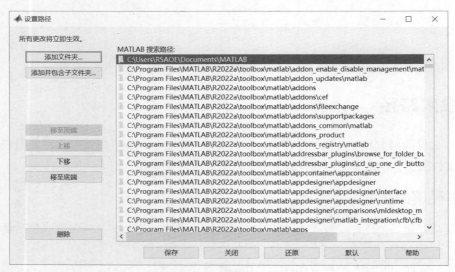

图 1-13　"设置路径"对话框

单击该对话框中的"添加文件夹"或"添加并包含子文件夹"按钮，将弹出如图 1-14 所示的"将文件夹添加到路径"对话框，利用该对话框可以从树状目录结构中选择欲指定为搜索路径的文件夹。

"添加文件夹"和"添加并包含子文件夹"两个按钮的不同之处在于，后者设置某个文件夹成为可搜索的路径后，其下级子文件夹将自动被加入搜索路径。

图 1-14 "将文件夹添加到路径"对话框

2. 利用命令设置搜索路径

MATLAB 中将某一路径设置成可搜索路径的命令有 path 及 addpath 两个。其中，path 命令可以查看或更改当前搜索路径，其调用格式如下：

```
path                              % 显示搜索路径，该路径存储在 pathdef.m 文件中
path(newpath)                     % 将搜索路径更改为 newpath
path(oldpath,newfolder)           % 将 newfolder 文件夹添加到搜索路径的末尾
                                  % 若 newfolder 已存在于搜索路径中，则将其移至底层
path(newfolder,oldpath)           % 将 newfolder 文件夹添加到搜索路径的开头
                                  % 若 newfolder 已存在于搜索路径中，则将其移到开头
```

第 3 集
微课视频

addpath 命令可以将指定的一个或多个文件夹添加到当前 MATLAB 搜索路径中。其调用格式如下：

```
addpath(folderName1,…,folderNameN)          % 将指定的文件夹添加到当前搜索路径的顶层
addpath(folderName1,…,folderNameN,position)
              % 将指定的文件夹添加到 position 指定的搜索路径的最前面或最后面
```

其中，position 指定搜索路径中的位置，取'-begin'表示将指定文件夹添加到搜索路径的顶层，取'-end'表示将指定文件夹添加到搜索路径的底层。

【例 1-6】 将路径"D:\DingJB\MATLAB"设置成可搜索路径。

解： 在命令行窗口中依次输入以下语句。

```
>> path(path,'D:\DingJB\MATLAB')              % 将文件夹添加到搜索路径的末尾
>> addpath('D:\DingJB\MATLAB','-begin')       % begin 意为将路径放在路径表的前面
>> addpath D:\DingJB\MATLAB -begin            % 同上
>> addpath('D:\DingJB\MATLAB','-end')         % end 意为将路径放在路径表的最后
>> addpath D:\DingJB\MATLAB -end              % 同上
```

1.3　M 文件

所谓 M 文件，简单来说就是用户首先把要实现的语句写在一个以.m 为扩展名的文件中，然后由 MATLAB 系统进行解读，最后运行出结果。

1.3.1 M 文件编辑器

在 MATLAB 中，M 文件有函数和脚本两种格式。两者的相同之处在于它们都是以.m 为扩展名的文本文件，不在命令行窗口输入，而是由专用编辑器来创建外部文本文件。但是两者在语法和使用上略有区别，下面分别介绍这两种格式。

通常，M 文件是文本文件，因此可使用一般的文本编辑器编辑 M 文件，存储时以文本模式存储，MATLAB 内部自带了 M 文件编辑器与编译器。打开 M 文件编辑器的方法如下：

（1）执行"主页"→"文件"→"新建"→"脚本"命令。
（2）单击"主页"→"文件"→ 🗎（新建脚本）按钮。
（3）单击"主页"→"文件"→ 🗎（新建实时脚本）按钮。

打开 M 文件编辑器后的 MATLAB 主界面如图 1-15 所示，此时主界面功能区出现"编辑器"选项卡，中间命令行窗口上方出现"编辑器"窗口。

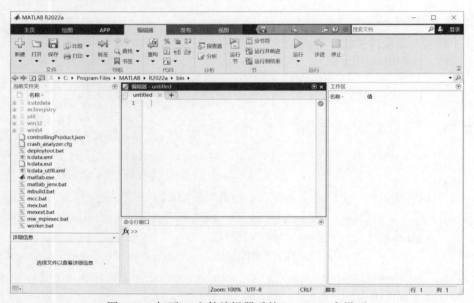

图 1-15　打开 M 文件编辑器后的 MATLAB 主界面

编辑器是一个集编辑与调试两种功能于一体的工具环境。在进行代码编辑时，可以用不同的颜色来显示注释、关键词、字符串和一般程序代码，使用非常方便。

在书写完 M 文件后，也可以像一般的程序设计语言一样，对 M 文件进行调试、运行。

1.3.2 函数式 M 文件

MATLAB 中许多常用的函数（如 sqrt、inv 和 abs 等）都是函数式 M 文件。在使用时，MATLAB 获取传递给它的变量，利用操作系统所给的输入，运算得到要求的结果并返回这些结果。

函数文件类似于一个黑箱，由函数执行的语句及由这些语句创建的中间变量都是隐含的；运算过程中的中间变量都是局部变量（除特别声明外），且被存放在函数本身的工作空间内，不会和 MATLAB 基本工作空间的变量相互覆盖。

MATLAB 既内置了大量标准初等数学函数（如 abs、sqrt、exp 和 sin），称之为 elfun 函数族；也内置了许多高等数学函数（如贝塞尔函数、Gamma 函数），称之为 specfun 函数族；还内置了初等矩阵和矩阵运算函数，称之为 elmat 函数族。

在命令行窗口中输入以下命令可以查看对应的函数族列表：

```
>> help elfun                           % 查看初等数学函数族列表
>> help specfun                         % 查看高等数学函数族列表
>> help elmat                           % 查看初等矩阵和矩阵运算函数族列表
```

除 MATLAB 内置函数外，用户还可以自行定义函数，通常用 function 进行声明。下面通过一个示例进行说明，本书后面还会做具体介绍。

【例 1-7】 自行定义函数 funa，并对其进行调用。

解： 在 MATLAB 主界面中执行以下操作。

（1）启动 MATLAB 后，单击"主页"→"文件"→ （新建脚本）按钮，打开 M 文件编辑器窗口。

（2）在编辑器窗口中输入以下内容（创建名为 funa.m 的 M 文件）。

```
function f=funa(var)                    % 求变量 var 的正弦
f=sin(var);
end
```

（3）单击"编辑器"→"文件"→ （保存）按钮，在弹出的"选择要另存的文件"对话框中保存文件为 funa.m，即可创建函数 funa。

（4）将刚才保存的路径设置为可搜索路径。

```
>> addpath D:\DingJB\MATLAB\Char01
```

（5）在命令行窗口中输入以下命令并显示输出结果。

```
>> type funa.m                          % 显示函数内容
function f=funa(var)
f=sin(var);                             % 求变量 var 的正弦
end
>> x=[0 pi/2 pi 3*pi/2 2*pi]            % 输入变量
x=
     0    1.5708    3.1416    4.7124    6.2832
>> sinx=funa(x)                         % 调用函数,将变量 x 传递给函数,并将结果赋给变量 sinx
sinx=
     0    1.0000    0.0000   -1.0000   -0.0000
```

可以看出，函数的第一行为函数定义行，以 function 作为引导，定义了函数名称（funa）、输入自变量（var）和输出自变量（f）；函数执行完毕返回运行结果。

提示： 函数名和文件名必须相同，在调用该函数时，需要指定变量的值，类似于 C 语言的形式参数。

function 为关键词，说明此 M 文件为函数，第二行为函数主体，规范函数的运算过程，并指出输出自变量的值。

在函数定义行下可以添加注释（以%开头），即函数的在线帮助信息。在 MATLAB 的命令行窗口中输入"help 函数主文件名"，即可看到这些帮助信息。

注意：在线帮助信息和 M 函数定义行之间可以有空行，但是在线帮助信息的各行之间不应有空行。针对自定义函数后面会有专门的章节进行讲解，在此读者了解即可。

1.3.3 脚本式 M 文件

脚本是一个扩展名为.m 的文件，其中包含了 MATLAB 的各种语句。它与批处理文件类似，在 MATLAB 命令行窗口中直接输入该文件的主文件名，MATLAB 即可逐一执行该文件内的所有语句，效果与在命令行窗口中逐行输入这些语句一样。

脚本式 M 文件运行生成的所有变量都是全局变量，运行脚本后，生成的所有变量都驻留在 MATLAB 的基本工作空间内，只要不使用 clear 命令清除，且主界面不关闭，这些变量就一直保存在工作空间中。

运行一个脚本文件等价于从命令行窗口中顺序运行文件中的语句。由于脚本文件只是一串命令的集合，因此只需像在命令行窗口中输入语句那样，依次将语句输入脚本文件中即可。

注意：基本工作空间随 MATLAB 的启动而生成，在关闭 MATLAB 软件后，该基本工作空间会被删除。

【例 1-8】试在 MATLAB 中求三元一次方程组的解。

$$\begin{cases} 2x+2y+z=17 \\ 5x-y+3z=7 \\ 3x+y+2z=10 \end{cases}$$

（1）在编辑器窗口中输入以下内容（创建名为 sroot.m 的 M 文件）。

```
% sroot 用于求 A*X=b
A=[2 2 1; 5 -1 3; 3 1 2];
b=[17; 7; 10];
X=A\b
```

（2）单击"编辑器"→"文件"→ 🖫 （保存）按钮，在弹出的"选择要另存的文件"对话框中保存文件为 sroot.m。

（3）在命令行窗口中输入以下命令并显示输出结果。

```
>> sroot
X=
    9.0000
    5.0000
  -11.0000
```

从上面的求解可知，$x=9$、$y=5$、$z=-11$。上面用到了 MATLAB 中矩阵的输入方式，本书后文会做详细介绍。

【例 1-9】编写计算向量元素平均值的脚本文件。

解：在编辑器窗口中输入以下语句，并保存为 scriptf.m 文件。

```
clear
a=input('输入向量: a=');
[b,c]=size(a);
if ~((b==1)||(c==1))||(((b==1)&&(c==1)))        % 判断输入是否为向量
```

```
    error('必须输入向量')
end
average=sum(a)/length(a)                    % 计算向量 a 所有元素的平均值
```

运行程序后，系统提示如下：

输入向量：a=

输入行向量[1 2 3]，则运行结果如下：

average=
    2

如果输入的不是向量，如[1 2; 3 4]，则运行结果如下：

错误使用 scriptf
必须输入向量

1.3.4　M 文件遵循的规则

下面对编写 M 文件时必须遵循的规则以及函数、脚本两种格式的异同做简要说明。

（1）在 M 文件中（包括脚本和函数），所有注释行都是帮助文本，当需要帮助时，返回该文本，通常用来说明文件的功能和用法。

（2）函数式 M 文件的函数名必须与文件名相同。函数式 M 文件有输入参数和输出参数；脚本式 M 文件没有输入参数或输出参数。

（3）函数可以有零个或多个输入和输出变量。利用内置函数 nargin 和 nargout 可以查看输入和输出变量的个数。在运行时，可以按少于 M 文件中规定的输入和输出变量的个数进行函数调用，但不能多于这个标称值。

第 4 集
微课视频

（4）函数式 M 文件中的所有变量除特殊声明外都是局部变量，而脚本式 M 文件中的变量都是全局变量。

（5）若在函数式 M 文件中发生了对某脚本式 M 文件的调用，则该脚本式 M 文件运行生成的所有变量都存放于该函数工作空间中，而不是存放在基本工作空间中。

（6）从运行上看，与脚本式 M 文件不同的是，函数式 M 文件在被调用时，MATLAB 会专门为它开辟一个临时工作空间，称为函数工作空间，用来存放中间变量，当执行完函数的最后一条语句或遇到 return 时，就结束该函数的运行。同时，该函数工作空间及其中所有的中间变量将被清除。函数工作空间相对于基本空间来说是临时的、独立的，在 MATLAB 运行期间，可以产生任意多个函数工作空间。

提示：变量的名称可以包括字母、数字和下画线，但必须以字母开头，并且字母在 M 文件设计中是区分大小写的。变量的长度不能超过系统函数 namelengthmax 规定的值。

1.4　通用命令

通用命令是 MATLAB 中经常使用的一组命令，这些命令可以用来管理目录、命令、函数、变量、工作区、文件和窗口等。为了更好地使用 MATLAB，需要熟练掌握和理解这些命令。下面对这些命令进行介绍。

1.4.1 常用命令

在使用 MATLAB 编写程序代码的过程中,经常使用的命令称为常用命令,如表 1-3 所示。其中,clc、clf、clear 是最为常用的命令,使用时直接在命令行窗口输入命令即可。

表 1-3 常用命令及其说明

命　令	说　明	命　令	说　明
cd	显示或改变当前工作文件夹	load	加载指定文件的变量
dir	显示当前文件夹或指定目录下的文件	diary	日志文件命令
clc	清除工作区窗口中的所有显示内容	hold	图形保持开关
clf	清空图窗	close	关闭指定图窗
clear	清理内存变量、工作区变量	!	调用DOS命令
home	将光标移至命令行窗口的左上角	pack	收集内存碎片
type	显示指定M文件的内容	path	显示搜索目录
echo	在函数或脚本执行期间显示语句	save	保存内存变量到指定文件
disp	显示变量或文字内容	exit	退出MATLAB
more	控制命令行窗口的分页输出	quit	退出MATLAB

注:为保持与软件描述一致,本书中的图形窗口统称为图窗。

1.4.2 编辑命令

在命令行窗口中,为了便于对输入的内容进行编辑,MATLAB 提供了一些控制光标位置和进行简单编辑的常用编辑键与组合键(本书称之为编辑命令),掌握这些可以在输入语句的过程中起到事半功倍的效果。表 1-4 列出了一些常用键盘按键及其说明。

表 1-4 常用键盘按键及其说明

键盘按键	说　明	键盘按键	说　明
↑	向上回调以前输入的语句行	Home	让光标跳到当前行的开头
↓	向下回调以前输入的语句行	End	让光标跳到当前行的末尾
←	光标在当前行中左移一个字符	Esc	清除当前输入行
→	光标在当前行中右移一个字符	Delete	删除当前行光标后的字符
Ctrl+←	光标左移一个单词	Backspace	删除当前行光标前的字符
Ctrl+→	光标右移一个单词	Alt+Backspace	恢复上一次删除的内容
PgUp	向前翻阅当前窗口中的内容	Ctrl+c	中断命令的运行
PgDn	向后翻阅当前窗口中的内容	…	…

其实这些按键与文字处理软件中的同一按键在功能上大体一致,不同点主要是在文字处理软件中针对整个文档使用按键,而在 MATLAB 命令行窗口中则以行为单位使用按键。

说明：按向上箭头（↑）键并结合向下箭头（↓）键可以重新调用之前的命令（即操作命令历史记录）。使用时可以在空白命令行中或在输入命令的前几个字符后按箭头键。

例如，要重新调用命令"A=[1 3 5; 2 4 6; 7 8 10]"，可以直接输入"A="，然后按向上箭头（↑）键调用之前的命令，以提高输入效率。

1.4.3 特殊符号

在 MATLAB 语言中，输入语句时可能要用到各种特殊符号，这些符号也被赋予了特殊的含义或代表一定的运算，表 1-5 列出了语句中常用的特殊符号。

表 1-5 语句中常用的特殊符号

名称	符号	功能
空格		变量分隔；数组构造符号内的行元素分隔（矩阵一行中各元素间的分隔）；程序语句关键词分隔；函数返回值分隔。与逗号等效
换行		分隔数组构造语句中的多个行。与分号等效
逗号	,	分隔数组中的行元素、数组下标；函数输入、输出参数；同一行中输入的命令
句点	.	数值中的小数点；包含句点的运算符会始终按元素执行运算；访问结构体中的字段；对象的属性和方法设定
分号	;	分隔数组创建命令中的各行（矩阵行与行之间的分隔）；禁止代码行的输出显示
冒号	:	创建等间距向量；定义for循环的边界；对数组进行索引（表示一维数组的全部元素或多维数组某一维的全部元素）
省略号	...	用于续行符。行末尾3个句点表示当前命令延续到下一行（续行），多用于长命令行
圆括号	()	对数组进行索引，矩阵元素引用；括住函数输入参数；指定运算的优先级
方括号	[]	向量和矩阵标识符；构造和串联数组；创建空矩阵、删除数组元素；获取函数返回值
花括号	{}	构造元胞数组；访问元胞数组中特定元胞的内容
百分号	%	注释语句说明符，凡在其后的字符均被视为注释性内容而不被执行；某些函数中作为转换设定符
百分号+花括号	%{ %}	注释超出一行的注释块，其间的字符均被视为注释性内容而不被执行
双百分号+空格	%%	代码分块，注释一段（由%% 开始，到下一个%% 结束）
惊叹号	!	调用操作系统运算
单引号	' '	字符串标识符，创建char类的字符向量
双引号	" "	创建string类的字符串标量
波浪号	~	表示逻辑非；禁止特定输入或输出参数
赋值号	=	将表达式赋值给一个变量。注意：=用于赋值，而==用于比较两个数组中的元素
at符	@	为跟在其后的命名函数或匿名函数构造函数句柄；从子类中调用超类方法

1.4.4 数据存取

MATLAB 提供了 save 和 load 命令实现工作区数据文件的存取。其中，利用 save 命令将工作区变量保存到文件中，其调用格式如下。

```
save(fname)                  % 将当前工作区中的所有变量保存在 fname 文件（MAT 格式）中
save(fname,var)              % 仅保存 var 指定的结构体数组的变量或字段
save(fname,var,fmt)          % 以 fmt 指定的文件格式保存，var 为可选参数
save(fname,var,'-append')    % 将新变量添加到一个现有文件的末尾
save fname                   % 命令形式，无须输入括号或将输入括在单引号或双引号内
                             % 需要使用空格（而不是逗号）分隔各输入项
```

【例 1-10】 存取数据文件示例。

解： 直接在命令行窗口输入以下语句。

```
>> p=rand(1,4)
p=
    0.4218    0.9157    0.7922    0.9595
>> q=ones(3)
q=
    1    1    1
    1    1    1
    1    1    1
>> save test.mat                          % 命令形式
>> save('test.mat')                       % 函数形式，等效命令形式

>> save test.mat p                        % 命令形式
>> save('test.mat','p')                   % 函数形式，当输入为变量或字符串时，不要使用命令格式

>> save('test.mat','p','q')               % 将两个变量 p 和 q 保存到 test.mat 文件中
>> save('test.txt','p','q','-ascii')      % 保存到 ASCII 文件中
>> type('test.txt')                       % 查看文件
   4.2176128e-01   9.1573553e-01   7.9220733e-01   9.5949243e-01
   1.0000000e+00   1.0000000e+00   1.0000000e+00
   1.0000000e+00   1.0000000e+00   1.0000000e+00
   1.0000000e+00   1.0000000e+00   1.0000000e+00
```

同样地，利用 load 命令可以将文件变量加载到工作区中，其调用格式如下。

```
load(fname)                  % 从 fname 加载数据，若 fname 是 MAT 文件，直接将变量加载到工作区
                             % 若 fname 是 ASCII 文件，则会创建一个包含该文件数据的双精度数组
load(fname,var)              % 加载 MAT 文件 fname 中的指定变量
load(fname,'-ascii')         % 将 fname 视为 ASCII 文件
load(fname,'-mat')           % 将 fname 视为 MAT 文件
load(fname,'-mat',var)       % 加载 fname 中的指定变量
load fname                   % 命令形式，无须输入括号或将输入括在单引号或双引号内
                             % 需要使用空格（而不是逗号）分隔各输入项
```

【例 1-11】 加载示例 MAT 文件 gong.mat 中的所有变量。

解： 直接在命令行窗口输入以下语句。

```
>> whos                                   % 查看当前工作区中的变量
   Name        Size         Bytes   Class      Attributes
```

```
    filename     1x8              16  char
    p            1x4              32  double
    q            3x3              72  double

>> whos('-file','gong.mat')                     % 查看gong.mat文件中的变量
    Name         Size            Bytes  Class      Attributes
    Fs           1x1                 8  double
    y            42028x1        336224  double
>> load('gong.mat')                             % 将变量加载到工作区
>> whos
    Name         Size            Bytes  Class      Attributes
    Fs           1x1                 8  double
    p            1x4                32  double
    q            3x3                72  double
    y            42028x1        336224  double

>> load gong.mat                                % 使用命令语法加载变量,结果同上
```

MATLAB 中除了可以在命令行窗口中输入相应的命令之外,也可以单击工作区右上角的下三角按钮,在弹出的下拉菜单中选择相应的命令实现数据文件的存取,如图 1-16 所示。

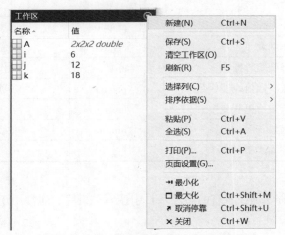

图 1-16　在工作区实现数据文件的存取

1.5　帮助系统

MATLAB 提供了丰富的帮助系统,可以帮助用户更好地了解和使用 MATLAB。本节将详细介绍 MATLAB 帮助系统的使用。

1.5.1　使用帮助命令

在 MATLAB 中,所有执行命令或函数的 M 源文件都有较为详细的注释。这些注释是用纯文本的形式表示的,一般包括函数的调用格式或输入函数、输出结果的含义。

MATLAB 中,常见的帮助命令如表 1-6 所示。

第 5 集
微课视频

表 1-6　常见的帮助命令

命令	功能	命令	功能
demo	运行MATLAB演示程序	helpwin	运行帮助窗口，列出函数组的主题
help	获取在线帮助	which	显示指定函数或文件的路径
who	列出当前工作区窗口中的所有变量	whos	列出当前工作空间中变量的更多信息
doc	在浏览器中显示指定内容的HTML格式帮助文件或启动helpdesk	what	列出当前文件夹或指定文件夹下的M文件、MAT文件和MEX文件
exist	检查变量、脚本、函数、文件夹或类的存在性	lookfor	按照指定的关键字查找所有相关的M文件

1. help命令

在 MATLAB 中，利用 help 命令可以在命令行窗口中显示 MATLAB 的帮助信息，其调用格式如下。

```
help name                    % 显示 name（可以是函数、方法、类、工具箱或变量等）指定的帮助信息
```

通过分类搜索可以得到相关类型的所有命令。表 1-7 给出了部分分类搜索类型。

表 1-7　部分分类搜索类型

类型名	功能	类型名	功能
general	通用命令	graphics	通用图形函数
elfun	基本数学函数	control	控制系统工具箱函数
elmat	基本矩阵及矩阵操作	ops	操作符及特殊字符
mathfun	矩阵函数、数值线性代数	polyfyn	多项式和内插函数
datafun	数据分析及傅里叶变换	lang	语言结构及调试
strfun	字符串函数	funfun	非线性数值功能函数
iofun	低级文件输入/输出函数	…	…

2. lookfor命令

在 MATLAB 中，lookfor 命令是在所有的帮助条目中搜索关键字，通常用于查询具有某种功能而不知道准确名字的命令，其调用格式如下。

```
lookfor keyword              % 在搜索路径中的所有 MATLAB 程序文件的第一个注释行（H1 行）中，
                             % 搜索指定的关键字，搜索结果显示所有匹配文件的 H1 行
lookfor keyword -all         % 搜索 MATLAB 程序文件的第一个完整注释块
```

下面通过简单的示例说明如何使用 MATLAB 的帮助命令获取需要的帮助信息。

【例 1-12】 在 MATLAB 中查阅帮助信息。

解： 根据 MATLAB 的帮助系统，用户可以查阅不同范围的帮助信息，具体如下。

（1）在命令行窗口中输入 "help help" 命令，按 Enter 键，可以查阅如何在 MATLAB 中使用 help 命令，如图 1-17 所示。

界面中显示了如何在 MATLAB 中使用 help 命令的帮助信息，用户可以详细阅读此信息来学习如何使用 help 命令。

（2）在命令行窗口中输入 help 命令，按 Enter 键，可以查阅最近使用命令主题相关的帮助信息。

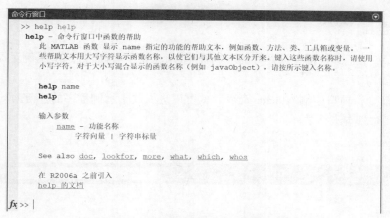

图 1-17　在 MATLAB 中查阅帮助信息

（3）在命令行窗口中输入"help topic"命令，按 Enter 键，可以查阅关于指定主题的所有帮助信息。

上面简单地演示了如何在 MATLAB 中使用 help 命令获得各种函数、命令的帮助信息。在实际应用中，可以灵活使用这些命令搜索所需的帮助信息。

1.5.2　帮助导航

在 MATLAB 中，提供帮助信息的"帮助"窗口主要由帮助导航器和帮助浏览器两部分组成。这个帮助文件和 M 文件中的纯文本帮助无关，而是 MATLAB 专门设置的独立帮助系统。

独立帮助系统对 MATLAB 的功能叙述比较全面、系统，且界面友好，使用方便，是查找帮助信息的重要途径。在 MATLAB 主界面右上角的快捷工具栏中单击 ? 按钮，可以打开如图 1-18 所示的"帮助"窗口。

图 1-18　"帮助"窗口

1.5.3 示例帮助

在 MATLAB 中，各个工具包都有设计好的示例程序，对于初学者而言，这些示例对提高自己的 MATLAB 应用能力具有重要的作用。

在 MATLAB 的命令行窗口中输入 demo 命令，就可以进入关于示例程序的"帮助"窗口，如图 1-19 所示。用户可以打开实时脚本进行学习。

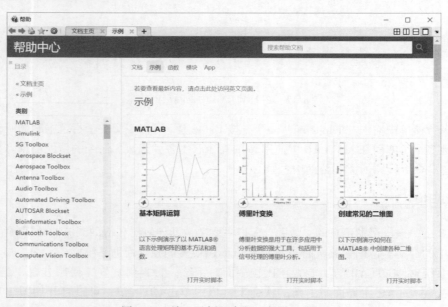

图 1-19　关于示例程序的"帮助"窗口

1.6　本章小结

MATLAB 是一种功能多样、高度集成、适合科学和工程计算的软件，同时是一种高级程序设计语言。MATLAB 的主界面集成了命令行窗口、当前文件夹、工作区和选项卡等，它们既可单独使用，又可相互配合使用，提供了十分灵活方便的操作环境。通过本章的学习，读者应能够对 MATLAB 有一个较为直观的印象，并能进行简单的输入/输出操作，为后面的学习打下基础。

第 2 章 基 础 知 识

MATLAB 是目前在国际上被广泛接受和使用的科学与工程计算软件。在程序设计语言中，常量、变量、函数、运算符和表达式是必不可少的，MATLAB 也不例外。本章将分别介绍 MATLAB 中运用的一些基础知识，包括基本概念、数据类型、运算符、字符串等。

2.1 基本概念

常量、变量、命令、函数、表达式等是学习程序语言时必须掌握的基本概念。MATLAB 虽是一个集多种功能于一体的集成软件，但因其具有语言功能，所以同样需要了解上述概念。

第 6 集
微课视频

2.1.1 常量与变量

1. 常量

常量是程序语句中取不变值的那些量，如表达式 y=0.618*x，其中就包含一个 0.618 这样的常数，它便是一数值常量。而表达式 s='Today and Tomorrow'中单引号内的英文字符串 Today and Tomorrow 则是字符串常量。

在 MATLAB 中，有一类常量是由系统默认给定一个符号来表示的，如 pi 代表圆周率 π 这个常数，即 3.1415926…，类似于 C 语言中的符号常量，这些常量有时又称为系统预定义的变量，如表 2-1 所示。

表 2-1 默认常量（特殊常量）

符 号	含 义
ans	默认变量名
i 或 j	虚数单位，定义为 $i^2=j^2=-1$
pi	圆周率π的双精度表示
eps	容差变量，即浮点数的最小分辨率（浮点相对精度）。当某量的绝对值小于eps时，可以认为此量为0，计算机上此值为 2^{-52}
NaN（nan）	不定式，表示非数值量，产生于0/0、∞/∞、0×∞等运算
Inf（inf）和–Inf（–inf）	正、负无穷大，由0作除数时引入此常量，产生于1/0或log(0)等运算
realmin	最小标准浮点数，为 2^{-1022}
realmax	最大正浮点数，为 $(2-2^{-52})\times 2^{1023}$
nargin / nargout	函数输入/输出的参数数目

【例 2-1】 显示常量值示例。

解：在命令行窗口中依次输入以下语句，同时会输出相应的结果。

```
>> i
ans=
    0.0000+1.0000i
>> pi
ans=
    3.1416
>> eps
ans=
    2.2204e-16
>> x=0/0
x=
    NaN
>> y=log(0)
y=
    -Inf
>> realmin
ans=
    2.2251e-308
>> 2^(-1022)
ans=
    2.2251e-308
>> realmax
ans=
    1.7977e+308
>> (2-2^(-52))*2^1023
ans=
    1.7977e+308
```

2. 变量

变量是在程序运行过程中值可以改变的量。在 MATLAB 中变量名的命名有自己的规则，可以归纳成如下几条：

（1）变量名必须以字母开头，且只能由字母、数字或下画线 3 类符号组成，不能含有空格和标点符号（如()、%）等。

（2）变量名区分字母的大小写，如 a 和 A 是不同的变量。

（3）变量名不能超过 63 个字符，第 63 个字符后的字符将被忽略。

（4）关键字（如 if、while 等）不能作为变量名。

（5）最好不要用表 2-1 中的特殊常量符号作变量名（虽然它们可以作为变量名）。

常见的错误命名有 d.ing、3x、f(x)、y'、y''、A^2 等。

2.1.2　无穷量和非数值量

MATLAB 中分别用 Inf 和 –Inf 代表正无穷和负无穷，用 NaN 表示非数值量。正无穷和负无穷的产生一般是由于 0 作为了分母或运算溢出，产生了超出双精度浮点数数值范围的结果；非数值量则是由 0/0 或 Inf/Inf 型的非正常运算造成的。

注意：由 0/0 或 Inf/Inf 产生的两个 NaN 彼此并不相等。

除了运算会造成异常结果外，MATLAB 还提供了专门的函数创建这两种特殊的量。用 Inf( )函数和 NaN( )函数创建指定数值类型的无穷量和非数值量，默认是双精度浮点型。这两个函数的调用方式相同，其中 NaN( )函数的调用格式如下。

```
X=NaN                    % 返回"非数字"的标量表示形式，如 0/0 或 0*Inf，则运算返回 NaN
X=NaN(n)                 % 返回 NaN 值的 n*n 矩阵
X=NaN(sz1,…,szN)         % 返回由 NaN 值组成的 sz1*…*szN 数组
X=NaN(sz)                % 返回 NaN 值的数组，其大小由 sz 指定
X=NaN(___,type)          % 返回由数据类型为 type('single'或'double')的 NaN 值组成的数组
```

【例 2-2】无穷量和非数值量。

解： 在命令行窗口中依次输入以下语句，同时输出相应的结果。

```
>> x=1/0
x =
    Inf
>> x=1.e1000
x =
    Inf
>> x=exp(1000)
x =
    Inf
>> x=log(0)
x =
   -Inf
>> y=0/0
y =
    NaN
>> X=NaN(2,4)
X =
    NaN    NaN    NaN    NaN
    NaN    NaN    NaN    NaN
```

2.1.3 标量、向量、矩阵与数组

1. 基本运算量的特点

标量、向量、矩阵和数组是 MATLAB 运算中涉及的一组基本运算量。它们各自的特点及相互关系描述如下。

（1）数组不是一个数学量，而是一个用于高级语言程序设计的概念。如果数组元素按一维线性方式组织在一起，则称为一维数组，一维数组的数学原型是向量。

如果数组元素按行、列排成一个二维平面表格，则称其为二维数组，其数学原型是矩阵。如果在元素排成二维数组的基础上，再将多行、列数分别相同的二维数组叠成一个立体表格，便形成三维数组。以此类推，便有了多维数组的概念。

在 MATLAB 中，数组的用法与一般高级语言不同，它不借助于循环，而是直接采用运算符创建，有自己独立的运算符和运算法则。

（2）矩阵是一个数学概念，一般高级语言并未将其作为基本的运算量，不认可将两个矩阵视为两个简单变量而直接进行加、减、乘、除运算。要完成矩阵的四则运算，必须借助循环结构。

当 MATLAB 引入矩阵作为基本运算量后，改变了上述局面。MATLAB 不仅实现了矩阵的简单加减乘除

运算，许多与矩阵相关的其他运算也因此大大简化了。

（3）向量是一个数学量，一般高级语言中也未引入，可将其视为矩阵的特例。从 MATLAB 的工作区窗口可以查看到：一个 n 维的行向量是一个 $1\times n$ 阶的矩阵，而列向量则可作为 $n\times 1$ 阶的矩阵。

（4）标量也是一个数学概念，在 MATLAB 中，一方面可将其视为一般高级语言的简单变量处理，另一方面又可把它当成 1×1 阶的矩阵，这与矩阵作为 MATLAB 的基本运算量是一致的。

（5）在 MATLAB 中，二维数组和矩阵其实是数据结构形式相同的两种运算量。二维数组和矩阵的表示、建立、存储区别只是运算符和运算法则不同。

例如，向命令行窗口中输入 A=[1 2; 3 4]，实际上该量有两种可能的角色：矩阵 A 或二维数组 A。这就是说，单从形式上不能完全区分矩阵和数组，必须看它使用什么运算符与其他量之间进行运算。

（6）数组的维和向量的维是两个完全不同的概念。数组的维是从数组元素排列后所形成的空间结构定义的：线性结构是一维，平面结构是二维，立体结构是三维，当然还有四维甚至多维。向量的维相当于一维数组中的元素个数。

2. 数组与矩阵的运算

MATLAB 既支持数组的运算，也支持矩阵的运算，但它们的运算却有很大的差别。在 MATLAB 中，数组的所有运算都针对被运算数组中的每个元素平等地执行同样的操作；矩阵运算则从把矩阵整体当作一个特殊的量这个基点出发，按照线性代数的规则进行运算。

1）关于数组

数组（Array）是由一组复数排成的长方形阵列（而实数可被视为虚部为零的复数）。对于 MATLAB，在线性代数范畴之外，数组也是进行数值运算的基本处理单元。

一行多列的数组是行向量，一列多行的数组就是列向量。数组可以是二维的"矩形"，也可以是三维的，甚至还可以是多维的。多行多列的"矩形"数组与数学中的矩阵从外观形式与数据结构上看，并无区别。

MATLAB 中定义了一套数组运算规则及其运算符，但数组运算是 MATLAB 所定义的规则，规则是为了使数据管理方便、操作简单、指令形式自然、程序简单易读与运算高效。

在 MATLAB 中大量数值运算是以数组形式进行的。而在 MATLAB 中涉及线性代数范畴的问题，其运算则是以矩阵作为基本的运算单元。

对于数组，不论是算术运算，还是关系或逻辑运算，甚至调用函数的运算，形式上可以把数组当作整体，但其有一套区别于矩阵的、完整的运算符和运算函数，实质上是针对数组中的每个元素进行运算。

2）关于矩阵

有 $m\times n$ 个数 $a_{ij}(i=1,2,\cdots,m;\ j=1,2,\cdots,n)$ 组成的数组，将其排成如下格式（用方括号括起来）并作为整体，则称该表达式为 m 行 n 列的矩阵：

$$A=\begin{bmatrix} a_{11} & a_{12} & \cdots & a_{1n} \\ a_{21} & a_{22} & \cdots & a_{2n} \\ \vdots & \vdots & & \vdots \\ a_{m1} & a_{m2} & \cdots & a_{mn} \end{bmatrix}$$

横向每一行所有元素依次序排列为行向量；纵向每一列所有元素依次序排列为列向量。注意，数组用方括号括起来后已成为一个抽象的特殊量——矩阵。

矩阵概念是线性代数范畴内特有的。在线性代数中，矩阵有特定的数学含义，并有其自身严格的运算规则及其运算符。MATLAB 在定义数组运算的基础上又定义了矩阵运算规则，矩阵运算规则与线性代数中的矩阵运算规则相同，运算时把矩阵视为一个整体进行。

2.1.4 命令、函数、表达式和语句

有了常量、变量、数组和矩阵，再加上各种运算符即可编写出多种 MATLAB 的表达式和语句。在 MATLAB 的表达式或语句中，还有一类对象会时常出现，那就是命令和函数。

1. 命令

命令通常是一个动词，例如，clear 命令用于清除工作区。有的命令可能在动词后带有参数，例如，"addpath D:\DingJB\MATLAB –end" 命令用于添加新的搜索路径。

在 MATLAB 中，命令与函数都在函数库中，有一个专门的函数库 general 用来存放通用命令。一个命令通常也是一条语句。

2. 函数

MATLAB 中的函数分为内置函数（如 sqrt( )和 sin( )）及自定义函数。内置函数运行效率高，但不能访问计算的详细信息；自定义函数利用编程实现，可以访问其计算的详细信息。

MATLAB 中内置了大量函数，可以直接调用这些函数。仅就基本函数而言，其所包括的函数类别就有二十多种，而每一种中又有少则几个、多则数十个函数。

除了 MATLAB 基本函数外，还有各种工具箱，工具箱实际上也是由一组用于解决专门问题的函数构成的。不包括 MATLAB 网站上外挂的工具箱函数，目前 MATLAB 自带的工具箱已多达几十种，可见 MATLAB 函数之多。

从某种意义上说，MATLAB 全靠函数解决问题。函数一般的调用格式如下。

```
函数名(参数 1,参数 2,…)
```

例如，引用正弦函数就书写成 sin(A)，A 就是一个参数，它可以是一个标量，也可以是一个数组，而对数组求正弦是针对其中的各元素求正弦，这是由数组的特征决定的。

3. 表达式

用多种运算符将常量（数字、字符串等）、变量（含标量、向量、矩阵和数组等）、函数等多种运算对象连接起来构成的运算式就是 MATLAB 的表达式，例如，

```
A+B&C-sin(A*pi)+sqrt(B)
```

就是一个表达式。试分析其与表达式

```
(A+B)&C-sin(A*pi)+sqrt(B)
```

有无区别，这将在后面的章节进行讲解。

表达式又分为算术表达式、逻辑表达式、符号表达式，后面会进行详细讲解。

4. 语句

在 MATLAB 中，表达式本身即可被视为一条语句。而典型的 MATLAB 语句是赋值语句，其一般的结构如下：

```
变量名=表达式
```

例如，

```
F=(A+B)&C-sin(A*pi)
```
就是一个赋值语句。

除赋值语句外，MATLAB 还有函数调用语句、循环控制语句、条件分支语句等。这些语句都将在后面的章节中分别介绍。

【例 2-3】赋值语句示例及运行结果。

在命令行窗口中输入以下命令并显示输出结果。

```
>> a=6
a=
    6
>> rho=(1+sqrt(a))/2                      % 函数 sqrt()用于求平方根
rho=
    1.7247
>> b=abs(3+4i)                            % 函数 abs()用于求绝对值或复数的模
b=
    5
>> x=sqrt(besselk(7/3,rho-3i))            % besselk()为第二类修正贝塞尔函数
x=
    0.1929-0.3812i
```

2.2 数据类型

第 7 集
微课视频

数据类型、常量与变量是程序语言入门时必须引入的基本概念，MATLAB 是一个集多种功能于一体的集成软件，这些概念同样不可缺少。本节重点介绍数值型数据。

2.2.1 数据类型概述

数据作为计算机处理的对象，在程序语言中可分为多种类型，在 MATLAB 这种可编程的语言中当然也不例外。MATLAB 的主要数据类型如图 2-1 所示。

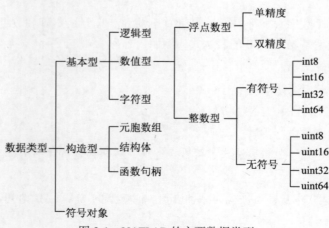

图 2-1　MATLAB 的主要数据类型

MATLAB 的数值型数据划分成整数型和浮点数型的用意和 C 语言有所不同。MATLAB 的整数型数据主要为图像处理等特殊的应用问题提供数据类型，以便节省空间或提高运行速度。对于一般数值运算，绝大

多数情况下采用双精度浮点数型的数据。

MATLAB 的构造型数据基本与 C++的构造型数据类似，但它的数组却有更加广泛的含义和不同于一般语言的运算方法。

符号对象是 MATLAB 所特有的一类为符号运算设置的数据类型。严格地说，它不是某一类型的数据，它可以是数组、矩阵、字符等多种形式及其组合，但它在 MATLAB 的工作区中的确又是一种特殊的数据类型。

在使用中，MATLAB 数据类型有一个突出的特点，即在引用不同数据类型的变量时，一般不用事先对变量的数据类型进行定义或说明，系统会依据变量被赋值的类型自动进行类型识别，这在高级语言中是极有特色的。

这样处理的优势是，在书写程序时可以随时引入新的变量而不用担心会出错，这的确给应用带来了很大方便。但缺点是有失严谨，搜索和确定一个符号是否为变量名将耗费更多的时间。

2.2.2 整数型

MATLAB 中支持以 1 字节、2 字节、4 字节和 8 字节几种形式存储整数数据，共提供了 8 种内置的整数型，表 2-2 中列出了它们各自的整数型、数值范围和转换函数。

表 2-2 MATLAB中的整数型

整 数 型	数 值 范 围	转 换 函 数	整 数 型	数 值 范 围	转 换 函 数
有符号8位整数	$-2^7 \sim 2^7-1$	int8	无符号8位整数	$0 \sim 2^8-1$	uint8
有符号16位整数	$-2^{15} \sim 2^{15}-1$	int16	无符号16位整数	$0 \sim 2^{16}-1$	uint16
有符号32位整数	$-2^{31} \sim 2^{31}-1$	int32	无符号32位整数	$0 \sim 2^{32}-1$	uint32
有符号64位整数	$-2^{63} \sim 2^{63}-1$	int64	无符号64位整数	$0 \sim 2^{64}-1$	uint64

不同的整数型所占用的位数不同，因此所能表示的数值范围不同。在实际应用中，应该根据需要的数据范围选择合适的整数型。有符号的整数型拿出一位来表示正、负，因此表示的数据范围和相应的无符号整数型不同。

MATLAB 中数值的默认存储类型是双精度浮点数（double）类型，通过转换函数可以将双精度浮点数型转换成指定的整数型。

【例 2-4】通过转换函数创建整数型数据。

解：在命令行窗口中依次输入以下语句，同时输出相应的结果。

```
>> x=105; y=105.49; z=105.5;
>> xx=int16(x)                              % 把默认double型变量x强制转换成int16型
xx=
  int16
  105
>> yy=int32(y)
yy=
  int32
  105
>> zz=int32(z)
zz=
  int32
  106
```

在类型转换中，MATLAB 默认将待转换数值转换为最近的整数，若小数部分正好为 0.5，那么 MATLAB 转换后的结果是绝对值较大的那个整数。另外，应用这些转换函数也可以将其他类型转换成指定的整数型。

【例 2-5】将小数转换为整数。

解：在命令行窗口中依次输入以下语句，同时输出相应的结果。

```
>> x1=325.499;
>> int16(x1)
ans=
  int16
   325
>> x2=x1+0.001;
>> int16(x2)
ans=
  int16
   326
>> int16(-x2)
ans=
  int16
   -326
```

MATLAB 还提供了多种取整函数，如表 2-3 所示，用于将浮点数转换成整数。

表 2-3　MATLAB 中的取整函数

函　　数	说　　明	举　　例
round(a)	向最接近的整数取整，即四舍五入取整；小数部分是 0.5 时，向绝对值大的方向取整	round(4.3) 结果为 4；round(4.5) 结果为 5
fix(a)	向 0 方向取整	fix(4.3) 结果为 4；fix(4.5) 结果为 4
floor(a)	向不大于 a 的最接近整数取整	floor(4.3) 结果为 4；floor(4.5) 结果为 4
ceil(a)	向不小于 a 的最接近整数取整	ceil(4.3) 结果为 5；ceil(4.5) 结果为 5

整数型数据参与的数学运算与 MATLAB 中默认的双精度浮点数运算不同。当两种相同的整数型数据进行运算时，结果仍然是这种整数型；当一个整数型数据与一个双精度浮点数型数据进行数学运算时，计算结果是整数型，取整采用默认的四舍五入方式。

注意：两种不同的整数型之间不能进行数学运算，除非提前进行强制类型转换。

【例 2-6】整数型数据参与的运算。

解：在命令行窗口中依次输入以下语句，同时输出相应的结果。

```
>> clear, clc
>> x=uint32(367.2)*uint32(20.3)
x=
  uint32
   7340
>> y=uint32(24.321)*359.63
y=
  uint32
```

```
    8631
>> z=uint32(24.321)*uint16(359.63)
错误使用  *
整数只能与同类型的整数或双精度标量值组合使用。
>> whos
  Name      Size           Bytes  Class     Attributes
  x         1x1                4  uint32
  y         1x1                4  uint32
```

不同的整数型数据能够表示的数值范围不同。在数学运算中,当运算结果超出相应的整数型数据能够表示的范围时,就会出现溢出错误,运算结果被置为该整数型能够表示的最大值或最小值。

MATLAB 提供的 warning 函数可以设置是否显示这种转换或计算过程中出现的溢出及非正常转换的错误,有兴趣的读者可查阅 MATLAB 帮助文档。

2.2.3 浮点数型

MATLAB 中提供了单精度浮点数型(single)和双精度浮点数型(double),它们在存储位宽、各数据位的用处、数值范围、转换函数等方面都不同,如表 2-4 所示。

表 2-4 MATLAB中浮点数型的比较

类型	存储位宽	各数据位的作用	数值范围	转换函数
双精度浮点数	64	0~51位表示小数部分 52~62位表示指数部分 63位表示符号(0为正,1为负)	$-1.79769 \times 10^{+308} \sim -2.22507 \times 10^{-308}$ $2.22507 \times 10^{-308} \sim 1.79769e \times 10^{+308}$	double
单精度浮点数	32	0~22位表示小数部分 23~30位表示指数部分 31位表示符号(0为正,1为负)	$-3.40282 \times 10^{+38} \sim -1.17549 \times 10^{-38}$ $1.17549 \times 10^{-38} \sim 3.40282 \times 10^{+38}$	single

从表 2-4 可以看出,存储单精度浮点数型所用的位数少,因此占用内存少,但从各数据位的用处来看,单精度浮点数能够表示的数值范围比双精度浮点数小。

与创建整数一样,创建浮点数也可以通过转换函数实现,当然,MATLAB 中默认的数值类型是双精度浮点数型。

【例 2-7】浮点数型转换函数的应用。

解:在命令行窗口中依次输入以下语句,同时输出相应的结果。

```
>> clear,clc
>> x=5.4                                      % 创建变量 x,并对其赋值
x=
    5.4000
>> class(x)                                   % 利用 class 函数查看变量的数据类型
ans=
    'double'
>> y=single(x)                                % 将 double 型的变量强制转换为 single 型
y=
    single
    5.4000
>> z=uint32(87563);
>> zd=double(z)                               % 将 uint32 型的变量强制转换为 double 型
```

```
zd=
    87563
>> whos
  Name    Size        Bytes    Class     Attributes
  X       1x1         8        double
  Y       1x1         4        single
  z       1x1         4        uint32
  zd      1x1         8        double
>> x+z                                      % 双精度浮点数与整数运算结果为整型
ans=
  uint32
    87568
>> y+z                                      % 单精度浮点数与整数进行运算会报错
错误使用  +
整数只能与同类的整数或双精度标量值组合使用。
```

双精度浮点数参与运算时，返回值的类型依赖于参与运算的其他数据类型。双精度浮点数与逻辑型、字符型数据进行运算时，返回结果为双精度浮点数；与整数进行运算时返回结果为相应的整数；与单精度浮点数运算返回单精度浮点数。单精度浮点数与逻辑型、字符型数据和任何浮点数进行运算时，返回结果都是单精度浮点数。

注意：单精度浮点数不能和整数进行算术运算。

【**例 2-8**】浮点数型数据参与的运算。

解：在命令行窗口中依次输入以下语句，同时输出相应的结果。

```
>> clear,clc
>> x=uint32(240); y=single(32.345); z=12.356;
>> xy=x*y
错误使用 *
整数只能与同类的整数或双精度标量值组合使用。
>> xz=x*z
xz=
  uint32
   2965
>> whos
  Name    Size        Bytes    Class     Attributes
  x       1x1         4        uint32
  xz      1x1         4        uint32
  y       1x1         4        single
  z       1x1         8        double
```

从表 2-4 还可以看出，浮点数只占用一定的存储位宽，其中只有有限位用来存储指数部分和小数部分。因此，浮点数能表示的实际数值是有限且离散的。

任何两个最接近的浮点数之间都有一个很微小的间隙，而所有处在这个间隙中的值都只能用这两个最接近的浮点数中的一个表示。

在 MATLAB 中，函数 eps( )用于获取其与一个数值最接近的浮点数的间隙大小。有兴趣的读者可查阅 MATLAB 帮助文档。

2.2.4 显示格式

MATLAB 提供了多种数值显示方式，可以通过函数 format( )设置，也可以通过在"预设项"对话框中修改"命令行窗口"的参数，设置不同的数值显示方式。在默认情况下，MATLAB 使用 5 位定点或浮点显示格式。

MATLAB 中通过函数 format( ) 提供的几种数值显示格式，相关内容请参考前面的介绍。

注意： 函数 format( ) 和 "预设项" 对话框都只修改数值的显示格式，而 MATLAB 中数值运算不受影响，仍按照双精度浮点数进行运算。

在利用 MATLAB 进行程序设计时，还常需要临时改变数值显示格式，这可以通过函数 get( ) 和 set( ) 实现，下面举例说明。

【**例 2-9**】通过函数 get( ) 和 set( ) 临时改变数值显示格式。

解： 在命令行窗口中依次输入以下语句，同时输出相应的结果。

```
>> origFormat=get(0,'format')          % 获取数值显示格式并将其保存在 origFormat 中
origFormat=
    'short'
>> format('rational')                  % 修改显示格式为 rational
>> rat_pi=pi
rat_pi=
    355/113
>> set(0,'format',origFormat)          % 重新设置数值显示格式为 origFormat
>> get(0,'format')
ans=
    'short'
```

2.2.5 结构体

结构体数组是使用名为字段的数据容器将相关数据组合在一起的数据类型。每个字段都可以包含任意类型的数据。使用 structName.fieldName 格式的圆点表示法来访问结构体中的数据。

使用结构可以存储需要按名称组织的数据。结构体将数据存储在名为字段的容器中，然后可以按指定的名称访问这些字段。

在 MATLAB 中使用圆点表示法创建、分配和访问结构体字段中的数据。如果存储在字段中的值是数组，则可以使用数组索引来访问数组的元素。当将多个结构体存储为一个结构体数组时，可以使用数组索引和圆点表示法来访问单个结构体及其字段。

【**例 2-10**】创建标量结构体。创建一个名为 patient 的结构体，其中包含存储患者数据的字段。图 2-2 显示该结构体如何存储数据，该结构体也称为标量结构体，因为该变量只存储一个结构体。

解： 在命令行窗口中依次输入以下语句，同时会输出相应的结果，输出图形如图 2-3 所示。

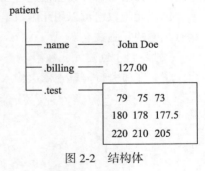

图 2-2 结构体

```
>> patient.name='John Doe';            % 创建结构体及其第一个字段 name
>> patient.billing=127;                % 使用圆点表示法添加字段 billing，并分配数据
>> patient.test=[79 75 73; 180 178 177.5; 220 210 205]
                % 使用圆点表示法添加字段 test，并为字段分配数据
patient=
  包含以下字段的 struct:
```

```
        name: 'John Doe'
     billing: 127
        test: [3×3 double]
>> patient.billing=512.00                      % 更改 billing 字段的值
>> subplot(1,2,1)
>> bar(patient.test)                           % 使用圆点表示法访问 test 字段，并生成条形图
>> title("Results for"+patient.name)           % 添加一个具有 patient.name 中文本的标题
>> subplot(1,2,2)
>> bar(patient.test(:,1))                      % 访问存储在字段中数组的部分内容，并绘制条形图
```

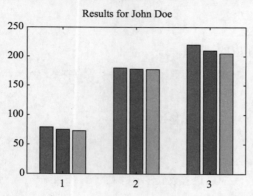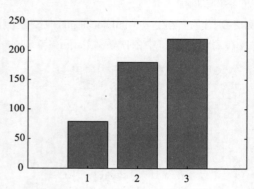

图 2-3　访问结构体中的数据并绘制图形

2.2.6　元胞数组

元胞数组是一种包含名为元胞的索引数据容器的数据类型，其中的每个元胞都可以包含任意类型的数据。

元胞数组可以存储不同类型和大小的数据。早期版本建议用元胞数组处理文本和不同类型的表格数据，如电子表格中的数据。现在建议用 string 数组存储文本数据，用 table 存储表格数据。而对异构数据，最适合用元胞数组，这种数据最适合在数组中按位置引用。

创建元胞数组可以用元胞数组构造运算符{}或使用 cell 函数两种方式。元胞数组是矩形结构，每一行中具有相同的元胞数。

【例 2-11】创建元胞数组。

解： 在命令行窗口中依次输入以下语句，同时会输出相应的结果。

```
>> C1 = {1,2,3; 'text',rand(5,10,2),{11; 22; 33}}    % 创建 2×3 的元胞数组
C1 =
  2×3 cell 数组
    {[    1]}    {[          2]}    {[    3]}
    {'text'}     {5×10×2 double}    {3×1 cell}
>> C2 = {}                                            % 创建一个空的 0×0 元胞数组
C2 =
    空的 0×0 cell 数组
```

当需要随时间推移或以循环方式向元胞数组添加值时，可以使用 cell 函数创建一个空数组，为元胞数组预分配内存，每个元胞包含一个空数组[]。

```
>> C3 = cell(3,4)
C3 =
```

```
  3×4 cell 数组
    {0×0 double}    {0×0 double}    {0×0 double}    {0×0 double}
    {0×0 double}    {0×0 double}    {0×0 double}    {0×0 double}
    {0×0 double}    {0×0 double}    {0×0 double}    {0×0 double}
```

随后对特定元胞进行读取或写入，将索引括在花括号中。例如，用随机数据数组填充 C3。根据数组在元胞数组中的位置更改数组大小。

```
>> for row = 1:3                                    % 通过 for 循环填充元胞数组
      for col = 1:4
          C3{row,col} = rand(row*10,col*10);
      end
   end
>> C3
C3 =
  3×4 cell 数组
    {10×10 double}    {10×20 double}    {10×30 double}    {10×40 double}
    {20×10 double}    {20×20 double}    {20×30 double}    {20×40 double}
    {30×10 double}    {30×20 double}    {30×30 double}    {30×40 double}
```

2.2.7 函数句柄

函数句柄是一种存储指向函数的关联关系的 MATLAB 数据类型。函数句柄的典型用法包括：

（1）将一个函数传递到另一个函数（通常称为复合函数）。例如，将函数句柄用作计算数学表达式的函数的输入参数。

（2）指定回调函数（例如，响应 UI 事件或与数据采集硬件交互的回调）。

（3）构造以内联方式定义而非存储在程序文件（匿名函数）中的函数的句柄。

（4）从主函数外调用局部函数。

查看变量是否为函数句柄，可以使用下面的语句。

```
isa(h,'function_handle')                            % 查看变量 h 是否为函数句柄
```

函数句柄可以表示命名函数或匿名函数，在 MATLAB 中，使用@运算符创建函数句柄，即通过在函数名称前添加一个@符号来为函数创建句柄。如：

```
f=@myfunction;                                      % 为名为 myfunction 的函数创建一个名为 f 的句柄
```

使用句柄调用函数的方式与直接调用函数一样。下面通过示例讲解函数句柄的应用。

【例 2-12】 创建函数句柄。

解：在编辑器窗口创建一个名为 computeSquare 的函数，该函数定义如下。

```
function y=computeSquare(x)
    y=x.^2;
end
```

在命令行窗口中依次输入以下语句，同时会输出相应的结果。

```
>> f=@computeSquare;                                % 创建句柄
>> a=4;
>> b=f(a)                                           % 调用该函数以计算 4 的平方
b =
    16
>> h=@ones;
```

```
>> a=h()                        % 如果函数不需要任何输入，则使用空括号调用该函数
a =
    1
>> a=h                          % 如果不使用括号，则该赋值会创建另一个函数句柄
>> a=
    @ones
>> f2=@(x) (x.^2)               % 创建匿名函数函数句柄，匿名函数在后面的章节会介绍
f2 =
  包含以下值的 function_handle:
    @(x)(x.^2)
>> q=integral(f2,0,1)           % 计算 x2 在区间[0,1]上的积分，函数句柄作为传递给其他函数的变量
q =
    0.3333
```

2.3 基本运算

MATLAB 中的运算包括算术运算、关系运算和逻辑运算 3 种，其中关系运算和逻辑运算的返回结果都是逻辑类型（1 代表逻辑真，0 代表逻辑假），在程序设计中应用十分广泛。

2.3.1 算术运算

第 8 集
微课视频

算术运算因所处理的对象不同，分为数组算术运算和矩阵算术运算两类。

1. 数组算术运算

数组算术运算可针对向量（一维数组）、矩阵（二维数组）和多维数组的对应元素执行逐元素运算，其运算符如表 2-5 所示。

表 2-5 数组算术运算符（点运算）

运算符	名称	示例	说明	函数
+	加	C=A+B	加法法则，即 C(i,j)=A(i,j)+B(i,j)	plus
−	减	C=A−B	减法法则，即 C(i,j)=A(i,j)−B(i,j)	minus
.*	数组乘	C=A.*B	C(i,j)=A(i,j)*B(i,j)	times
./	数组右除	C=A./B	C(i,j)=A(i,j)/B(i,j)	rdivide
.\	数组左除	C=A.\B	C(i,j)=B(i,j)/A(i,j)	ldivide
.^	数组乘幂	C=A.^B	C(i,j)=A(i,j)^B(i,j)	power
.'	数组转置	A.'	将数组的行摆放成列，复数元素不做共轭运算	transpose

区别于矩阵算术运算，数组算术运算的乘、除、乘幂、转置等均带有一个点，因此也可以称之为数组点运算。

【例 2-13】MATLAB 中的数组算术运算。

解： 在命令行窗口中依次输入以下语句，同时会输出相应的结果。

```
>> A=[1 0; 2 4]; B=[5 8; 4 1];                    % 创建两个数值数组 A 和 B
>> C=A+B
C=
```

```
         6     8
         6     5
>> C=A-B
C=
        -4    -8
        -2     3
>> C=A.*B
C=
         5     0
         8     4
>> C=A./B
C=
    0.2000         0
    0.5000    4.0000
>> C=A.\B
C=
    5.0000       Inf
    2.0000    0.2500
>> C=A.^B
C=
         1     0
        16     4
>> C=A.'
C=
         1     2
         0     4
```

上面给出的是数组与数组的算术运算，针对数组与标量、行向量与列向量的算术运算请读者自行尝试，下面只给出创建的变量，读者自行参照上面的运算学习即可。

```
>> A=[1 0; 2 4]; B=5;                   % 用于验证数组与标量的运算
>> A=[1 0 2 4]; B=[5 8 4 1]';           % 用于验证行向量和列向量的运算
>> A=[1 0; 2 4]; B=[5 8 4 1]';          % 创建矩阵和向量的运算
```

2. 矩阵算术运算

矩阵算术运算遵循线性代数的法则，与多维数组不兼容，其运算符如表2-6所示。

表2-6　矩阵算术运算符

运算符	名称	示例	说明	函数
*	乘	C=A*B	矩阵乘法（线性代数乘积），A的列数必须与B的行数相等	mtimes
/	右除	C=A/B	线性方程组X*B=A的解，即C=A/B=A*B^{-1}	mrdivide
\	左除	C=A\B	线性方程组A*X=B的解，即C=A\B=A^{-1}*B	mldivide
^	乘幂	C=A^B	B为标量时，A的B次幂 B为其他值时，计算包含特征值和特征向量	mpower
'	共轭转置	B=A'	B是A的共轭转置矩阵	ctranspose

说明：

（1）表2-6中并未定义数组的加减法，这是因为数组的加减法与矩阵的加减法相同，所以未做重复定义。

（2）矩阵的加、减、乘运算是严格按矩阵运算法则定义的，而矩阵的除法虽和矩阵求逆有关，但分为左、右除,因此不是完全等价的。乘幂运算更是将标量幂扩展到矩阵可作为幂指数。总体来说,MATLAB接受了线性代数已有的矩阵运算规则,但又有所扩展。

(3) 不论是加、减、乘、除还是乘幂,数组的运算都是元素间的运算,即对应下标元素一对一的运算。多维数组的运算法则可依元素按下标一一对应参与运算的原则推广。

2.3.2 关系运算

关系运算用于比较两个操作数,而逻辑运算则用于对简单逻辑表达式进行复合运算。MATLAB中的关系运算符如表2-7所示。

表2-7　MATLAB中的关系运算符

运算符	名称	示例	法则或使用说明
<	小于	A<B	(1) A、B都是标量,结果是为1(真)或0(假)的标量
<=	小于或等于	A<=B	(2) A、B若一个为标量,另一个为数组,标量将与数组各元素逐一比较,结果为与运算数组行、列数相同的数组,其中各元素取值1或0
>	大于	A>B	(3) A、B均为数组时,必须行、列数分别相同,A与B各对应元素相比较,结果为与A或B行、列数相同的数组,其中各元素取值1或0
>=	大于或等于	A>=B	
==	恒等于	A==B	(4) ==和~=运算对参与比较的量同时比较实部和虚部,其他运算则只比较实部
~=	不等于	A~=B	

需要指出的是,MATLAB的关系运算虽可看成矩阵的关系运算,但严格地讲,把关系运算定义在数组基础之上更为合理。因为从表2-7中所列的法则不难发现,关系运算是元素一对一的运算。数组的关系运算向下可兼容一般高级语言中所定义的标量关系运算。

当操作数是数组形式时,关系运算符总是对被比较的两个数组的各个对应元素进行比较,因此要求被比较的数组必须具有相同的尺寸。

【例2-14】 MATLAB中的关系运算。

解:在命令行窗口中依次输入以下语句,同时会输出相应的结果。

```
>> 5>=4                              % 标量比较
ans=
  logical
   1
>> rng(123)                          % 控制随机数生成器,确保数据可复现
>> x=rand(1,4)
x=
    0.6965    0.2861    0.2269    0.5513
>> y=rand(1,4)
y=
    0.7195    0.4231    0.9808    0.6848
>> x>y                               % 比较两个大小相同的向量
ans=
  1×4 logical 数组
    0   0   0   0
>> A=[2 4 6; 8 10 12];
>> B=[5 5 5; 9 9 9];
>> A < B                             % 比较两个大小相同的矩阵
```

```
ans=
  2×3 logical 数组
   1  1  0
   1  0  0
>> A > 7                                              % 将某一个数组与标量进行比较
ans=
  2×3 logical 数组
   0  0  0
   1  1  1
```

注意：
（1）在 MATLAB 中，比较两个数是否相等的关系运算符是两个等号"=="连用，而单个等号"="是变量赋值的符号；
（2）由于浮点数的存储形式造成了相对误差的存在，在程序设计中最好不要直接比较两个浮点数是否相等，而应该采用大于、小于的比较运算将待确定值限制在一个满足需要的区间内。

2.3.3 逻辑运算

关系运算返回的结果是逻辑类型（逻辑真或逻辑假），这些简单的逻辑数据可以通过逻辑运算符组成复杂的逻辑表达式，在程序设计中，常用于进行分支选择或确定循环终止条件。MATLAB 中的逻辑运算有 3 类：
（1）逐元素逻辑运算；
（2）捷径逻辑运算；
（3）逐位逻辑运算。
只有前两种逻辑运算会返回逻辑类型的结果。

1. 逐元素逻辑运算

逐元素逻辑运算符有逻辑与（&）、逻辑或（|）和逻辑非（~）3 种。其中，前两个是双目运算符，必须有两个操作数参与运算；逻辑非是单目运算符，只对单个元素进行运算，其说明和示例如表 2-8 所示。

表 2-8 逐元素逻辑运算符

运算符	名称	示例	说明	函数
&	逐元素逻辑与	1&0 % 返回0 1&false % 返回0 1&1 % 返回1	双目运算符。参与运算的两个元素值为逻辑真或非零时，返回逻辑真，否则返回逻辑假	and
|	逐元素逻辑或	1|0 % 返回1 1|false % 返回1 0|0 % 返回0	双目运算符。参与运算的两个元素都为逻辑假或零时，返回逻辑假，否则返回逻辑真	or
~	逐元素逻辑非	~1 % 返回0 ~0 % 返回1	单目运算符。参与运算的元素为逻辑真或非零时，返回逻辑假，否则返回逻辑真	not

注意： 这里逻辑与和逻辑非运算都是逐个元素进行双目运算，因此如果参与运算的是数组，则要求两个数组具有相同的尺寸。

【例 2-15】 逐元素逻辑运算应用示例。

解：在命令行窗口中依次输入以下语句，同时输出相应的结果。

```
>> rng(123)                          % 控制随机数生成器，确保数据可复现
>> x=rand(1,3)
x=
    0.6965    0.2861    0.2269
>> x=rand(1,3)
x=
    0.5513    0.7195    0.4231
>> rng(123)
>> x=rand(1,3)
x=
    0.6965    0.2861    0.2269
>> y=x>0.5
y=
  1×3 logical 数组
   1   0   0
>> m=x<0.96
m=
  1×3 logical 数组
   1   1   1
>> y&m
ans=
  1×3 logical 数组
   1   0   0
>> y|m
ans=
  1×3 logical 数组
   1   1   1
>> ~y
ans=
  1×3 logical 数组
   0   1   1
```

2. 捷径逻辑运算

MATLAB 中的捷径逻辑运算符有逻辑与（&&）和逻辑或（||）两个。实际上它们的运算功能和前面讲过的逐元素逻辑运算符相似，只不过在某些特殊情况下，捷径逻辑运算符会较少进行逻辑判断的操作。

当参与逻辑与运算的两个数据同为逻辑真（非零）时，逻辑与运算才返回逻辑真（1），否则都返回逻辑假（0）。

捷径逻辑与（&&）运算符就是基于这一特点，当参与运算的第一个操作数为逻辑假时，将直接返回逻辑假，而不再计算第二个操作数。而逐元素逻辑与（&）运算符在任何情况下都要计算两个操作数的结果，然后进行逻辑与运算。

捷径逻辑或（||）运算符的情况类似，当第一个操作数为逻辑真时，将直接返回逻辑真，而不再计算第二个操作数。而逐元素逻辑或（|）运算符在任何情况下都要计算两个操作数的结果，然后进行逻辑或运算。

捷径逻辑运算符如表 2-9 所示。

表 2-9 捷径逻辑运算符

运算符	名称	说明
&&	捷径逻辑与	当第一个操作数为逻辑假，直接返回逻辑假，否则同&
||	捷径逻辑或	当第一个操作数为逻辑真，直接返回逻辑真，否则同|

说明：捷径逻辑运算符比相应的逐元素逻辑运算符的运算效率更高。在实际编程中，一般使用捷径逻辑运算符。

【例 2-16】捷径逻辑运算。

解：在命令行窗口中依次输入以下语句，同时输出相应的结果。

```
>> x=0
x=
   0
>> x~=0&&(1/x>2)
ans=
  logical
   0
>> x~=0&(1/x>2)
ans=
  logical
   0
```

3. 逐位逻辑运算

逐位逻辑运算能够对二进制形式的非负整数进行逐位逻辑运算，并将运算后的二进制数值转换成十进制数值输出。MATLAB 中的逐位逻辑运算函数如表 2-10 所示。

表 2-10 MATLAB中的逐位逻辑运算函数

函数	名称	说明
bitand(a,b)	逐位逻辑与	a和b的二进制数位都为1，则返回1，否则返回0，并将运算后的二进制数值转换成十进制数值输出
bitor(a,b)	逐位逻辑或	a和b的二进制数位都为0，则返回0，否则返回1，并将运算后的二进制数值转换成十进制数值输出
bitcmp(a,b)	逐位逻辑非	将a扩展成n位二进制形式，若扩展后的二进制数位都为1，则返回0，否则返回1，并将运算后的二进制数值转换成十进制数值输出
bitxor(a,b)	逐位逻辑异或	a和b的二进制数位相同，则返回0，否则返回1，并将运算后的二进制数值转换成十进制数值输出

【例 2-17】逐位逻辑运算函数。

解：在命令行窗口中依次输入以下语句，同时输出相应的结果。

```
>> m=8; n=2;
>> mn=bitxor(m,n)
mn=
   10
>> dec2bin(m)
ans=
   '1000'
```

```
>> dec2bin(n)
ans=
    '10'
>> dec2bin(mn)
ans=
    '1010'
```

2.3.4 运算符优先级

和其他高级语言一样,当用多个运算符和运算量写出一个 MATLAB 表达式时,必须明确运算符的优先级,运算符的优先级如表 2-11 所示。

表 2-11 运算符的优先级

优 先 级	运 算 符
最高	()(圆括号)
	'(转置共轭)、^(矩阵乘幂)、.'(数组转置)、.^(数组乘幂)
	~(逻辑非)
	(乘法)、/(右除)、\(左除)、 .(数组乘)、./(数组右除)、.\(数组左除)
	+(加法)、-(减法)
	:(冒号运算符)
	<(小于)、<=(小于或等于)、>(大于)、 >=(大于或等于)、==(恒等于)、~=(不等于)
	&(逻辑与)
	|(逻辑或)
	&&(捷径逻辑与)
最低	||(捷径逻辑或)

MATLAB 运算符的优先级在表 2-11 中依从上到下的顺序,分别由高到低。处于同一优先级别的运算符具有相同的运算优先级,从左至右依次进行计算。在同一级别中又遵循有括号先执行括号运算的原则。

2.3.5 常用函数

除前面介绍的关系与逻辑运算符外,MATLAB 提供了大量的其他关系与逻辑函数,如表 2-12 所示。

表 2-12 其他关系与逻辑函数

函 数	说 明
xor(x,y)	异或运算。若x或y非零(真),则返回1;若x和y都是零(假)或都是非零(真),则返回0
any(x)	如果在一个向量x中,任何元素是非零,则返回1;矩阵x中的每一列有非零元素,则返回1
all(x)	如果在一个向量x中,所有元素非零,则返回1;矩阵x中的每一列所有元素非零,则返回1

【例 2-18】关系与逻辑函数的应用。

解:在命令行窗口中依次输入以下语句,同时输出相应的结果。

```
>> A=[0 0 3; 0 3 3]
A=
    0    0    3
    0    3    3
>> B=[0 -2 0; 1 -2 0]
B=
    0   -2    0
    1   -2    0
>> C=xor(A,B)
C=
  2×3 logical 数组
   0  1  1
   1  0  1
>> D=any(A)
D=
  1×3 logical 数组
   0  1  1
>> E=all(A)
E=
  1×3 logical 数组
   0  0  1
```

2.4 字符串

在 MATLAB 中，字符数组和字符串数组用于存储文本数据。实际上，MATLAB 将字符串视为一维字符数组。本节针对字符串的运算或操作，对字符数组同样有效。

第 9 集
微课视频

2.4.1 字符串变量

当把某个字符串赋值给一个变量后，这个变量便因取得这一字符串而被 MATLAB 作为字符串变量识别。

用双引号将一段文本引起来，即可创建一个字符串标量，如"Hello, world"。通过赋值语句可以完成字符串变量的赋值操作。

【例 2-19】将 3 个字符串分别赋值给 S1、S2、S3 这 3 个变量。

解：在命令行窗口中依次输入以下语句，同时输出相应的结果。

```
>> S1='Go home.'
S1=
    'Go home.'
>> S2='朝闻道，夕死可矣。'
S2=
    '朝闻道，夕死可矣。'
>> S3='Go home.朝闻道，夕死可矣。'
S3=
    'Go home.朝闻道，夕死可矣。'
```

2.4.2 一维字符数组

当观察 MATLAB 的工作区窗口时，字符串变量的类型是字符数组类型。当从工作区窗口观察一个一维字符数组时，也可以发现它具有与字符串变量相同的数据类型。由此推知，字符串与一维字符数组在运算处理和操作过程中是等价的。

因为向量的生成方法就是一维数组的生成方法，而一维字符数组也是数组，与数值数组不同的是，字符数组中的元素是字符而非数值。因此，原则上用生成向量的方法同样能生成字符数组。当然，最常用的还是直接输入法。

【例 2-20】生成字符数组。

解：在命令行窗口中依次输入以下语句，同时输出相应的结果。

```
>> Sa=['I love my teacher, ' 'I' ' love truths ' 'more profoundly.']
Sa=
    'I love my teacher,  I love truths more profoundly.'
>> Sb=char('a':2:'r')                    % char 函数用于将输入转换成字符串
Sb=
    'acegikmoq'
>> Sc=char(linspace('e','t',10))
Sc=
    'efhjkmoprt'
```

注意观察 Sa 在工作区窗口中的各项数据，尤其是 size 的大小，不要以为它只有 4 个元素，从中体会 Sa 作为一个字符数组的真正含义。

2.4.3　对字符串的操作

对字符串的操作主要由一组函数实现，这些函数中有求字符串长度和矩阵阶数的 length( )和 size( )，有用于字符串和数值相互转换的 double( )和 char( )等。

1. 求字符串长度

函数 length( )和 size( )虽然都能求字符串、数组或矩阵的大小，但用法上有区别。函数 length( )只从其各维中挑出最大维的数值大小，而函数 size( )则以一个向量的形式给出所有各维的数值大小。二者的关系是：length( )=max(size( ))。它们的调用格式如下。

```
L=length(X)              % 返回 X 中最大数组维度的长度，对于向量，长度仅仅是元素数量
sz=size(A)               % 返回一个行向量，其元素是 A 的相应维度的长度
```

【例 2-21】函数 length( )和 size( )的用法。

解：在命令行窗口中依次输入以下语句，同时输出相应的结果。

```
>> Sa=['I love my teacher, ' 'I' ' love truths ' 'more profoundly.'];
>> length(Sa)            % 返回字符串的长度
ans=
    50
>> size(Sa)              % 返回包括字符串各维度大小的向量
ans=
    1  50
```

2. 字符串与一维数值数组互换

字符串是由若干字符组成的，在 ASCII 中，每个字符又可对应一个数值编码，例如，字符 A 对应 65。因此，字符串又可在一个一维数值数组之间找到某种对应关系，这就构成了字符串与数值数组之间可以相互转换的基础。

【例 2-22】利用函数 abs( )、double( )和 char( )、setstr( )实现字符串与数值数组的转换。

解：在命令行窗口中依次输入以下语句，同时输出相应的结果。

```
>> S1=' I am a boy.';
>> As1=abs(S1)
As1=
  73  32  97  109  32  110  111  98  111  100  121
>> As2=double(S1)
As2=
  73  32  97  109  32  110  111  98  111  100  121
>> char(As2)
ans=
  'I am nobody'
>> setstr(As2)
ans=
  'I am nobody'
```

3. 比较字符串

在 MATLAB 中，可以使用关系运算符和函数 strcmp( )来比较字符串数组和字符向量。函数 strcmp( )的调用格式如下。

```
tf=strcmp(s1,s2)        % 比较字符串 s1 和 s2，若完全相同则返回 1(true)，否则返回 0(false)
```

另外，函数 strcmpi( )用来比较两个字符串，并忽略字母大小写，用法与 strcmp( )相同。

【例 2-23】试对给出的字符串进行比较。

解：在命令行窗口中依次输入以下语句，同时输出相应的结果。

```
>> str1="Hello";
>> str2="World";
>> str1==str2
ans=
  logical
   0
>> S1='I am a boy';
>> S2='I am a boy.';
>> strcmp(S1,S2)
ans=
  logical
   0
>> strcmp(S1,S1)
ans=
  logical
   1
```

4. 查找字符串

在 MATLAB 中，利用函数 findstr( )与 strfind( )可以在一个较长的字符串中查找另一个较短的字符串。

```
k=strfind(str,pat)      % 在 str 中搜索出现的 pat，k 为 str 中每次出现的 pat 的起始索引
k=findstr(s1,s2)        % 在 s1,s2 中较长的参数中搜索较短的参数，并返回每个起始索引
```

【例 2-24】查找字符串应用示例。

解：在命令行窗口中依次输入以下语句，同时输出相应的结果。

```
>> S='I believe that love is the greatest thing in the world.';
```

```
>> findstr(S,'love')
    16
>> findstr(S,'th')
ans=
    11    24    37    46
```

5. 显示字符串

在 MATLAB 中，使用函数 disp( )可以原样输出其中的内容，多用于程序的提示说明。

【例 2-25】 disp( )函数的用法。

解：在命令行窗口中依次输入以下语句，同时输出相应的结果。

```
>> S1='I am a boy';
>> disp('两串比较的结果如下：')
>> Result=strcmp(S1,S1),…
>> disp('若为 1 则说明两字符串完全相同，若为 0 则不同。')
两串比较的结果如下：
Result=
  logical
    1
若为 1 则说明两字符串完全相同，若为 0 则不同。
```

除了上面介绍的这些字符串操作函数外，相关的函数还有很多，限于篇幅，这里不再一一介绍，有需要时可通过 MATLAB 帮助获得相关主题的信息。

2.4.4 二维字符数组

二维字符数组其实就是由字符串纵向排列构成的数组。借用构造数值数组的方法，可以用直接输入法生成或用连接函数法获得二维字符数组。

1. 直接输入法生成二维字符数组

直接输入法生成二维字符数组是通过单引号、分号及方括号创建的。创建时要求串联的数组维度一致，否则会报错。如在命令行窗口中输入：

```
>> str1=["Mercury","Gemini","Apollo"; "Skylab","Skylab B"," Space Station"]
```

按 Enter 键后输出结果如下。

```
str1=
  2×3 string 数组
    "Mercury"    "Gemini"      "Apollo"
    "Skylab"     "Skylab B"    " Space Station"
```

【例 2-26】 将 S1、S2、S3、S4 分别视为数组的 4 行，用直接输入法沿纵向构造二维字符数组。

解：在命令行窗口中依次输入以下语句，同时输出相应的结果。

```
>> S1='路修远以多艰兮，';
>> S2='腾众车使径待。';
>> S3='路不周以左转兮，';
>> S4='指西海以为期！';
>> S=[S1; S2,' '; S3; S4,' ']           % 此法要求每行字符数相同，不够时要补齐空格
S=
  4×8 char 数组
```

```
    '路修远以多艰兮,'
    '腾众车使径待。'
    '路不周以左转兮,'
    '指西海以为期!'
>> S=[S1; S2, ' '; S3; S4]                    % 每行字符数不同时,系统提示出错
错误使用 vertcat
要串联的数组的维度不一致。
```

2. 连接函数法生成二维字符数组

可以将字符串连接生成二维数组的函数有多个,如 char( )、strvcat( )和 str2mat( )等。其中函数 char( )的调用格式如下。

```
C=char(A)                    % 将输入数组 A (数值对象或符号对象) 转换为字符数组
C=char(A1,…,An)              % 将数组 A1,…,An 转换为单个字符数组
```

函数 strcat( )是将字符串沿横向连接成更长的字符串;函数 strvcat( )则是将字符串沿纵向连接成二维字符数组。它们的调用格式如下。

```
S=strcat(s1,…,sN)            % 横向串联其输入参数中的文本
S=strvcat(s1,…,sN)           % 返回一个包含文本数组 s1,…,sN 为各行的字符数组
```

【例 2-27】通过连接函数生成二维字符数组。

解:在命令行窗口中依次输入以下语句,同时输出相应的结果。

```
>> S1a='I''m boy,'; S1b=' who are you?';      % 注意字符串中有单引号时的处理方法
>> S2='Are you boy too?';
>> S3='Then there''s a pair of us.';          % 注意字符串中有单引号时的处理方法
>> SS1=char([S1a,S1b],S2,S3)
SS1=
  3×26 char 数组
    'I'm boy, who are you?    '
    'Are you boy too?         '
    'Then there's a pair of us.'
>> SS2=strvcat(strcat(S1a,S1b),S2,S3)
SS2=
  3×26 char 数组
    'I'm boy, who are you?    '
    'Are you boy too?         '
    'Then there's a pair of us.'
>> SS3=str2mat(strcat(S1a,S1b),S2,S3)
SS3=
  3×26 char 数组
    'I'm boy, who are you?    '
    'Are you boy too?         '
    'Then there's a pair of us.'
```

3. 字符串数组排序

在 MATLAB 中,利用函数 sort( )可以对字符串数组进行排序,其调用格式如下。

```
B=sort(A)                    % 按升序对 A 的元素进行排序
B=sort(A,dim)                % 返回 A 沿维度 dim 的排序元素
```

【例 2-28】对字符串数组进行排序。

解：在命令行窗口中依次输入以下语句，同时输出相应的结果。

```
>> A=["Santos","Burns"; "Jones","Morita"; "Petrov","Adams"]
A =
  3×2 string 数组
    "Santos"    "Burns"
    "Jones"     "Morita"
    "Petrov"    "Adams"
>> B=sort(A)
B =
  3×2 string 数组
    "Jones"     "Adams"
    "Petrov"    "Burns"
    "Santos"    "Morita"
>> B=sort(A,2)
B =
  3×2 string 数组
    "Burns"     "Santos"
    "Jones"     "Morita"
    "Adams"     "Petrov"
```

2.5 数组

第 10 集
微课视频

在 MATLAB 中，数组可以说无处不在，任何变量在 MATLAB 中都是以数组形式存储和运算的。按照元素个数和排列方式，MATLAB 中的数组可以分为：

（1）没有元素的空数组（空矩阵）；
（2）只有一个元素的标量，实际上是一行一列（$1×1$）的数组（矩阵）；
（3）只有一行或一列元素的向量，分别叫作行向量（$1×n$）和列向量（$n×1$），也统称为一维数组；
（4）普通的具有多行多列（$n×m$）元素的二维数组（矩阵）；
（5）超过二维的多维数组（具有行、列、页等多个维度）。

按照数组的存储方式，MATLAB 中的数组可以分为普通数组和稀疏数组（二维稀疏数组常称为稀疏矩阵）。稀疏矩阵适用于那些大部分元素为 0、只有少部分非零元素的数组的存储，主要是为了提高数据存储和运算的效率。

MATLAB 中一般使用方括号（[ ]）、逗号（,）或空格以及分号（;）创建数组，方括号中给出数组的所有元素，同一行中的元素间用逗号或空格分隔，不同行之间用分号分隔。

2.5.1 空数组

空数组是 MATLAB 中的特殊数组，它不含任何元素。空数组可以用于数组声明、数组清空及各种特殊的运算场合（如特殊的逻辑运算）。

创建空数组很简单，只需要把变量赋值为空的方括号（[ ]）即可。

【例 2-29】创建空数组 A。

解：在命令行窗口中输入以下语句，同时输出相应的结果。

```
>> A=[ ]
```

```
A=
    [ ]
```

2.5.2 一维数组（向量）

一维数组是所有元素排列在一行或一列中的数组，对应线性代数中的行向量和列向量。实际上，一维数组可以看作二维数组在某一维度（行或列）尺寸退化为 1 的特殊形式。

创建按行排列的一维数组，只需要把所有用空格或逗号分隔的元素用方括号括起来即可；而创建按列排列的一维数组，则需要在方括号括起来的元素之间用分号分隔。不过，更常用的办法是用转置运算符（'），把按行排列的一维组转置为按列排列的一维数组。

1. 直接输入法

在命令提示符之后直接输入一个一维数组，其格式如下。

```
Var=[a1, a2, a3, …]                    % 创建一维数组（按行排列）
Var=[a1; a2; a3; …]                    % 创建一维数组（按列排列）
```

按列排列的一维数组可以通过按行排列的一维数组的转置（'）得到。

【例 2-30】用直接输入法输入一维数组。

解： 在命令行窗口中依次输入以下语句，同时输出相应的结果。

```
>> A=[1, 3, 5]                         % 利用逗号创建按行排列的一维数组
A=
     1     3     5
>> B=[2; 4; 6]                         % 利用分号创建按列排列的一维数组
B=
     2
     4
     6
>> C=[3 6 9]                           % 利用空格创建按行排列的一维数组
C=
     3     6     9
>> D=A'                                % 利用转置符创建按列排列的一维数组
D=
     1
     3
     5
```

2. 冒号表达式法

很多时候要创建的一维数组实际上是个等差数列，这时候可以通过冒号来创建，其格式如下。

```
Var=a1:step:an                         % 创建一个按行排列的一维数组 Var
```

式中，a1 为数组 Var 的第一个元素；an 为数组最后一个元素的限定值；step 是变化步长，为正时表示递增，为负时表示递减，省略时默认为 1。

【例 2-31】用冒号表达式法生成一维数组。

解： 在命令行窗口中依次输入以下语句，同时输出相应的结果。

```
>> A=1:2:10                            % 创建初值为 1，步长为 2，最后一个值≤10 的一维数组
A=
     1     3     5     7     9
```

```
>> B=1:10                          % 创建初值为 1，步长为 1，最后一个值≤10 的一维数组
B=
    1    2    3    4    5    6    7    8    9   10
>> C=10:-2:1                       % 创建初值为 10，步长为-2，最后一个值≤1 的一维数组
C=
   10    8    6    4    2
>> D=10:2:4
D=
  空的 1×0 double 行向量
>> E=2:-1:10
E=
  空的 1×0 double 行向量
```

3. 函数法

在 MATLAB 中，利用 lenspiece( )（线性等分函数）及 logspace( )（对数等分函数）两个函数可以直接生成一维数组。

（1）函数 lenspiece( )的调用格式如下。

`A=lenspiece(a1,an,n)`

其中，a1 是数组 A 的首元素，an 是尾元素，n 把 a1～an 的区间分成首尾之外的其他 n-2 个元素。省略 n 则默认生成 100 个元素的一维数组。

注意：函数 lenspiece( )和冒号是不同的，冒号创建等差的一维数组时，an 可能取不到值。

（2）函数 logspace( )的调用格式如下。

`A=logspace(a1,an,n)`

其中，a1 是数组 A 首元素的幂，即 $A(1)=10^{a1}$；an 是尾元素的幂，即 $A(n)=10^{an}$。n 是数组的维数。省略 n 则默认生成 50 个元素的一维对数等分数组。

【例 2-32】利用函数法生成一维数组。

解：在命令行窗口中依次输入以下语句，同时输出相应的结果。

```
>> A1= lenspiece(1,50)
A1=
  列 1 至 8
    1.0000    1.4949    1.9899    2.4848    2.9798    3.4747    3.9697    4.4646
                    % 中间输出数据略
  列 97 至 100
   48.5152   49.0101   49.5051   50.0000
>> B1=linspace(1,5,8)
B1=
    1.0000    1.5714    2.1429    2.7143    3.2857    3.8571    4.4286    5.0000
>> A2=logspace(0,2)
A2=
  列 1 至 8
    1.0000    1.0985    1.2068    1.3257    1.4563    1.5999    1.7575    1.9307
                    % 中间输出数据略
  列 49 至 50
   91.0298  100.0000
```

```
>> B2=logspace(0,2,8)
B2=
    1.0000    1.9307    3.7276    7.1969   13.8950   26.8270   51.7947  100.0000
>> B1=1:2:8
B1=
    1    3    5    7
>> B2=linspace(1,8,4)                        % 创建一维等差数组（线性等分）
B2=
    1.0000    3.3333    5.6667    8.0000
>> C=logspace(0,log10(32),6)                 % 创建一维等比数组（对数等分）
C=
    1.0000    2.0000    4.0000    8.0000   16.0000   32.0000
```

尽管用冒号表达式和线性等分函数都能生成一维线性等分数组，但在使用时有几点区别值得注意：

（1）an 在冒号表达式中不一定恰好是一维数组的最后一个元素，只有当数组的倒数第二个元素加步长等于 an 时，an 才正好构成尾元素。如果一定要构成一个以 an 为尾元素的向量，那么最可靠的生成方法是用线性等分函数。

（2）在使用线性等分函数前，必须先确定生成一维数组的元素个数，但使用冒号表达式将按照步长和 an 的限制生成一维数组，无须考虑元素个数。

实际应用时，同时限定尾元素和步长生成一维数组，有时可能会出现矛盾。此时必须做出取舍，要么坚持步长优先，调整尾元素限制；要么坚持尾元素限制，修改等分步长。

2.5.3 二维数组（矩阵）

二维数组本质上就是以数组作为数组元素的数组，即"数组的数组"，对应线性代数中的矩阵。创建二维数组的方法和创建一维数组的方法类似，也是综合运用方括号、逗号或空格及分号。

数组中所有元素用方括号括起来，不同行元素之间用分号分隔，同一行元素之间用逗号或空格分隔，按照逐行排列的方式顺序书写每个元素。

当然，在创建每一行或列元素的时候还可以利用冒号和函数，只是应特别注意创建二维数组时，要保证每一行（或每一列）具有相同数目的元素。

【例 2-33】 创建二维数组。

解： 在命令行窗口中依次输入以下语句，同时输出相应的结果。

```
>> A=[1 2 3; 2 5 6; 1 4 5]
A=
    1    2    3
    2    5    6
    1    4    5
>> B=[1:5; linspace(3,10,5); 3 5 2 6 4]
B=
    1.0000    2.0000    3.0000    4.0000    5.0000
    3.0000    4.7500    6.5000    8.2500   10.0000
    3.0000    5.0000    2.0000    6.0000    4.0000
>> C=[[1:3];[linspace(2,3,3)];[3 5 6]]
C=
    1.0000    2.0000    3.0000
    2.0000    2.5000    3.0000
    3.0000    5.0000    6.0000
```

提示：可以通过函数拼接，或者利用 MATLAB 内置函数直接创建特殊的二维数组，这些在本章后续内容中逐步介绍。

2.5.4 数组拼接

在 MATLAB 中，可以通过拼接的方式，将行数相同的小数组在列方向扩展拼接成更大的数组。同理，也可以将列数相同的小数组在行方向扩展拼接成更大的数组。注意：拼接是通过方括号（[ ]）、分号（;）、逗号（,）或空格之间的组合来实现的。

【例 2-34】以二维数组为例介绍小数组拼成大数组的方法。

解：在命令行窗口中依次输入以下语句，同时输出相应的结果。

```
>> A=[1 2 3; 4 5 6; 7 8 9];
>> B=[9 8; 7 6; 5 4];
>> C=[4 5 6; 7 8 9];
>> D1=[A B; B A]                   % 行和列两个方向同时拼接，应留意行、列数的匹配问题
D1=
     1     2     3     9     8
     4     5     6     7     6
     7     8     9     5     4
     9     8     1     2     3
     7     6     4     5     6
     5     4     7     8     9
>> D2=[A; C]                       % 数组 A、C 列数相同，沿行方向扩展拼接
D2=
     1     2     3
     4     5     6
     7     8     9
     4     5     6
     7     8     9
```

2.6 标准数组

在线性代数领域，经常需要创建或重建具有一定形式的标准数组，以适应矩阵的运算，MATLAB 提供了丰富的创建标准数组（矩阵）的函数，如表 2-13 所示。

表 2-13 标准数组函数

函 数	功 能	函 数	功 能
zeros	创建元素全为0的数组	rand	生成0～1均匀分布的随机数
ones	创建元素全为1的数组	randn	生成高斯分布随机数（均值为0、方差为1）
eye	生成主对角线上的元素为1、其余全为0的数组（即单位矩阵）	diag	把向量转化为对角矩阵，或获取矩阵的对角元素
magic	生成幻方矩阵（每行、每列之和相等）	randperm	生成整数1～n的随机排列

2.6.1 0-1 数组

顾名思义，0-1 数组就是所有元素不是 0 就是 1 的数组。在线性代数中，经常用到的 0-1 数组（矩

阵)有:
(1) 所有元素都为 0 的全 0 数组(矩阵);
(2) 所有元素都为 1 的全 1 数组(矩阵);
(3) 只有主对角线元素为 1,其他位置元素全部为 0 的单位数组(单位矩阵)。

在 MATLAB 中,利用函数 zeros( )可以创建全 0 数组,ones( )可以创建全 1 数组。这两个函数的调用格式相同,其中,函数 zeros( )的调用格式如下。

```
X=zeros                   % 返回标量 0
X=zeros(n)                % 返回一个 n×n 的全 0 矩阵
X=zeros(sz1,…,szN)        % 返回由 0 组成的 sz1×…×szN 数组
                          % sz1,…,szN 为每个维度的大小
X=zeros(sz)               % 返回一个由 0 组成的数组,其大小由 sz 指定
```

利用函数 eye( )可以创建指定大小的单位数组(单位矩阵),即只有主对角线元素为 1,其他元素全为 0。函数 eye( )的调用格式如下。

```
I=eye                     % 返回标量 1
I=eye(n)                  % 返回主对角线元素为 1 且其他位置元素为 0 的 n×n 单位矩阵
I=eye(n,m)                % 返回主对角线元素为 1 且其他位置元素为 0 的 n×m 矩阵
I=eye(sz)                 % 返回主对角线元素为 1 且其他位置元素为 0 的数组,size(I)=sz
```

【例 2-35】创建 0-1 数组。

解:在命令行窗口中依次输入以下语句,同时输出相应的结果。

```
>> A1=zeros(2)            % 创建 2×2 的全 0 矩阵
A1=
     0     0
     0     0
>> A2=zeros(2,3)          % 创建 2×3 的全 0 矩阵
A2=
     0     0     0
     0     0     0
>> A3=zeros([2 3])        % 创建 2×3 的全 0 矩阵
A3=
     0     0     0
     0     0     0
>> A4=zeros(2,3,2)        % 创建 2×3×2 的全 0 矩阵
A4(:,:,1)=
     0     0     0
     0     0     0
A4(:,:,2)=
     0     0     0
     0     0     0
>> B1=ones(2,3)           % 创建 2×3 的全 1 矩阵
B1=
     1     1     1
     1     1     1
>> B2=ones(3,4,2)         % 创建 3×4×2 的全 1 矩阵
B2(:,:,1)=
     1     1     1     1
```

```
             1     1     1     1
             1     1     1     1
B2(:,:,2)=
             1     1     1     1
             1     1     1     1
             1     1     1     1
>> C1=eye(3)                              % 创建 3×3 的单位矩阵
C1=
             1     0     0
             0     1     0
             0     0     1
>> C2=eye([2,3])                          % 创建 2×3 的单位矩阵
C2=
             1     0     0
             0     1     0
```

2.6.2 对角数组

在 MATLAB 中，可以利用函数 diag( )创建对角线元素为指定值、其他元素都为 0 的对角数组。通常，diag( )接收一个一维行向量数组为输入参数，将此向量的元素逐个排列在指定的对角线上，其他位置则用 0 填充。函数 diag( )的调用格式如下。

```
D=diag(v)                                 % 返回包含主对角线上向量 v 的元素的对角数组（矩阵）
D=diag(v,k)                               % 将向量 v 的元素放置在第 k 条对角线上
```

说明：k=0 表示主对角线不偏离，k>0 表示主对角线向右上角偏离 k 个元素，k<0 表示主对角线向左下角偏离 k 个元素。

另外，函数 diag( )还可以接收普通二维数组形式的输入参数，此时并不是创建对角数组，而是从已知数组中提取对角元素组成一个一维数组。

```
x=diag(A)                                 % 提取 A 的主对角线元素的列向量
x=diag(A,k)                               % 提取 A 的第 k 对角线上元素的列向量
```

组合使用这两种方法，可以很容易产生已知数组 X 的指定对角线元素对应的对角数组。例如，组合命令

```
diag(diag(X,m),n)
```

表示提取 X 的第 m 条对角线元素，产生与此对应的第 n 条对角线元素为提取元素的对角数组。

提示：在学习工作中，连续两次使用函数 diag( )产生对角数组（矩阵）的方法非常实用，读者需要着重掌握。

【例 2-36】创建对角数组。

解：在命令行窗口中依次输入以下语句，同时输出相应的结果。

```
>> v=[2 1 -2 -5];                         % 创建一维数组（向量）
>> A1=diag(v)                             % 创建对角数组（矩阵）
A1=
             2     0     0     0
             0     1     0     0
```

```
              0    0   -2    0
              0    0    0   -5
>> A2=diag(v,1)              % 创建对角数组（矩阵），v 的元素放置在右上角第 1 条对角线上
A2=
        0    2    0    0    0
        0    0    1    0    0
        0    0    0   -2    0
        0    0    0    0   -5
        0    0    0    0    0
>> rng(123)                  % 控制随机数生成器，确保数据可复现
>> B=randi(10,4)             % 创建一个 4×4 的随机矩阵
B=
        7    8    5    5
        3    5    4    1
        3   10    4    4
        6    7    8    8
>> x=diag(B)                 % 获取主对角线上的元素
x=
        7
        5
        4
        8
>> x1=diag(B,-1)             % 获取左下角第 1 条对角线的元素，结果比主对角线少一个元素
x1=
        3
       10
        8
>> C=diag(diag(B))           % 返回一个包含原始矩阵的对角线上元素的对角矩阵
C=
        7    0    0    0
        0    5    0    0
        0    0    4    0
        0    0    0    8
```

2.6.3 随机数组

在各种分析领域，经常需要使用随机数组。MATLAB 中通过内部函数可以产生服从多种随机分布的随机数组。

（1）利用函数 rand( ) 可以创建均匀分布的随机数组，其调用格式如下。

```
X=rand                       % 返回一个在区间(0,1)内均匀分布的随机数
X=rand(n)                    % 返回一个 n×n 元素服从 0~1 均匀分布的随机数矩阵
X=rand(sz1,…,szN)            % 返回由随机数组成的 sz1×…×szN 数组
                             % sz1,…,szN 为每个维度的大小
X=rand(sz)                   % 返回由随机数组成的数组，其大小由 sz 指定
```

提示：如果需要产生一个和 A 大小相同、元素服从 0~1 均匀分布的随机数组，可以采用表达式 rand(size(A))。

生成区间(a,b)内的 N 个随机数，可以通常使用如下语句：

```
r=a+(b-a).*rand(N,1)
```

（2）利用函数 randi( ) 可以创建均匀分布的随机整数数组。

```
X=randi(imax)                  % 返回一个介于 1 和 imax 之间的伪随机整数标量
X=randi(imax,n)                % 返回 n×n 的均匀离散分布伪随机整数矩阵，元素区间为[1,imax]
X=randi(imax,sz1,…,szN)        % 返回 sz1×…×szN 数组
X=randi(imax,sz)               % 返回一个数组，其大小由 sz 指定
```

（3）利用函数 randn( ) 可以创建元素服从标准正态分布（高斯分布）的随机数组，其用法和函数 rand( ) 类似，此处不再赘述。

（4）利用函数 randperm( ) 可以创建整数的随机序列，其调用格式如下。

```
p=randperm(n)                  % 返回行向量，包含 1~n 没有重复元素的整数随机序列
p=randperm(n,k)                % 返回行向量，包含 1~n 随机选择的 k 个唯一整数序列
```

【例 2-37】 创建随机数组。

解：在命令行窗口中依次输入以下语句，同时输出相应的结果。

```
>> rng(123)                    % 控制随机数生成器，确保数据可复现
>> A1=rand(3)
A1=
    0.6965    0.5513    0.9808
    0.2861    0.7195    0.6848
    0.2269    0.4231    0.4809
>> A2=rand(3,4)                % 返回一个 3×4 数组
A2=
    0.3921    0.4386    0.7380    0.5316
    0.3432    0.0597    0.1825    0.5318
    0.7290    0.3980    0.1755    0.6344
>> A3=rand([3 4])              % 返回一个 3×4 矩阵
A3=
    0.8494    0.7224    0.2283    0.0921
    0.7245    0.3230    0.2937    0.4337
    0.6110    0.3618    0.6310    0.4309
>> r=-5+(5+5)*rand(5,1)        % 生成由区间(-5,5)内均匀分布的数字组成的 5×1 列向量
r=
   -0.0631
   -0.7417
   -1.8774
   -0.7365
    3.9339

>> rng(123)                    % 控制随机数生成器，确保数据可复现
>> B1=randi(10,3,4)            % 返回 1~10 的伪随机整数组成的 3×4 数组
B1=
    7    6   10    4
    3    8    7    4
    3    5    5    8
>> B2=randi(10,[3,4])          % 返回 1~10 的伪随机整数组成的 3×4 数组
B2=
    5    8    6    9
    1    2    6    8
```

```
              4       2       7       7
>> X=randi(5,[2,4,2])              % 创建 1~5 的伪随机整数组成的 2×4×2 数组
X(:,:,1)=
       4       2       2       1
       2       2       4       3
X(:,:,2)=
       3       3       3       5
       3       2       5       3

>> rng(123)                         % 控制随机数生成器,确保数据可复现
>> C1=randn(3)                      % 创建由正态分布的随机数组成的 3×3 数组
C1=
    0.7643    0.2014    1.3343
   -0.6050    0.6680    0.6214
   -1.0350   -0.3235   -0.0329
>> C2=randn(2,3)                    % 创建由正态分布的随机数组成的 2×3 数组
C2=
   -0.2951    0.5644   -1.6757
   -0.5548   -0.1337   -0.3487

>> rng(123)                         % 控制随机数生成器,确保数据可复现
>> r1=randperm(6)                   % 创建 1~6 的整数随机排列
r1=
       3       2       6       4       1       5
>> r2=randperm(8,4)                 % 生成 1~8 中随机选择的 4 个整数(不重复)的随机序列
r2=
       7       4       6       5
```

2.6.4 幻方数组

幻方数组(矩阵)也是一种比较常用的特殊数组,这种数组一定是正方形的(即行方向上的元素个数与列方向上的相等),且每一行、每一列和两主对角线上的元素之和均相等,且等于$(n^3+n)/2$。如三阶幻方矩阵每行、每列和两对角线元素和为 15。

在 MATLAB 中,通过 magic( )函数可以创建幻方矩阵,其调用格式如下。

```
M=magic(n)                          % 返回由 1~n² 的整数构成的 n×n(n≥3)幻方数组
```

【例 2-38】创建幻方数组。

解:在命令行窗口中输入以下语句,同时输出相应的结果。

```
>> A=magic(3)                       % 创建三阶幻方矩阵,由 1~9 的整数构成
A=
       8       1       6
       3       5       7
       4       9       2
>> B=magic(4)                       % 创建四阶幻方矩阵,由 1~16 的整数构成
B=
      16       2       3      13
       5      11      10       8
       9       7       6      12
       4      14      15       1
```

利用 MATLAB 函数，除了可以创建这些常用的标准数组外，也可以创建许多专门应用领域常用的特殊数组（矩阵），如希尔伯特（Hilbert）矩阵、帕斯卡（Pascal）矩阵、范德蒙（Vandermonde）矩阵等，如表 2-14 所示。

表 2-14 特殊矩阵生成函数

函　数	功　能	函　数	功　能
compan	Companion伴随矩阵	magic	幻方矩阵
gallery	Higham测试矩阵	pascal	帕斯卡矩阵
hadamard	Hadamard矩阵	rosser	经典对称特征值测试矩阵
hankel	Hankel矩阵	toeplitz	Toeplitz矩阵
hilb	希尔伯特矩阵	vander	范德蒙矩阵
invhilb	希尔伯特矩阵的逆矩阵	wilkinson	Wilkinson的特征值测试矩阵

其中，函数 pascal()、compan()、gallery()的调用格式如表 2-15 所示，其余函数的调用格式请查阅帮助文档。

表 2-15 创建特殊矩阵的函数

函　数	功　能	基本调用格式	
pascal	创建帕斯卡矩阵	P=pascal(n)	生成n阶帕斯卡矩阵
		P=pascal(n,1)	生成帕斯卡矩阵的下三角Cholesky因子，P是对合矩阵，即矩阵P是它自身的逆矩阵
		P=pascal(n,2)	生成pascal(n,1)的转置和置换矩阵，P是单位矩阵的立方根
compan	生成多项式的伴随矩阵	A=compan(u)	生成第一行为–u(2:n)/u(1)的对应伴随矩阵，u是多项式系数向量，compan(u)的特征值是多项式的根
gallery	生成测试矩阵	A=gallery(3)	生成一个对扰动敏感的病态3×3矩阵
		A=gallery(5)	生成一个5×5矩阵，其特征值对舍入误差很敏感

【例 2-39】利用特殊函数生成矩阵。

解： 在命令行窗口中依次输入以下语句，同时输出相应的结果。

```
>> format rat;              % 采用 rat（用分数表示小数）数值显示格式
>> A=hilb(3)                % 返回三阶希尔伯特矩阵，希尔伯特矩阵是病态矩阵的典型示例
A=
    1       1/2     1/3
    1/2     1/3     1/4
    1/3     1/4     1/5
>> format short;            % 采用 short 数值显示格式
>> B=pascal(4)              % 返回四阶帕斯卡矩阵，是一对称正定矩阵，其整数项来自帕斯卡三角形
B=
    1   1   1    1
    1   2   3    4
    1   3   6   10
    1   4  10   20
```

希尔伯特矩阵的元素在行、列方向和对角线上的分布规律是显而易见的，而帕斯卡矩阵在其副对角线及其平行线上的变化实际上遵循的是中国人称为杨辉三角而西方人称为帕斯卡三角的规律。

2.7 本章小结

MATLAB 把向量、矩阵、数组当成了基本的运算量，给它们定义了具有针对性的运算符和运算函数，使其在语言中的运算方法与数学上的处理方法更趋一致。从字符串的许多运算或操作中不难看出，MATLAB 在许多方面与 C 语言非常相近，目的就是为了与 C 语言和其他高级语言保持良好的接口能力。认清这一点对进行大型程序的设计与开发具有重要意义。

第二部分
高级编程和应用设计

- ❏ 第3章 程序设计
- ❏ 第4章 函数运用
- ❏ 第5章 图形绘制

第 3 章 程 序 设 计

CHAPTER 3

类似于其他的高级语言编程，MATLAB 提供了非常方便易懂的程序设计方法，利用 MATLAB 编写的程序简洁、可读性强，且调试十分容易。本章重点讲解 MATLAB 中最基础的程序设计，包括程序结构、控制语句及程序调试与优化等内容。

3.1 程序语法规则

虽然 MATLAB 的主要功能是矩阵运算，但它也是一个完整的程序设计语言，拥有各种语句格式和语法规则。

3.1.1 程序设计中的变量

前面已经介绍过变量的概念，下面介绍在程序设计中用到的变量。MATLAB 中的变量无须事先定义，这是区别于其他高级程序语言的显著特点。

MATLAB 中的变量有自己的命名规则，即必须以字母开头，之后可以是任意字母、数字或下画线；但是不能有空格，且变量名区分字母大小写。MATLAB 还包括一些特殊的变量——预定义变量（特殊常量），如表 2-1 所示。

程序设计中定义的变量有局部变量和全局变量两种类型。每个函数在运行时，均占用单独的一块内存，此工作空间独立于 MATLAB 的基本工作空间和其他函数工作空间。

因此，不同工作空间的变量完全独立，不会相互影响，这些变量称为局部变量。有时为了减少变量的传递次数，可使用全局变量。全局变量可以使 MATLAB 允许几个不同的函数工作空间及基本工作空间共享同一个变量。

在 MATLAB 中，通过 global( )函数可以定义全局变量，其调用格式如下。

```
global var1 … varN              % 将变量 var1 … varN 声明为作用域中的全局变量
```

注意：

（1）在使用全局变量之前必须首先定义，建议将定义放在函数体的首行位置；

（2）为提高程序的可读性，建议采用大写字符命名全局变量；

（3）全局变量会损坏函数的独立性，造成程序的书写和维护困难，尤其在大型程序中，不利于模块化，因此并不推荐使用。

在 MATLAB 中，使用命令 clear 可以清除全局变量，其调用格式如下。

```
clear global var                    % 从所有工作区中清除全局变量 var
clear var                           % 从当前工作区而不从其他工作区中清除全局变量
```

说明：每个希望共享全局变量的函数或 MATLAB 基本工作空间必须逐个对具体变量加以专门定义，没有采用 global 命令定义的函数或基本工作空间将无权使用全局变量。

【例 3-1】全局变量的使用。

解：在编辑器中创建一个函数 exga()，并保存在当前文件夹下，内容如下：

```
function fun=exga(y)
global X                            % 在函数 exga(y) 中声明了一个全局变量
fun=X*y;
end
```

在命令行窗口中依次输入以下语句，同时输出相应的结果。

```
>> clear
>> global X                         % 在基本工作空间中进行全局变量 X 的声明
>> X=4;
>> z=exga(2)
z=
    8
>> whos global                      % 查看工作空间中的全局变量
  Name      Size          Bytes  Class      Attributes
   X        1x1               8  double      global
```

注意：当某个函数的运行使得全局变量发生了变化时，其他函数工作空间及基本工作空间内的同名变量会随之变化。只要与全局变量相联系的工作空间有一个存在，全局变量就存在。

3.1.2 编程方法

前面介绍的 MATLAB 程序都十分简单，包括一系列的 MATLAB 语句，这些语句按照固定的顺序一句接一句地被执行，将这样的程序称为顺序结构程序。它首先读取输入，然后运算得到所需结果，最后打印输出结果并退出。

对于要多次重复运算程序的某些部分，若按顺序结构编写，则程序会变得极其复杂，甚至无法编写，此时可以采用控制顺序结构解决。

控制顺序结构有两大类：选择结构，用于选择执行特定的语句；循环结构，用于重复执行特定部分的代码。随着选择和循环的介入，程序将渐渐变得复杂，但对于解决问题来说，过程将会变得简单。

为了避免在编程过程中出现大量错误，多采用自上而下的常规编程方法，具体如下：

（1）清晰地陈述要解决的问题；
（2）定义程序所需的输入量和程序产生的输出量；
（3）确定设计程序时采用的算法；
（4）把算法转化为代码；
（5）检测 MATLAB 程序。

3.2 程序结构

MATLAB 程序结构一般可分为顺序结构、循环结构、条件(分支)结构3种。顺序结构是指按顺序逐条执行,循环结构与条件结构都有其特定的语句。

3.2.1 顺序结构

顺序结构语句就是顺序执行程序的各条语句,如图 3-1 所示,这种结构语句不需要任何特殊的流控制,其语法结构如下:

```
语句 1
语句 2
 …
语句 n
```

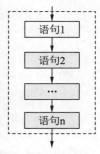

图 3-1 顺序结构

【例 3-2】顺序结构程序示例。

(1)在 MATLAB 主界面下,单击"主页"→"文件"→  (新建脚本)按钮,打开编辑器窗口。

(2)在编辑器窗口中编写程序(M 文件)如下:

```
a=3                                    % 定义变量 a
b=5*a                                  % 定义变量 b
c=a*b                                  % 求变量 a、b 的乘积,并赋给 c
```

(3)单击"编辑器"→"文件"→ (保存)按钮,将编写的文件保存为 sequence.m。

(4)单击"编辑器"→"运行"→ (运行)按钮(或按 F5 键)执行程序,此时在命令行窗口中输出运行结果。

提示:在当前文件夹保存文件后,可以直接在命令窗口中输入文件名运行,同样可以得到运行结果,如下:

```
>> sequence
a=
    3
b=
    15
c=
    45
```

3.2.2 循环结构

循环结构多用于有规律语句的重复计算,被重复执行的语句称为循环体,控制循环语句走向的语句称为循环条件。MATLAB 中有 for 循环和 while 循环两种循环语句。

1. for 循环

在 MATLAB 中,最常见的循环结构是 for 循环,常用于已知循环次数的情况,循环判断条件通常就是循环次数。其语法结构如下:

```
for index=values                                % 循环判断条件
```

```
        statements                                    % 循环体语句组
end
```

初值、增量、终值可正可负，可以是整数，也可以是小数，只要符合数学逻辑即可。for 循环可以实现将一组语句执行特定次数，其中 values 的形式包括：

（1）initVal:endVal（初值:终值）——变量 index 从 initVal 至 endVal 按 1 递增，重复执行 statements（语句），直到 index 大于 endVal 后停止，如图 3-2（a）所示。即：

```
for index=initVal:endVal                              % 变量=初值:终值
    statements                                        % 循环体语句组
end
```

（2）initVal:step:endVal（初值:增量:终值）——每次迭代时按 step（增量）的值对 index 进行递增（step 为负数时对 index 进行递减），如图 3-2（b）所示。即：

```
for index=initVal:step:endVal                         % 变量=初值:增量:终值
    statements                                        % 循环体语句组
end
```

（3）valA——每次迭代时从数组 valA 的后续列创建列向量 index。在第一次迭代时，index=valA(:,1)，循环最多执行 n 次，其中 n 是 valA 的列数，由 numel(valArray(1,:)) 给定，如图 3-2（c）所示。即：

```
for index=valArray                                    % 变量=数组
    statements                                        % 循环体语句组
end
```

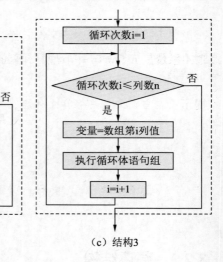

（a）结构1　　　　　（b）结构2　　　　　（c）结构3

图 3-2　for 循环结构

【例 3-3】循环语句示例。

解：在编辑器窗口中编写程序如下，并保存为 forloop1.m。

```
for i=1:3
    y(i)=cos(i)
end
```

上述语句执行时，首先给 i 赋值 1<3，进入第 1 次循环计算 y(1)=cos(1)，运行结果如下。

```
y=
    0.5403
```
第 1 个循环执行完后 i=1<3,然后执行 i=1+1=2,执行第 2 次循环计算 y(2)=cos(2),运行结果如下。
```
y=
    0.5403   -0.4161
```
第 2 个循环执行完后 i=2<3,然后执行 i=2+1=3,执行第 3 次循环计算 y(3)=cos(3),运行结果如下。
```
y=
    0.5403   -0.4161   -0.9900
```
第 3 个循环执行完后 i=3≮3,循环结束。

【例 3-4】使用循环嵌套语句示例。

解:在编辑器窗口中编写程序如下,并保存为 forloop2.m。

```
for i=1:3
    for j=1:2
        A(i,j)=i+j
    end
end
```

(1) 上述语句执行时,首先给 i 赋值 1<3,进入第 1 层循环,然后给 j 赋值 1,进入第 2 层的第 1 次循环,给 j 赋值 1,计算 A(1,1)=1+1,运行结果如下。
```
A=
    2
```
第 2 层第 1 个循环执行完后 j=1<2,然后执行 j=1+1=2,执行第 2 层的第 2 次循环,计算 A(1,2)=1+2,运行结果如下。
```
A=
    2   3
```
第 2 层第 2 个循环执行完后 j=2≮2,第 2 层循环结束,返回第 1 层循环。

(2) 第 1 层第 1 个循环执行完后 i=1<3,然后执行 i=1+1=2,执行第 1 层的第 2 次循环,进入第 2 层的第 1 个循环,给 j 赋值 1,计算 A(2,1)=2+1,运行结果如下。
```
A=
    2   3
    3
```
第 2 层第 1 个循环执行完后 j=1<2,然后执行 j=1+1=2,执行第 2 层的第 2 次循环,计算 A(2,2)=2+2,运行结果如下。
```
A=
    2   3
    3   4
```
第 2 层第 2 个循环执行完后 j=2≮2,第 2 层循环结束,返回第 1 层循环。

(3) 同样地,继续执行第 1 层的第 3 次循环。最终运行结果如下。
```
A=
    2   3
    3   4
    4   5
```

【例 3-5】 使用数组作为循环条件示例。

解：在编辑器窗口中编写程序如下，并保存为 forloop3.m。

```
for v=[1 5 8 6]
    disp(v)
end
```

单击 "编辑器" → "运行" → ▷（运行）按钮执行程序，输出结果如下。

```
>> forloop3
    1
    5
    8
    6
```

【例 3-6】 请设计一段程序，求 1+2+…+100。

解：在编辑器窗口中编写程序如下，并保存为 forloop4.m。

```
clear
sum=0;                              % 设置初值（必须要有）
for i=1:100                         % for 循环，增量为 1
    sum=sum+i;
end
sum
```

执行程序，输出结果如下。

```
sum=
    5050
```

延续上续操作，比较以下两个程序的区别。程序一设计如下，并保存为 forloop4_1.m：

```
for i=1:100                         % for 循环，增量为 1
    sum=sum+i;
end
sum
```

执行程序，输出结果如下。

```
sum=
    10100
```

程序二设计如下，并保存为 forloop4_2.m：

```
clear
for i=1:100                         % for 循环，增量为 1
    sum=sum+i;
end
sum
```

执行程序，输出结果如下。

```
错误使用 sum
输入参数的数目不足。
出错 forloop4_2 (第 3 行)
    sum=sum+i;
```

在一般的高级语言中，若变量没有设置初始值，则程序会以 0 作为其初始值，这在 MATLAB 中是不允许的。所以，在 MATLAB 中应给出变量的初始值。

（1）程序一没有 clear，程序调用到内存中已经存在 sum 值，因此结果为 sum=10100。

（2）程序二与程序一的差别是少了 sum=0，此时因为程序中有 clear 语句，故出现错误信息。

2. while 循环

与 for 循环不同，while 循环的判断控制是逻辑判断语句，只有条件为 true（真）时重复执行 while 循环，因此循环次数并不确定，while 循环结构如图 3-3 所示。其语法结构如下：

```
while expression                % 逻辑表达式（循环条件）
    statements                  % 循环语句组
end
```

while 循环结构依据逻辑表达式的值判断是否执行循环体语句。若表达式的值为真，则执行循环体语句一次，在反复执行时，每次都要进行判断。若表达式为假，则程序退出循环执行 end 之后的语句。

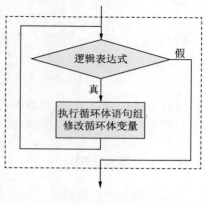

图 3-3　while 循环结构

提示：为了避免因逻辑上的失误导致陷入死循环，建议在循环体语句的适当位置加 break 语句。

while 循环也可以采用嵌套结构，其语法结构如下：

```
while expression_1              % 逻辑表达式 1
    statements_1                % 循环体语句组 1
    while expression_2          % 逻辑表达式 2
        statements_2            % 循环体语句组 2
    end
    statements_3                % 循环体语句组 3
end
```

【例 3-7】 请设计一段程序，求 1~100 的偶数和。

解：在编辑器窗口中编写程序如下，并保存为 whileloop1.m。

```
clear
x=0;                            % 初始化变量 x
sum=0;                          % 初始化变量 sum
while x<101                     % 当 x<101 执行循环体语句
    sum=sum+x;                  % 进行累加
    x=x+2;
end                             % 循环结构终点
sum                             % 显示 sum
```

执行程序，输出结果如下。

```
>> whileloop1
sum=
    2550
```

【例 3-8】 求 $1+2+3+\cdots+n>100$ 的最小的 n 值。

解：在编辑器窗口中编写程序如下，并保存为 whileloop2.m。

```
sum=0; n=0;
while sum<=100
    n=n+1;
    sum=sum+n;
end
fprintf('\n    1+2+…+n>100 最小的 n 值=% 3.0f, 其和=% 5.0f\n',n,sum)
```

单击"编辑器"→"运行"→ ▷（运行）按钮执行程序。输出结果如下。

```
>> whileloop2
    1+2+…+n>100 最小的 n 值=14, 其和=105
```

注意：while 循环和 for 循环都是比较常见的循环结构，但是两个循环结构还是有区别的。其中最明显的区别在于，while 循环的执行次数是不确定的，而 for 循环的执行次数是确定的。

3.2.3 条件结构

在程序设计中，当满足一定的条件方能执行对应的操作时，就需要用到条件结构（分支结构）。在 MATLAB 中有 if 和 switch 两种条件语句。

1. if 条件结构

if 条件结构是一个条件分支结构语句，若满足条件表达式，则往下执行；若不满足，则跳出 if 条件结构。其语法结构如下：

```
if expression_1                         % 表达式 exp1（执行条件）
    statements_1                        % 语句组 1
elseif expression_2                     % 表达式 exp2（执行条件，可选）
    statements_2                        % 语句组 2
else                                    % （可选）
    statements_3                        % 语句组 3
end
```

if 条件语句流程图如图 3-4 所示。根据不同的条件情况，if 语法结构有多种形式，其中最简单是如图 3-4（a）所示的单向选择结构 if-end：当条件表达式为真（true）时，执行语句组 1，否则跳过该组命令。双向选择结构流程图如图 3-4（b）所示。

elseif 和 else 模块可选，它们仅在 if-end 块中前面的表达式 exp 为假（false）时才会执行。if 块可以包含多个 elseif 块，如图 3-4（c）所示。

说明：

（1）每一个 if 都对应一个 end，即有几个 if，就应有几个 end；

（2）if 分支结构是所有程序结构中比较灵活的结构之一，可以使用任意多个 elseif 语句，但是只能有一个 if 语句和一个 end 语句；

（3）if 语句可以根据实际需要将各个 if 语句进行嵌套，从而解决比较复杂的实际问题。

【例 3-9】编写一个 if 程序并运行，然后针对结果说明原因。

解：在编辑器窗口中编写程序如下，并保存为 ifcond1.m。

```
clear
a=100;
b=20;
```

```
if a<b
    fprintf ('b>a')                    % 请在编辑器中输入单引号',在 Word 中输入可能不可用
else
    fprintf ('a>b')                    % 请在编辑器中输入单引号',在 Word 中输入可能不可用
end
```

执行程序,输出结果如下。

```
>> ifcond1
   a>b
```

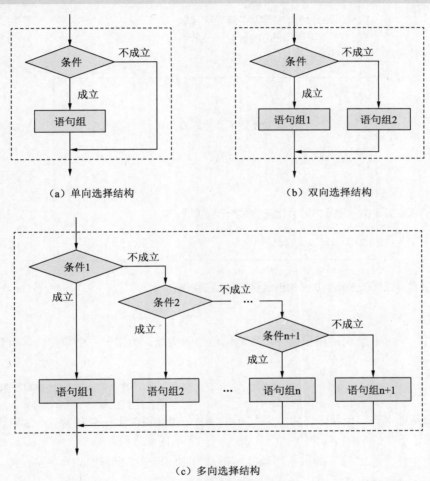

图 3-4 if 条件语句流程图

程序中用到了 if-else-end 结构,如果 a<b,则输出 b>a;反之则输出 a>b。由于 a=100,b=20,比较可得结果 a>b。

【例 3-10】设函数 $f(x) = \begin{cases} 1, & -1 \leq x \leq 0 \\ 4x+1, & 0 < x \leq 1 \\ x^2 + 4x, & 1 < x \leq 2 \end{cases}$,画出 $f(x)$ 的图形。

解:在编辑器窗口中编写程序如下,并保存为 ifcond2.m。

```
x=linspace(-1,2,100);
for i=1:length(x)
    if x(i)<=0
        y(i)=1;
    elseif x(i)<=1
        y(i)=4*x(i)+1;
    else
        y(i)=x(i)^2+4*x(i);
    end
end
plot(x,y)
```

执行程序，输出如图 3-5 所示的图形。

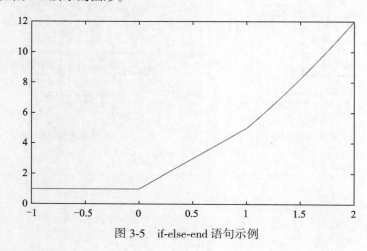

图 3-5　if-else-end 语句示例

2．switch 结构

在 MATLAB 中，switch 结构适用于条件多且比较单一的情况，类似于一个数控的多个开关。其语法结构如下：

```
switch switch_expression              % 表达式，可以是任何类型，如数字、字符串等
    case case_expression_1            % 常量表达式 1
        statements_1                  % 语句组 1
    case case_expression_2            % 常量表达式 2
        statements_2                  % 语句组 2
    ...
    otherwise
        statements_n                  % 语句组 n
end
```

当表达式的值与 case 后面常量表达式的值相等时，就执行这个 case 后面的语句组，如果所有的常量表达式的值都与这个表达式的值不相等，则执行 otherwise 后的语句组。

表达式的值可以重复，在语法上并不错误，但是在执行时，后面符合条件的 case 语句将被忽略。各个 case 和 otherwise 语句的顺序可以互换。switch 条件语句流程图如图 3-6 所示。

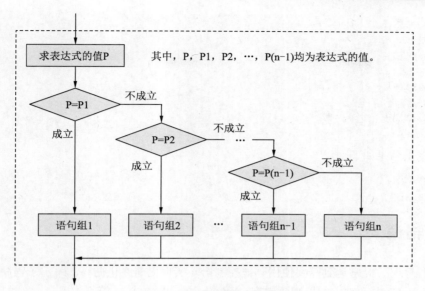

图 3-6 switch 条件语句流程图

【例 3-11】输入一个数,判断它能否被 5 整除。

解:在编辑器窗口中编写程序如下,并保存为 switchcond1.m。

```
clear
n=input('输入 n=');                    % 输入 n 值
switch mod(n,5)                        % mod 是求余函数,余数为 0,得 0;余数不为 0,得 1
    case 0
        fprintf ('% d是5的倍数',n)
    otherwise
        fprintf('% d不是5的倍数',n)
end
```

执行程序,输出结果如下。

```
>> switchcond1
输入 n=68
68 不是 5 的倍数
```

在 switch 分支结构中,case 命令后的检测不仅可以为一个标量或字符串,还可以为一个元胞数组。如果检测值是一个元胞数组,则 MATLAB 将把表达式的值和该元胞数组中的所有元素进行比较;如果元胞数组中某个元素和表达式的值相等,则 MATLAB 认为比较结构为真。

【例 3-12】编写一个自动查询当日是第几个工作日的程序。

解:在编辑器窗口中编写程序如下,并保存为 switchcond2.m。

```
[dayNum,dayString]=weekday(date,'long','en_US');    % 返回当前日期是星期几
switch dayString
    case 'Monday'
        disp('第一个工作日')
    case 'Tuesday'
        disp('第2个工作日')
    case 'Wednesday'
```

```
            disp('第3个工作日')
        case 'Thursday'
            disp('第4个工作日')
        case 'Friday'
            disp('最后一个工作日')
        otherwise
            disp('周末！')
end
```

执行程序，输出结果如下。

```
>> switchcond2
第一个工作日
```

3.3 控制语句

在进行设计程序时，经常遇到需要使用其他控制语句实现提前终止循环、跳出子程序、显示错误等功能的情况。在 MATLAB 中，对应的控制语句有 continue、break、return 等。

3.3.1 continue 命令

continue 语句通常用于 for 或 while 循环体中，其作用就是跳过本次循环，即跳过当前循环中未被执行的语句，执行下一轮循环。

提示：continue 语句多与 if 一同使用，当 if 条件满足时，程序将不再执行 continue 后的语句，而是开始下一轮的循环。

【例 3-13】编写一个在 1~50 中显示 9 的倍数的程序。

解：在编辑器窗口中编写程序如下，并保存为 continue2.m。

```
for n=1:50
    if mod(n,9)
        continue              % 不能被9整除时，跳过其后的 disp 语句，并将控制权传递给下一循环
    end
    disp(['被9整除: ' num2str(n)])
end
```

执行程序，输出结果如下。

```
>> continue2
被9整除: 9
被9整除: 18
被9整除: 27
被9整除: 36
被9整除: 45
```

【例 3-14】请编写一个 continue 语句并运行，然后针对结果说明原因。

解：在编辑器窗口中编写程序如下，并保存为 continue1.m。

```
clear
a=3; b=6;
```

```
for i=1:3
    b=b+1
    if i>=2
        continue                    % 满足条件时跳出本轮循环
    end                             % if 语句结束
    a=a+2
end                                 % for 循环结束
```

执行程序,输出结果如下。

```
>> continue1
b=
    7
a=
    5
b=
    8
b=
    9
```

3.3.2 break 命令

break 语句也常用于 for 或 while 循环体中,与 if 一同使用。当 if 后的表达式为真时就调用 break 语句,跳出当前循环。

注意:break 语句仅终止最内层的循环。

【**例 3-15**】请编写一个 break 语句并运行,然后针对结果说明原因,并与例 3-14 进行对比。

解:在编辑器窗口中编写程序如下,并保存为 break1.m。

```
clear
a=3; b=6;
for i=1:3
    b=b+1
    if i>=2
        break                       % 满足条件时跳出当前循环
    end
    a=a+2
end
```

执行程序,输出结果如下。

```
>> break1
b=
    7
a=
    5
b=
    8
```

从以上程序可以看出,当 if 表达式的值为假时,程序执行 a=a+2;当 if 表达式的值为真时,程序执行 break 语句,跳出循环。

提示：① 当 break 命令碰到空行时，将直接退出 while 循环；② break 语句完全退出 for 或 while 循环；continue 语句是跳过循环中的其余命令，并开始下一次循环；③ break 用于退出循环，是在 for 或 while 循环之内定义的；函数退出需要使用 return 命令。

【例 3-16】求随机数序列之和，直到下一随机数大于上限为止。

解： 在编辑器窗口中编写程序如下，并保存为 break2.m。

```
clear
limit=0.8;
s=0;
while 1
    tmp=rand;                       % 生成随机数
    if tmp>limit
        break                       % 随机数大于上限时退出循环
    end
    s=s+tmp
end
```

执行程序，输出结果（每次运行的结果均会不同）如下。

```
>> break2
s=
    0.0782
s=
    0.5209
s=
    0.6275
```

3.3.3 keyboard 命令

在 MATLAB 中，将 keyboard 命令放置到 M 文件中，将使程序暂停运行，等待键盘命令。此时，命令行窗口显示一种特殊状态的提示符 K>>，只有当用户使用 dbcont 命令结束输入后，控制权才交还给程序。在 M 文件中使用该命令，对程序的调试和在程序运行中修改变量都十分便利。

【例 3-17】在 MATLAB 中演示 keyboard 命令的使用。

解： 在命令行窗口中输入以下语句。

```
>> keyboard
K>> A=magic(3)
A=
    8    1    6
    3    5    7
    4    9    2
K>> B=triu(A)                       % 抽取 A 中的元素构成上三角数组
B=
    8    1    6
    0    5    7
    0    0    2
K >> C1=exp(A)                      % 对 A 的每一元素求指数
C1=
    1.0e+03 *
    2.9810    0.0027    0.4034
```

```
       0.0201    0.1484    1.0966
       0.0546    8.1031    0.0074
K>> dbcont
>>
```

从以上程序可以看出，当输入 keyboard 命令后，在提示符的前面会显示 K 提示符，而当用户输入 dbcont 后，提示符恢复正常的提示效果。

【例 3-18】 利用 keyboard 命令在调试过程修改变量。

解： 在编辑器窗口中编写 buggy( )函数，并保存为 buggy.m。

```
function z=buggy(x)
n=length(x);
keyboard
z=(1:n)./x;
end
```

执行 buggy( )函数，在命令行窗口中输入以下语句。

```
>> buggy(5)
K>> x=x*2                    % 将变量 x 乘以 2 并按 Enter 键继续运行程序
x=
    10
K>> dbcont                   % 在暂停后恢复执行程序
ans=
    0.1000
>>
```

可以发现 MATLAB 将在第 3 行（keyboard 命令所在的位置）暂停，此时命令行窗口的命令提示符变为 K>>，其后输入 x=x*2 按 Enter 键后将变量 x 乘以 2 并继续运行程序，此时 MATLAB 将使用新的 x 值执行程序的其余部分。

说明： 用 dbcont 命令可以终止调试模式并继续执行程序；使用 dbquit 命令可以终止调试模式并退出文件而不完成执行程序。

3.3.4 return 命令

通常，被调用函数执行完毕后，MATLAB 会自动把控制转至主调函数或指定窗口。如果在被调函数中插入 return 命令，可以强制 MATLAB 结束执行该函数并把控制权转出。

return 命令可终止当前命令的执行，并立即返回上一级调用函数或等待键盘输入命令，常用来提前结束程序的运行。

在 MATLAB 的内置函数中，很多函数的程序代码中引入了 return 命令，下面引用一个简要的 det( )函数，代码如下：

```
function d=det(A)
if isempty(A)
    a=1;
    return
else
    ...
end
```

在上述程序代码中，首先通过函数语句判断函数 A 的类型，当 A 是空数组时，直接返回 a=1，然后结束程序代码。

3.3.5 input( )函数

在 MATLAB 中，input( )函数用于将 MATLAB 的控制权暂时借给用户，用户利用键盘输入数值、字符串或表达式等，通过按 Enter 键将内容输入工作区中，同时将控制权交还给 MATLAB。其调用格式如下。

```
x=input('prompt')                    % 将用户输入的内容在按 Enter 键后赋给变量 x
str=input('prompt','s')              % 将用户输入的内容作为字符串赋给变量 str
```

【例 3-19】演示 input( )函数，实现 MATLAB 的控制权的转换。

解： 在命令行窗口中依次输入以下语句，同时会输出相应的结果。

```
>> clear
>> a=input('Input a number: ')       % 输入数值给 a
Input a number: 45
a=
    45
>> b=input('Input a number: ','s')   % 输入字符串给 b
Input a number: 45
b=
    '45'
>> input('Input an expression: ')    % 将输入值进行运算
Input an expression: 2+3
ans=
    5
```

第 15 集
微课视频

说明： 在 MATLAB 中，keyboard 命令和 input( )函数的不同之处在于，keyboard 命令运行用户输入的任意多个 MATLAB 命令，而 input( )函数只能输入赋值给变量的数值。

3.4 程序调试

程序调试的目的是检查程序是否正确，即程序能否顺利运行并得到预期结果。对初学编程的人来说，很难保证所编的每个程序都能一次性运行通过，大多情况下都需要对程序进行反复调试。所以，不要害怕程序出错，要时刻准备着查找错误、改正错误。

3.4.1 常见的错误类型

在 MATLAB 中进行程序代码的编写时，经常会出现各种各样的错误，下面对程序常见的错误类型进行总结。

1. 输入错误

常见的输入错误除了在写程序时疏忽所导致的手误外，一般还有以下几种：
（1）在输入某些标点时没有切换成英文状态；
（2）表循环或判断语句的关键词 for、while、if 的个数与 end 的个数不对应（尤其是在多层循环嵌套语句中）；

（3）左右括号不对应。

2. 语法错误

语法错误就是指输入不符合 MATLAB 语言的规定。例如，在用 MATLAB 语句表示数学式 $k1 \leqslant x \leqslant k2$ 时，不能直接写成 "k1<= x<=k2"，而应写成 "k1<=x & x<= k2"。此外，输入错误也可能导致语法错误。

3. 逻辑错误

在程序设计中，逻辑错误也是较为常见的一类错误，这类错误往往隐蔽性较强、不易查找。产生逻辑错误的原因通常是算法设计有误，这时需要对算法进行修改。

4. 运行错误

程序的运行错误通常包括不能正常运行或运行结果不正确，出错的原因一般有以下几种：

（1）数据不对，即输入的数据不符合算法要求；

（2）输入的矩阵大小不对，尤其是当输入的矩阵为一维数组时，应注意行向量与列向量在使用上的区别；

（3）程序不完善，只能对某些数据正确运行，而对另一些数据则无法正常运行，或者根本无法正常运行，这有可能是算法考虑不周所致。

3.4.2 直接调试法

对于程序中出现的语法错误，可以采用直接调试法，即直接运行该 M 文件，MATLAB 将直接找出语法错误的类型和出现的位置，根据 MATLAB 的反馈信息对语法错误进行修改。

MATLAB 本身的运算能力较强，命令系统比较简单，因此，程序一般都显得比较简洁，对于简单的程序，采用直接调试法往往是很有效的。通常采取的措施如下。

（1）通过分析，将重点怀疑语句后的分号删掉，将结果显示出来，然后与预期值进行比较。

（2）当单独调试一个函数时，将第一行的函数声明注释掉，并定义输入变量的值，然后以脚本方式执行此 M 文件，这样就可保存原来的中间变量，从而可以对这些结果进行分析，找出错误。

（3）可以在适当的位置添加输出变量值的语句。

（4）在程序的适当位置添加 keyboard 命令。当 MATLAB 执行至此处时将暂停，并显示 K>>提示符，用户可以查看或改变各个工作空间中存放的变量，在提示符后输入 return 命令，可以继续执行程序文件。

3.4.3 工具调试法

当 M 文件很大或 M 文件中含有复杂的嵌套结构时，需要使用 MATLAB 调试器对程序进行调试，即使用 MATLAB 提供的大量调试函数及与之相对应的图形化工具。

1. 以命令行为主

以命令行为主的程序调试手段具有通用性，适用于各种不同的平台，它主要应用 MATLAB 提供的调试命令。在命令行窗口中输入 help debug，可以看到对这些命令的简单描述。下面分别进行介绍。

在打开的 M 文件窗口中设置断点的情况如图 3-7 所示。例如，在第 9、13、19 行分别设置了一个断点。执行 M 文件时，运行至断点处时将出现一个绿色箭头，表示程序运行在此处停止，如图 3-8 所示。

程序停止执行后，MATLAB 进入调试模式，命令行中出现 K>>提示符，代表此时可以接收键盘输入。

说明：设置断点是程序调试中最重要的部分，可以利用它指定程序代码的断点，使得 MATLAB 在断点前停止执行，从而可以检查各个局部变量的值。

图 3-7　设置断点的情况

图 3-8　文件执行情况

2. 以图形界面为主

MATLAB 自带的 M 文件编辑器也是程序的编译器，用户可以在编写完程序后直接对其进行调试，更加方便和直观。新建一个 M 文件后，即可打开 M 文件编辑器，在"编辑器"选项卡的"运行"选项组及"节"选项组中可以看到各种调试命令，如图 3-9 所示。

图 3-9　"编辑器"选项卡

程序停止执行后，MATLAB 进入调试模式，命令行中出现 K>>提示符，此时的调试界面如图 3-10 所示。

图 3-10　调试状态下的"编辑器"选项卡

调试模式下"运行"选项组中的命令含义如下。
- 步进：单步执行，与调试命令中的 dbstep 相对应。
- 步入：深入被调函数，与调试命令中的 dbstep in 相对应。
- 步出：跳出被调函数，与调试命令中的 dbstep out 相对应。
- 继续：连续执行，与调试命令中的 dbcont 相对应。
- 停止：退出调试模式，与 dbquit 相对应。

单击"编辑器"→"运行"→ ▷（运行）按钮，可以查看"断点"下拉菜单中的命令，含义如下。
- 全部清除：清除所有断点，与 dbclear all 相对应。
- 设置/清除：设置或清除断点，与 dbstop 和 dbclear 相对应。
- 启用/禁用：允许或禁止断点的功能。
- 设置条件：设置或修改条件断点，选择此选项时，会打开"MATLAB 编辑器"对话框，要求对断点的条件做出设置，设置前光标在哪一行，设置的断点就在这一行前面。

只有当文件进入调试状态时，上述命令才会全部处于激活状态。在调试过程中，可以通过改变函数的内容来观察和操作不同工作空间中的量，类似于调试命令中的 dbdown 和 dbup。

3.4.4 程序调试命令

MATLAB 提供了一系列程序调试命令，利用这些命令，可以在调试过程中设置、清除和列出断点，逐行运行 M 文件，在不同的工作区检查变量，跟踪和控制程序的运行，帮助寻找和发现错误。所有的程序调试命令都是以字母 db 开头的，如表 3-1 所示。

表 3-1 程序调试命令

命令	功能	命令	功能
dbclear	删除断点	dbstatus	列出所有断点
dbcont	恢复执行	dbstep	从当前断点执行下一个可执行代码行
dbdown	反向 dbup 工作区切换	dbstop	设置断点用于调试
dbquit	退出调试模式	dbtype	显示带有行号的文件
dbstack	函数调用堆栈	dbup	在调试模式下，从当前工作区切换到调用方的工作区

其中，dbstop、dbclear、dbstep、dbstatus 命令的调用格式如下。

```
dbstop in file                              % 在文件 file 中第一个可执行代码行位置设置断点
dbstop in file at location                  % 在指定位置设置断点
dbstop in file if expression                % 在文件的第一个可执行代码行位置设置条件断点
dbstop in file at location if expression    % 在指定位置设置条件断点
dbstop if condition        % 在满足 condition（如 error 或 naninf）的行位置处暂停执行
dbstop(b)                  % 用于恢复之前保存到 b 的断点

dbclear all                % 删除代码文件中的所有断点
dbclear in file            % 删除指定文件中的所有断点，关键字 in 可选
dbclear in file at location            % 删除在指定文件中的指定位置设置的断点
dbclear if condition       % 删除使用指定的 condition 设置的所有断点
                           % 如 dbstop if error 或 dbstop if naninf

dbstatus                   % 列出所有有效断点，包括错误、捕获的错误、警告和 naninfs 等
dbstatus file              % 列出对于指定 file 有效的所有断点

dbstep                     % 执行当前文件中的下一个可执行代码行，跳过当前行所调用函数中的任何断点
```

```
dbstep in              % 跳转至下一个可执行代码行
dbstep out             % 运行当前函数的其余代码并在退出函数后立即暂停
dbstep nlines          % 执行指定的可执行代码行数
```

当 MATLAB 进入调试模式时，提示符为 K>>，此时能访问函数的局部变量，但不能访问 MATLAB 工作区中的变量。读者需在调试程序过程中逐渐体会并掌握调试技术。

3.4.5 程序调试剖析

在执行程序之前，应预想到程序运行的各种情况，测试在这些情况下程序是否能正常运行。下面通过示例来介绍 MATLAB 调试器的使用方法。

【例 3-20】编写一个判断 2000—2010 年的闰年年份的程序并调试。

解：（1）创建一个名为 leapyear.m 的 M 函数文件，并输入如下函数代码程序。

```
% 程序为判断 2000—2010 年的闰年年份
% 本程序没有输入/输出变量
% 函数的使用格式为 leapyear，输出结果为 2000—2010 年的闰年年份
function leapyear                    % 定义函数 leapyear
for year=2000:2010                   % 定义循环区间
    sign=1;
    a=rem(year,100);                 % 求 year 除以 100 后的余数
    b=rem(year,4);                   % 求 year 除以 4 后的余数
    c=rem(year,400);                 % 求 year 除以 400 后的余数
    if a=0                           % 以下根据 a、b、c 是否为 0 对标志变量 sign 进行处理
        signsign=sign-1;
    end
    if b=0
        signsign=sign+1;
    end
    if c=0
        signsign=sign+1;
    end
    if sign=1
        fprintf('% 4d \n',year)
    end
end
```

（2）运行以上 M 程序，此时 MATLAB 命令行窗口会给出如下错误提示：

```
>> leapyear
文件: leapyear.m 行: 10 列: 10
'=' 运算符的使用不正确。 '=' 用于为变量赋值， '==' 用于比较值的相等性。
```

由错误提示可知，在程序的第 10 行存在语法错误，检测可知 if 选择判断语句中，用户将 "==" 写成了 "="。因此将 "=" 改成 "=="，同时将第 13、16、19 行中的 "=" 更改为 "=="。

（3）程序修改并保存完成后，可直接运行修正后的程序，程序运行结果如下：

```
>> leapyear
2000
```

```
2001
2002
2003
2004
2005
2006
2007
2008
2009
2010
```

显然，2000—2010 年不可能每年都是闰年，由此判断程序存在运行错误。

（4）分析原因。可能由于在处理年号是否是 100 的倍数时，变量 sign 存在逻辑错误。

（5）断点设置。断点为 MATLAB 程序执行时人为设置的中断点，程序运行至断点时便自动停止运行，等待用户的下一步操作。要设置断点，只需要单击程序左侧的行号，使其变成红色的框，如图 3-11 所示。

在可能存在逻辑错误或需要显示相关代码的执行数据附近设置断点，如本例中的第 12、15 和 18 行。再次单击红框行号即可去除断点。

（6）执行程序。按 F5 键或单击选项卡中的 ▷ 按钮执行程序，此时其他调试按钮将被激活。程序运行至第一个断点暂停，在断点右侧则出现指向右的绿色箭头，如图 3-12 所示。

图 3-11　断点标记

图 3-12　程序运行至断点处暂停

程序调试运行时，在 MATLAB 的命令行窗口中将显示如下内容：

```
>> leapyear
K>>
```

此时可以输入一些调试命令，方便对程序调试的相关中间变量进行查看。

（7）单步调试。单击"运行"选项卡下的 ↪（步进）按钮，此时程序将逐步按照用户需求向下执行，如图 3-13 所示，在单击 ↪ 按钮后，程序才会从第 12 步运行到第 13 步。

（8）查看中间变量。可以将鼠标指针停留在某个变量上，MATLAB 将会自动显示该变量的当前值，也可以在 MATLAB 的工作区中直接查看所有中间变量的当前值，如图 3-14 和图 3-15 所示。

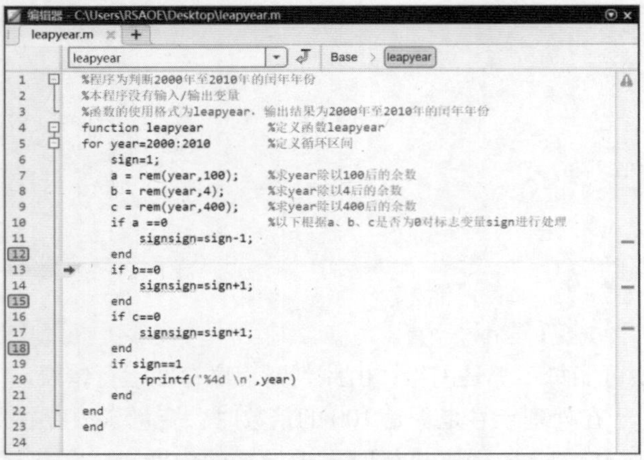

图 3-13 程序单步执行

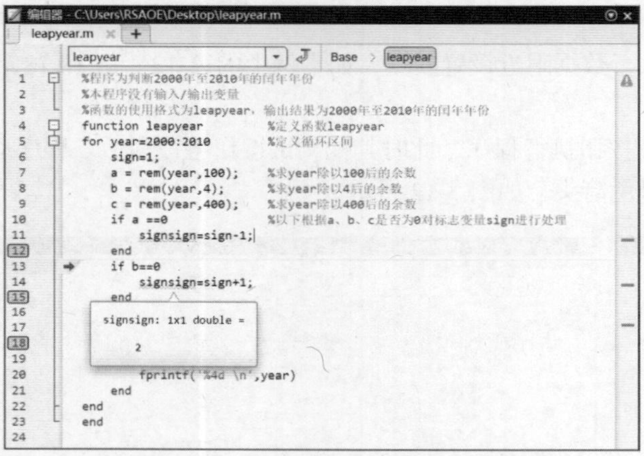

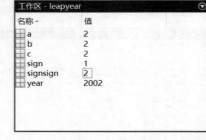

图 3-14 用鼠标停留方法查看中间变量　　　　图 3-15 查看工作区中所有中间变量的当前值

（9）修正代码。通过查看中间变量可知，在任何情况下 sign 的值都是 1，此时调整修改代码程序如下：

```
% 程序为判断 2000—2010 年的闰年年份
% 本程序没有输入/输出变量
% 函数的使用格式为 leapyear，输出结果为 2000—2010 年的闰年年份
function leapyear
for year=2000:2010
    sign=0;
    a=rem(year,400);
    b=rem(year,4);
    c=rem(year,100);
    if a==0
        sign=sign+1;
    end
    if b==0
        sign=sign+1;
    end
    if c==0
        sign=sign-1;
```

```
        end
    if sign==1
        fprintf('% 4d \n',year)
    end
end
```

去掉所有的断点,单击"运行"选项组中的 ▷（运行）按钮再次执行程序,得到的运行结果如下:

```
>> leapyear
2000
2004
2008
```

分析发现,结果正确,此时程序调试结束。

3.5 本章小结

MATLAB 语言程序简洁、可读性很强且调试十分容易。MATLAB 为用户提供了非常方便易懂的程序设计方法,类似于其他的高级语言编程。本章侧重于 MATLAB 中最基础的程序设计,分别介绍了程序结构、控制语句、文件操作、程序调试及程序优化等内容。

第 4 章 函数运用

CHAPTER 4

前文已经详细讲解了 MATLAB 中各种基本数据类型和程序流控制语句,本章在此基础上讲述了 MATLAB 函数类型及参数传递方法。MATLAB 提供了极其丰富的内部函数,使用户通过命令行调用就可以完成很多工作,想要更加高效地利用 MATLAB,离不开 MATLAB 程序直接参数的传递。

4.1 函数文件

脚本文件和函数文件是 M 文件的两种形式。脚本文件通常用于执行一系列简单的 MATLAB 命令,运行时只需输入文件名字,MATLAB 就会自动按顺序执行文件中的命令。

函数文件可以接收参数,也可以返回参数。一般情况下,用户不能靠单独输入其文件名运行函数文件,而需要由其他语句调用。

第 16 集
微课视频

4.1.1 函数文件结构

在 MATLAB 中写的程序都保存为 M 文件,M 文件是统称,每个程序都有自己的 M 文件,文件的扩展名是.m。通过编写 M 文件,可以实现各种复杂的运算。通常函数的 M 文件基本结构如表 4-1 所示。

表 4-1 函数的M文件基本结构

文 件 内 容	描 述
函数定义行 (只存在于函数文件中)	由关键字function引导,定义函数名称,定义输入/输出变量的数量、顺序
H1行	对程序进行总结说明的一行
help文本	对程序的详细说明,在调用help命令查询该M文件时和H1行一起显示在命令窗口中
注释	具体语句的功能注释、说明
函数体	进行实际计算的代码

【例 4-1】编写函数 average( )用于计算向量元素的平均值。

解: 在编辑器窗口中输入以下语句。

```
function y=average(x)
% 函数 average(x)用于计算向量元素的平均值
% 输入参数 x 为输入向量,输出参数 y 为计算的平均值;非向量输入将导致错误
[a,b]=size(x);                                          % 判断输入量的大小
```

```
if~((a==1)||(b==1))|| ((a==1)&& (b=1))        % 判断输入是否为向量
    error('必须输入向量。')
end
y=sum(x)/length(x);                           % 计算向量x所有元素的平均值
end
```

保存函数文件时，默认函数名为 average.m（文件名与函数名相同），函数 average( )接收一个输入参数并返回一个输出参数，该函数的用法与其他 MATLAB 函数一样。

例如，求 1~9 的整数平均值，可以在命令行窗口中输入以下语句。

```
>> x=1:9
x=
    1   2   3   4   5   6   7   8   9
>> average(x)
ans=
    5
```

可以看出，函数文件 average.m 由以下几个基本部分组成。

（1）函数定义行。

函数定义行由关键字 function 引导，指明这是一个函数文件，并定义函数名、输入参数和输出参数，函数定义行必须为文件的第一个可执行语句，函数名与文件名相同，可以是 MATLAB 中任何合法的字符。

其中，输入参数用圆括号括起来，参数间用英文逗号","分隔。有多个输出参数时用方括号括起来，无输出时可用空括号[ ]，也可以无方括号和等号。如：

```
function [out1,out2,out3…]=funName(in1,in2,in3…)    % 多个输出参数
function funName(in1,in2,in3…)                       % 无输出参数
```

（2）H1 行。

H1 行紧跟着函数定义行。因为它是 help 文本的第一个注释行，所以称其为 H1 行，用% 开始。MATLAB 可以通过命令（如 lookfor）把 M 文件上的帮助信息显示在命令窗口中。

H1 在编写函数文件时并不是必需的，但强烈建议在编写 M 文件时建立帮助文本，把函数的功能、调用函数的参数等描述清楚，方便函数的后续使用。

H1 行是函数功能的概括性描述，在命令窗口提示符下输入以下命令可以显示 H1 行文本。一般来说，为了充分利用 MATLAB 的搜索功能，在编制 M 文件时，应在 H1 行中尽可能多地包含该函数的特征信息。

```
help filename
lookfor filename
```

由于在搜索路径上包含 average 的函数很多，因此用 lookfor 语句可能会查询到多个相关的命令。如：

```
>> lookfor average
average              - 函数 average(x)用于计算向量元素的平均值
mean                 - Average or mean value
HueSaturationValueExample  - Compute Maximum Average HSV of Images with MapReduce
mean                 - Average or mean value
affygcrma            - Performs GC Robust Multi-array Average (GCRMA) procedure
    …                      …
```

（3）帮助文本。

帮助文本是为调用帮助命令而建立的文本，可以是连续多行的注释文本。可以在命令窗口中查看，但不会在 MATLAB 帮助浏览器中显示。

帮助文本在函数定义行后面，连续的注释行不仅可以起解释与提示作用，更重要的是为用户自建的函数文件建立在线查询信息，以供 help 命令在线查询时使用。

帮助文本在遇到之后的第一个非注释行时结束（包括空行），函数中的其他注释行并不显示。例如，

```
>> help average
   函数 average(x)用于计算向量元素的平均值
   输入参数 x 为输入向量，输出参数 y 为计算的平均值；非向量输入将导致错误
```

（4）注释及函数体。

函数体包含了全部用于完成计算及为输出参数赋值等工作的语句，这些语句可以是调用函数、流程控制、交互式输入/输出、计算、赋值、注释和空行。

注释行以%开始，可以出现在函数的任何地方，也可以出现在一行语句的右边。若注释行很多，可以使用注释块操作符"%｛"（注释起始行）和"%｝"（注释结束行）。如：

```
% 非向量输入将导致错误
[m,n]=size(x);                              % 判断输入量的大小
```

如果函数体中的命令没有以分号";"结尾，那么该行返回的变量将会在命令窗口显示其具体内容。如果在函数体中使用了 disp()函数，那么结果也将显示在命令窗口中。通过该功能可以查看中间计算过程或者最终的计算结果。

【例 4-2】以函数 conv( )为例简要介绍函数文件的结构。

解： 在命令行窗口中输入

```
>> open conv                                % 打开 conv.m 函数文件
```

执行上述命令，打开函数文件 conv.m，文件结构如下（省略部分内容）：

（1）函数定义行。

```
function c=conv(a, b, shape)
```

（2）H1 行。

```
% CONV Convolution and polynomial multiplication.
```

（3）help 文本显示内容。

```
%   C=CONV(A, B) convolves vectors A and B.  The resulting vector is
%
        ...                                 % 中间省略
%
%   Note: CONVMTX is in the Signal Processing Toolbox.
```

（4）注释及函数体。

```
%   Copyright 1984-2019 The MathWorks, Inc.

if ~isvector(a) || ~isvector(b)
  error(message('MATLAB:conv:AorBNotVector'));
end
        ...                                 % 中间省略
else
    if size(a,1)==1     % row vector
        c=c.';
```

```
        end
    end
```

4.1.2 函数调用

从使用的角度看,函数是一个"黑箱",把一些数据送进去,经加工处理,把结果送出来。从形式上看,函数文件与脚本文件的区别在于脚本文件的变量为命令工作区变量,在文件执行完成后保留在命令工作区中。

函数文件内定义的变量为局部变量,只在函数文件内部起作用,当函数文件执行完后,这些内部变量将被清除。

在 MATLAB 中,调用函数文件的一般格式如下:

[输出参数表]=函数名(输入参数表)

(1)当调用一个函数时,输入和输出参数的顺序应与函数定义时的一致,其数目可以少于函数文件中所规定的输入和输出参数调用函数,但不能使用多于函数文件所规定的输入和输出参数数目。例如,

```
>> [x,y]=sin(pi)            % 输入和输出参数数目多于函数所允许数目时,会自动返回错误信息
错误使用 sin
输出参数太多。

>> y=linspace(2)            % 输入参数不足也可能提示错误信息
输入参数的数目不足。
出错 linspace (第 19 行)
    n=floor(double(n));
```

(2)在编写函数文件调用时常通过函数 nargin( )和 nargout( )设置默认输入参数,并决定用户希望的输出参数。函数 nargin( )可以检测函数被调用时用户指定的输入参数个数,函数 nargout 可以检测函数被调用时用户指定的输出参数个数。

在函数被调用,用户输入和输出参数数目少于函数文件中 function 语句规定的数目时,函数文件中通过函数 nargin( )和 nargout( )可以决定采用何种默认输入参数和用户所希望的输出参数。例如,在命令行窗口中输入以下语句,打开 linspace( )函数文件。

```
>> open linspace
```

可以发现函数文件的函数定义行为:

```
function y=linspace(d1, d2, n)
```

如果只指定两个输入参数调用函数 lenspiece( ),如 linspace(0,10),那么函数将在 0~10 等间隔产生 100 个数据点;如果指定 32 个输入参数,如 linspace(0,10,50),由于第 3 个参数决定了数据点的个数,因此函数将在 0~10 等间隔产生 50 个数据点。

函数也可按少于函数文件中所规定的输出参数进行调用。如调用函数 size( ),可以采用以下方式:

```
>> x=[1 2 3; 4 5 6];
>> m=size(x)
m=
    2  3
>> [m,n]=size(x)
m=
    2
```

```
n=
    3
```

（3）当函数有一个以上输出参数时，输出参数包含在方括号内，如[m,n]=size(x)。

注意：[m, n]在等号左边表示 m 和 n 为函数的两个输出参数，[m, n]在右边（如 y=[m,n]）则表示数组 y 由变量 m 和 n 组成。

（4）若函数有一个或多个输出参数，但调用时未指定输出参数，则不给输出变量赋任何值。譬如 toc( ) 函数文件的函数定义行为：

```
function t=toc
```

若调用 toc( )时不指定输出参数 t，如：

```
>> tic
>> toc
历时 2.551413 秒。
```

此时，函数在命令行窗口将显示函数工作区变量 elapsed_time 的值，但在 MATLAB 命令工作区里则不给输出参数 t 赋任何值，也不创建变量 t。

若调用 toc( )时指定输出参数 t，如：

```
>> tic
>> tout=toc
tout=
    2.8140
```

此时输出参数以变量 tout 的形式返回到命令行窗口，并在 MATLAB 命令工作区中创建变量 tout。

（5）函数有自己的独立工作区，与 MATLAB 的工作区分开，除非使用全局变量。函数内变量与 MATLAB 其他工作区之间唯一的联系是函数的输入和输出参数。

如果函数的任一输入参数值发生变化，那么其变化将仅在函数内出现，不影响 MATLAB 其他工作区的变量。函数内所创建的变量只驻留在该函数工作区，且只在函数执行期间临时存在，函数执行结束后将消失。因此，从一个调用到另一个调用，在函数工作区以变量存储信息是不可能的。

（6）在 MATLAB 其他工作区重新定义预定义的变量，该变量将不会延伸到函数的工作区；反之，在函数内重新定义的预定义变量也不会延伸到 MATLAB 的其他工作区。

（7）如果变量说明是全局的，则函数可以与其他函数、MATLAB 命令工作区和递归调用本身共享变量。为了在函数内或 MATLAB 命令工作区中访问全局变量，全局变量在每个所希望的工作区都必须说明。

（8）全局变量可以为编程带来某些方便，但破坏了函数对变量的封装，所以在实际编程中，无论什么时候都应尽量避免使用全局变量。如果一定要用全局变量，则建议全局变量名要长、采用大写字母，并有选择地以首次出现的 M 文件的名字开头，使全局变量之间不必要的互作用减至最小。

（9）MATLAB 以搜寻脚本文件的同样方式搜寻函数文件。如，输入 cow 语句，MATLAB 首先认为 cow 是一个变量；如果它不是，那么 MATLAB 认为它是一个内置函数；如果还不是，那么 MATLAB 将检查当前 cow.m 的目录或文件夹；如果仍然不是，那么 MATLAB 就检查 cow.m 在 MATLAB 搜寻路径上的所有目录或文件夹。

（10）从函数文件内可以调用脚本文件。在这种情况下，脚本文件只查看函数工作区，不查看 MATLAB 命令工作区。从函数文件内调用的脚本文件不必调到内存进行编译，函数每调用一次，脚本文件就被打开和解释一次。因此，从函数文件内调用脚本文件减慢了函数的执行速度。

（11）当函数文件到达文件终点，或者碰到返回命令 return 时，结束执行并返回。返回命令 return 提供了一种结束函数的简单方法，而不必到达文件的终点。

4.2 函数类型

MATLAB 中的函数有多种，可以分为匿名函数、主函数、嵌套函数、子函数、私有函数和重载函数。

4.2.1 匿名函数

匿名函数是面向命令行代码的函数形式，通常只需要通过一句非常简单的语句，就可以在命令行窗口或 M 文件中调用函数，这在函数内容非常简单的情况下是很方便的。其标准格式如下：

```
fhandle=@(arglist) expr              % 创建匿名函数
```

其中，

（1）expr 通常是一个简单的 MATLAB 变量表达式，实现函数的功能，比如 x+x.^2 等；

（2）arglist 是参数列表，它指定函数的输入参数列表，对应多个输入参数的情况，通常要用逗号分隔各个参数；

（3）符号@是 MATLAB 中创建函数句柄的操作符，表示创建由输入参数列表 arglist 和表达式 expr 确定的函数句柄，并把这个函数句柄返回给变量 fhandle，以后就可以通过 fhandle 来调用定义好的这个函数。

如，定义函数：

```
myfunhd=@(x) (x+x.^2)
```

表示创建了一个匿名函数，它有一个输入参数 x，实现的功能是 x+x.^2，并把这个函数句柄保存在变量 myfunhd 中，以后就可以通过 myfunhd(a)计算当 x=a 时的函数值。

第 17 集
微课视频

注意： 匿名函数的参数列表 arglist 中可以包含一个或多个参数，这样调用的时候就要按顺序给出这些参数的实际取值。但 arglist 也可以不包含参数，即留空。在这种情况下，调用函数时还需要通过 fhandle( )的形式来调用，即要在函数句柄后紧跟一个空的括号，否则将只显示 fhandle 句柄对应的函数形式。

匿名函数可以嵌套，即在 expr 表达式中可以用函数调用一个匿名函数句柄。匿名函数通过 save( )函数可以将其保存在.mat 文件中，需要时，通过 load( )函数即可加载。

【例 4-3】匿名函数使用示例。

解： 在命令行窗口中依次输入以下语句，同时会输出相应的结果。

```
>> myth=@(x)(x+x.^2)                 % 创建匿名函数
myth=
  包含以下值的 function_handle:
    @(x)(x+x.^2)
>> myth(2)
ans=
     6
>> save myth.mat                     % 将匿名函数句柄 myth 保存在 myth.mat 文件中
>> load myth.mat                     % 加载匿名函数

>> myth1=@()(3+2)
myth1=
```

```
            包含以下值的 function_handle:
                @()(3+2)
>> myth1()
ans=
        5
>> myth1
myth1=
            包含以下值的 function_handle:
                @()(3+2)
```

4.2.2 主函数

每一个函数 M 文件第一行定义的函数就是 M 文件的主函数,一个 M 文件只能包含一个主函数,习惯上将 M 文件名和 M 文件主函数名设为一致。

M 文件主函数的说法是针对其内部嵌套函数和子函数而言的,一个 M 文件中除了一个主函数以外,还可以编写多个嵌套函数或子函数,以便在实现主函数功能时进行调用。

4.2.3 嵌套函数

在一个函数内部,可以定义一个或多个函数,这种定义在其他函数内部的函数称为嵌套函数。嵌套可以多层发生,也就是说,一个函数内部可以嵌套多个函数,这些嵌套函数内部又可以继续嵌套其他函数。嵌套函数的语法格式如下:

```
function x=a(b,c)
...
    function y=d(e,f)
    ...
        function z=h(m,n)
        ...
        end
    end
end
```

一般函数代码中结尾是不需要专门标明 end 的,但是使用嵌套函数时,无论嵌套函数还是嵌套函数的父函数(直接上一层次的函数)都要明确标出 end 表示的函数结束。

嵌套函数的互相调用需要注意嵌套的层次,例如,在下面的代码段中:

```
function A(a,b)
...
    function B(c,d)
    ...
        function D=h(e)
        ...
        end
    end
    function C(m,n)
    ...
        function E(g,f)
        ...
        end
    end
end
```

（1）外层的函数可以调用向内一层直接嵌套的函数（A 可以调用 B 和 C），而不能调用更深层次的嵌套函数（A 不可以调用 D 和 E）；

（2）嵌套函数可以调用与自己具有相同父函数的其他同层函数（B 和 C 可以相互调用）；

（3）嵌套函数也可以调用其父函数，或与父函数具有相同父函数的其他嵌套函数（D 可以调用 B 和 C），但不能调用其父函数具有相同父函数的其他嵌套函数内深层嵌套的函数。

4.2.4　子函数

一个 M 文件只能包含一个主函数，但是一个 M 文件可以包含多个函数，这些编写在主函数后的函数统称为子函数。所有子函数只能被其所在 M 文件中的主函数或其他子函数调用。

所有子函数都有自己独立的声明、帮助、注释等结构，这些内容都需要位于主函数之后。而各个子函数的前后顺序都可以任意放置，和被调用的前后顺序无关。

M 文件内部发生函数调用时，MATLAB 首先检查该 M 文件中是否存在相应名称的子函数；然后检查这一 M 文件所在的文件夹中是否存在同名的私有函数；然后按照 MATLAB 路径，检查是否存在同名的 M 文件或内部函数。根据这一顺序，函数调用时首先查找相应的子函数，因此，可以通过编写同名子函数的方法实现 M 文件内部的函数重载。

通过 help 命令也可以查看子函数的帮助文件。

4.2.5　私有函数

第 18 集
微课视频

私有函数是具有限制性访问权限的函数，它们对应的 M 文件需要保存在名为 private 的文件夹下，这些私有函数代码在编写形上和普通的函数没有什么区别，也可以在一个 M 文件中编写一个主函数和多个子函数，以及嵌套函数。但私有函数只能被 private 文件夹下的脚本 M 文件或 M 文件主函数调用。

通过 help 命令获取私有函数的帮助，也需要声明其私有特点，例如，要获取私有函数 myprifun 的帮助，应使用 help private/myprifun 命令。

4.2.6　重载函数

重载是计算机编程中非常重要的概念，它经常用在处理功能类似、但参数类型或个数不同的函数编写中。

例如，现在要实现一个计算功能，输入的参数既有双精度浮点型，又有整数类型，这时就可以编写两个同名函数，一个用来处理双精度浮点型的输入参数，另一个用来处理整数类型的输入参数。这样，当实际调用函数时，MATLAB 就可以根据实际传递的变量类型选择执行其中的一个函数。

MATLAB 中重载函数通常放置在不同的文件夹下，文件夹名称通常以符号@开头，然后跟一个代表 MATLAB 数据类型的字符，如@double 文件夹下的重载函数输入参数应该是双精度浮点型，而@int32 文件夹下的重载函数的输入参数应该是 32 位整型。

4.3　参数传递

在 MATLAB 中通过 M 文件编写函数时，只需要指定输入和输出的形式参数列表。而在函数实际被调用时，需要把具体的数值提供给函数声明中给出的输入参数，这时就需要用到参数传递。

4.3.1 参数传递概述

MATLAB 中参数传递过程是传值传递，也就是说，在函数调用过程中，MATLAB 将传入的实际变量值赋值为形式参数指定的变量名，这些变量都存储在函数的变量空间中，和工作区变量空间是独立的，每个函数在调用中都有自己独立的函数空间。

如，在 MATLAB 中编写函数：

```
function y=myfun(x,y)
```

在命令行窗口通过语句 a=myfun(3,2)调用此函数，MATLAB 首先会建立 myfun( )函数的变量空间，把 3 赋值给 x，把 2 赋值给 y，然后执行函数的实现代码，执行完毕后把 myfun( )函数返回的参数 y 的值传递给工作区变量 a，调用过程结束后，函数变量空间被清除。

4.3.2 输入和输出参数的数目

MATLAB 的函数可以具有多个输入或输出参数。通常在调用时，需要给出和函数声明语句中一一对应的输入参数；而输出参数个数可以按参数列表对应指定，也可以不指定。

不指定输出参数调用函数时，MATLAB 默认把输出参数列表中的第一个参数的数值返回给工作区变量 ans。

MATLAB 中可以通过 nargin( )和 nargout( )函数确定函数调用时实际传递的输入和输出参数个数，结合条件分支语句，就可以处理函数调用中指定输入/输出参数数目不同的情况。

【例 4-4】输入和输出参数数目的使用。

解： 在编辑器窗口中输入以下代码，并保存为 mytha.m 文件。

```
function [n1,n2]=mytha(m1,m2)
if nargin==1
    n1=m1;
    if nargout==2
        n2=m1;
    end
else
    if nargout==1
        n1=m1+m2;
    else
        n1=m1;
        n2=m2;
    end
end
end
```

进行函数调试，在命令行窗口中输入以下语句：

```
>> m=mytha(4)
m=
    4
>> [m,n]=mytha(4)
m=
    4
n=
    4
```

```
>> m=mytha(4,8)
m=
   12
>> [m,n]=mytha(4,8)
m=
   4
n=
   8
>> mytha(4,8)
ans=
   4
```

指定输入和输出参数个数的情况比较容易理解，只要对应函数 M 文件中对应的 if 分支项即可；而对于不指定输出参数个数的调用情况，MATLAB 是按照指定了所有输出参数的调用格式对函数进行调用，不过在输出时只把第一个输出参数对应的变量值赋给工作区变量 ans。

4.3.3 可变数目的参数传递

函数 nargin( )和 nargout( )结合条件分支语句，可以处理可能具有不同数目的输入和输出参数的函数调用，但这要求对每一种输入参数数目和输出参数数目的结果分别进行代码编写。

有些情况下，可能无法确定具体调用中传递的输入参数或输出参数的个数，即存在可变数目的传递参数。前面提到，MATLAB 可通过函数 varargin( )和 varargout( )实现可变数目的参数传递，使用这两个函数对于处理具有复杂的输入/输出参数个数组合的情况也是便利的。

函数 varargin( )和 varargout( )把实际的函数调用时的传递的参数值封装成一个元胞数组，因此，在函数实现部分的代码编写中，就要用访问元胞数组的方法访问封装在 varargin( )和 varargout( )中的元胞或元胞内的变量。

【例 4-5】可变数目的参数传递。

解： 在编辑器窗口中输入以下代码，并保存为 mythb.m 文件。

```
function y=mythb(x)
a=0;
for i=1:1:length(x)
    a=a+mean(x(i));
end
y=a/length(x);
```

函数 mythb( )以 x 作为输入参数，从而可以接收可变数目的输入参数，函数实现部分首先计算了各个输入参数（可能是标量、一维数组或二维数组）的均值，然后计算这些参数的均值，调用结果如下：

```
>> mythb([4 3 4 5 1])
ans=
   3.4000
>> mythb(4)
ans=
   4
>> mythb([2 3;8 5])
ans=
   5
>> mythb(magic(4))
ans=
   8.5000
```

4.3.4 返回被修改的输入参数

前面已经讲过，MATLAB 函数有独立于 MATLAB 工作区的自己的变量空间，因此输入参数在函数内部的修改，都只具有和函数变量空间相同的生命周期，如果不指定将此修改后的输入参数值返回到工作区间，那么在函数调用结束后，这些修改后的值将被自动清除。

【例 4-6】函数内部的输入参数修改。

解：在编辑器窗口中输入以下代码，并保存为 mythc.m 文件。

```
function y=mythc(x)
x=x+2;
y=x.^2;
end
```

在 mythc( )函数的内部，首先修改了输入参数 x 的值（x=x+2），然后以修改后的 x 值计算输出参数 y 的值（y=x×2）。在命令行窗口中输入以下命令，输出结果如下：

```
>> x=2
x=
    2
>> y=mythc(x)
y=
    16
>> x
x=
    2
```

由此结果可见，调用结束后，函数变量区中的 x 在函数调用中被修改，但此修改只能在函数变量区有效，并没有影响到 MATLAB 工作区变量空间中的变量 x 的值，函数调用前后，MATLAB 工作区中的变量 x 取值始终为 2。

如果希望函数内部对输入参数的修改也对 MATLAB 工作区的变量有效，就需要在函数输出参数列表中返回此输入参数。对函数 mythc( )，则需要把函数修改为 function[y,x]=mythcc(x)，而在调用时也要使用 [y,x]=mythcc(x)语句。

【例 4-7】将修改后的输入参数返回给 MATLAB 工作区。

解：在编辑器窗口中输入以下代码，并保存为 mythcc.m 文件。

```
function [y,x]=mythcc(x)
x=x+2;
y=x.^2;
end
```

调试结果如下：

```
>> x=2
x=
    2
>> [y,x]=mythcc(x)
y=
    16
x=
    4
>> x
```

```
x=
    4
```

通过函数调用后，MATLAB 工作区中的变量 x 取值从 2 变为 4，可见通过[y,x]=mythcc(x)调用，实现了函数对 MATLAB 工作区变量的修改。

4.3.5　全局变量

通过返回修改后的输入参数，可以实现函数内部对 MATLAB 工作区变量的修改。另一种殊途同归的方法是使用全局变量，声明全局变量需要用到关键词 global，语法格式为 global variable。

通过全局变量可以实现 MATLAB 工作区变量空间和多个函数的函数空间共享，这样，多个使用全局变量的函数和 MATLAB 工作区将共同维护这一全局变量，任何一处对全局变量的修改，都会直接改变此全局变量的取值。

在应用全局变量时，通常在各个函数内部通过 global variable 语句声明，在命令行窗口或脚本 M 文件中也要先通过 global 声明，然后进行赋值。

【例 4-8】全局变量的使用。

解： 在编辑器窗口中输入以下代码，并保存为 mythd.m 文件。

```
function y=mythd(x)
global a;
a=a+9;
y=cos(x);
end
```

在命令行窗口声明全局变量赋值，然后调用该函数：

```
>> global a
>> a=2
a=
    2
>> mythd(pi)
ans=
    -1
>> cos(pi)
ans=
    -1
>> a
a=
    11
```

由此可见，用 global 将 a 声明为全局变量后，函数内部对 a 的修改也会直接作用到 MATLAB 工作区，函数调用一次后，a 的值从 2 变为 11。

4.4　本章小结

通过本章的学习，读者应掌握函数文件的结构，并熟练掌握 MATLAB 中各种类型的函数，尤其要熟练应用匿名函数、以 M 文件为核心的主函数、子函数、嵌套函数等，同时还要熟悉参数传递过程及相关函数。

第 5 章 图形绘制

MATLAB 拥有强大的绘图功能，它提供了一系列的绘图函数，读者不需要过多地考虑绘图的细节，只需要给出一些基本参数就能得到所需图形。此外，MATLAB 还对绘出的图形提供了各种修饰方法，使图形更加美观、精确。本章就来介绍相关内容，以起到抛砖引玉的作用。

5.1 图形绘制简介

数据可视化的目的在于：通过图形，从一堆杂乱的离散数据中观察数据间的内在关系，感受由图形所传递的内在本质。

MATLAB 一向注重数据的图形表示，并不断地采用新技术改进和完善其可视化功能。

第 19 集
微课视频

5.1.1 离散数据可视化

任何二元实数标量对 (x_a, y_a) 可以在平面上表示一个点；任何二元实数向量对 (X, Y) 可以在平面上表示一组点。

对于离散实函数 $y_n = f(x_n)$，当 $X = [x_1, x_2, \cdots, x_n]$ 以递增或递减的次序取值时，有 $Y = [y_1, y_2, \cdots, y_n]$，这样，该向量对用直角坐标序列点图示时，实现了离散数据的可视化。

在科学研究中，当处理离散量时，可以用离散序列图来表示离散量的变化情况。在 MATLAB 中，利用函数 stem( ) 可以实现离散数据的可视化（茎图），其调用格式如下。

```
stem(Y)              % 将数据序列 Y 绘制为从沿 x 轴的基线延伸的茎图，数据值由空心圆显示
                     % 若 Y 为向量，x 的范围为 1~length(Y)
                     % 若 Y 为矩阵，则根据相同的 x 值绘制行中的所有元素，x 的范围为 1~Y 的行数
stem(X,Y)            % 在 X 指定的位置绘制数据序列 Y，X 和 Y 是大小相同的向量或矩阵
                     % 若 X 和 Y 均为向量，则根据 X 中对应项绘制 Y 中的各项
                     % 若 X 为向量，Y 为矩阵，则根据 X 指定的值集绘制 Y 的每列
                     % 若 X 和 Y 均为矩阵，则根据 X 的对应列绘制 Y 的列
stem(___,'filled')   % 填充圆
stem(___,LineSpec)   % 指定线型、标记符号和颜色
```

【例 5-1】用 stem( ) 函数绘制离散序列图。

解： 在编辑器窗口中编写如下代码。执行程序后，输出如图 5-1 所示的图形。

```
clear,clc
X=linspace(0,2*pi,25)';
```

```
Y=(cos(2*X));
subplot(1,2,1)
stem(X,Y,'LineStyle','-.','MarkerFaceColor','red',…
    'MarkerEdgeColor','green')

x=0:25;
y=[exp(-.04*x).*cos(x);exp(.04*x).*cos(x)]';
subplot(1,2,2)
h=stem(x,y);
set(h(1),'MarkerFaceColor','blue')
set(h(2),'MarkerFaceColor','red','Marker','square')
```

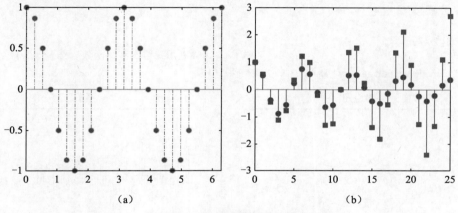

图 5-1 绘制的离散序列图

除了可以使用 stem( )函数之外，使用离散数据也可以绘制离散图形。

【例 5-2】用图形表示离散函数。

解： 在编辑器窗口中编写如下代码。执行程序后，输出如图 5-2 所示的图形。

```
clear,clc
n=0:50;                             % 产生一组 10 个自变量函数 Xn
y=1./abs(n-6);                      % 计算相应点的函数值 Yn
plot(n,y,'r*','MarkerSize',5)       % 用尺寸 5 的红星号标出函数点
grid on                             % 画出坐标方格
```

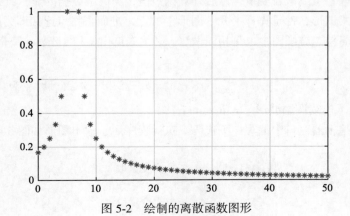

图 5-2 绘制的离散函数图形

【例 5-3】画出函数 $y=\mathrm{e}^{-\alpha t}\sin(\beta t)$ 的散点图与茎图。

解：依据题意，在编辑器窗口中编写如下代码。执行程序后，得到 plot( )函数绘制的图形如图 5-3（a）所示，stem( )函数绘制的二维茎图如图 5-3（b）所示。

```
clear,clc
a=0.03; b=0.8;
t=0:1:80;
y=exp(-a*t).*sin(b*t);

subplot(1,2,1)
plot(t,y,'ro')                          % 利用函数plot(t,y)绘制
title('散点图')

subplot(1,2,2)
stem(t,y)                               % 利用二维的茎图函数stem(t,y)绘制
xlabel('Time'),ylabel('stem'),title('茎图')
```

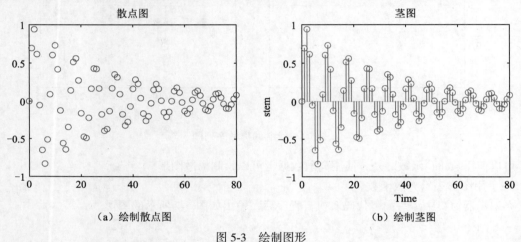

（a）绘制散点图　　　　　　　　　　（b）绘制茎图

图 5-3　绘制图形

5.1.2　连续函数可视化

对于连续函数可以取一组离散自变量，然后计算函数值，与离散数据的显示方式一样。

一般画函数或方程式图形，都是先标上几个图形上的点，进而再将点连接即为函数图形，点数越多图形越平滑。MATLAB 在简易二维画图中也是相同做法，必须先点出 x 和 y 坐标（离散数据），再将这些点连接，语法如下：

```
plot(x,y)                               % x为图形上x坐标向量，y为其对应的y坐标向量
```

【例 5-4】用图形表示连续调制波形 $y=\sin t\sin(7t)$。

解：依据题意，在编辑器窗口中编写如下代码。执行程序后，输出图形如图 5-4 所示。

```
clear,clc
t1=(0:13)/13*pi;                        % 自变量取13个点
y1=sin(t1).*sin(7*t1);                  % 计算函数值
t2=(0:40)/40*pi;                        % 自变量取51个点
```

```
y2=sin(t2).*sin(7*t2);

subplot(1,4,1);                              % 在子图 1 上画图
plot(t1,y1,'r.');                            % 用红色的点显示
axis([0,pi,-1,1]); title('子图 1');          % 定义坐标大小，显示子图标题

subplot(1,4,2);                              % 子图 2 用红色的点显示
plot(t2,y2,'r.');
axis([0,pi,-1,1]); title('子图 2')

subplot(1,4,3);                              % 子图 3 用直线连接数据点和红色的点显示
plot(t1,y1,t1,y1,'r.')
axis([0,pi,-1,1]); title('子图 3')

subplot(1,4,4);                              % 子图 4 用直线连接数据点
plot(t2,y2);
axis([0,pi,-1,1]); title('子图 4')
```

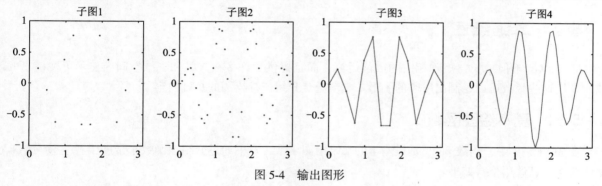

图 5-4 输出图形

【**例 5-5**】分别取 8、40、80 个点，绘制 $y = 2\sin x, x \in [0, 2\pi]$ 图形。

解：依据题意，在编辑器窗口中编写如下代码。执行程序后，输出 8 个点图形如图 5-5（a）所示，输出 40 个点图形如图 5-5（b）所示，输出 80 个点图形如图 5-5（c）所示。

```
clear,clc
x8= linspace(0,2*pi,8);                      % 在 0 到 2π 间，等间隔取 8 个点
y8=2*sin(x8);                                % 计算 x 的正弦函数值
subplot(1,3,1)
plot(x8,y8,'r-*');                           % 进行二维平面描点作图
title('8 个点绘图')

x40=linspace(0,2*pi,40);                     % 在 0 到 2π 间，等分取 40 个点
y40=2*sin(x40);                              % 计算 x 的正弦函数值
subplot(1,3,2)
plot(x40,y40,'r-*');                         % 进行二维平面描点作图
title('40 个点绘图')

x80=linspace(0,2*pi,80);                     % 在 0 到 2π 间，等分取 80 个点
y80=2*sin(x80);                              % 计算 x 的正弦函数值
```

```
subplot(1,3,3)
plot(x80,y80,'r-*');                          % 进行二维平面描点作图
title('80 个点绘图')
```

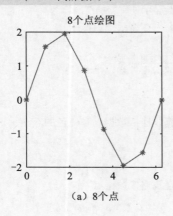
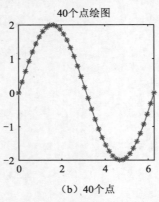
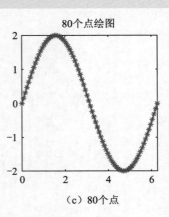

（a）8个点　　　　　　　　（b）40个点　　　　　　　　（c）80个点

图 5-5　绘制函数波形

5.2　二维绘图

MATLAB 不但擅长与矩阵相关的数值运算，而且提供了许多在二维和三维空间内显示可视信息的函数，利用这些函数可以绘制出所需的图形。本节重点介绍二维绘图的基础内容。

5.2.1　基本绘图函数

在 MATLAB 中，函数 plot()是最基本的二维绘图函数，本书通过介绍该函数来帮助读者掌握 MATLAB 绘图要点。其调用格式如下。

```
plot(Y)                       % 绘制 Y 对一组隐式 X 坐标的曲线
                              % 若 Y 为实向量，以向量元素的下标为横坐标，元素值为纵坐标绘制曲线
                              % 若 Y 为实矩阵，按列绘制每列元素值对应下标的曲线，数目等于 Y 矩阵的列数
                              % 若 Y 为复数矩阵，按列分别以元素实部和虚部为横、纵坐标绘制多条曲线
plot(Y,LineSpec)              % 指定线型、标记和颜色

plot(X,Y)                     % 创建 Y 中数据与 X 中对应值的二维线图
                              % 若 X 和 Y 均为同维向量，绘制以 X、Y 元素为横坐标和纵坐标的曲线
                              % 若 X 为向量、Y 为有一维与 X 等维的矩阵，绘出多条不同颜色的曲线，X 作为共同坐标
                              % 若 X 为矩阵、Y 为向量，绘出多条不同颜色的曲线，Y 作为共同坐标
                              % 若 X、Y 为同维实矩阵，则以 X、Y 对应的元素为横坐标和纵坐标分别绘制曲线
plot(X,Y,LineSpec)            % 使用指定的线型、标记和颜色创建绘图
plot(X1,Y1,…,Xn,Yn)           % 根据指定坐标对绘制折线，也可以将坐标指定为矩阵形式
plot(X1,Y1,LineSpec1,…,Xn,Yn,LineSpecn)      % 为每个 x-y 对指定线型、标记和颜色
```

【例 5-6】绘制一组幅值不同的正弦函数。

解：依据题意，在编辑器窗口中编写如下代码。执行程序后，输出如图 5-6 所示的图形。

```
clear,clc
t=(0:pi/8:2*pi)';                             % 横坐标列向量
```

```
k=0.2:0.1:1;                         % 9个幅值
Y=sin(t)*k;                          % 9条函数值矩阵
plot(t,Y)
title('函数值曲线')
```

【例 5-7】用图形表示连续调制波形及其包络线。

解： 依据题意，在编辑器窗口中编写如下代码。执行程序后，输出如图 5-7 所示的图形。

```
clear,clc
t=(0:pi/100:3*pi)';
y1=sin(t)*[1,-1];
y2=sin(t).*sin(7*t);
t3=pi*(0:7)/7;
y3=sin(t3).*sin(7*t3);

plot(t,y1,'r:',t,y2,'b',t3,y3,'b*')
axis([0,2*pi,-1,1])
title('连续调制波形及其包络线')
```

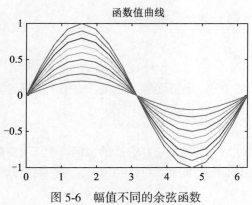

图 5-6 幅值不同的余弦函数   图 5-7 连续调制波形及其包络线

【例 5-8】用复数矩阵形式画图形。

解： 依据题意，在编辑器窗口中编写如下代码。执行程序后，输出如图 5-8 所示的图形。

```
clear,clc
t=linspace(0,2*pi,100)';
X=[cos(t),cos(2*t),cos(3*t)]+i*sin(t)*[1,1,1];
plot(X),axis square;
legend('1','2','3')
```

【例 5-9】采用模型 $\dfrac{x^2}{a^2}+\dfrac{y^2}{23-a^2}=1$，画一组椭圆。

解： 依据题意，在编辑器窗口中编写如下代码。执行程序后，输出如图 5-9 所示的椭圆图形。

```
clear,clc
th=[0:pi/50:2*pi]';
a=[0.5:.5:4.5];
X=cos(th)*a;
Y=sin(th)*sqrt(23-a.^2);
plot(X,Y)
```

```
axis('equal'),xlabel('x'),ylabel('y')
title('椭圆图形')
```

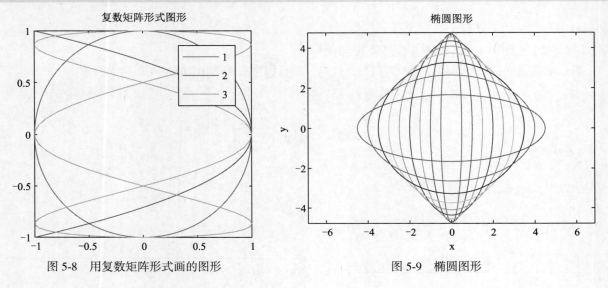

图 5-8 用复数矩阵形式画的图形　　　　　图 5-9 椭圆图形

5.2.2 图形修饰

MATLAB 在绘制二维图形的时候，还提供了多种修饰图形的方法，包括色彩、线型、点型、坐标轴等方面。本节详细介绍了 MATLAB 中常见的二维图形修饰方法。

1. 坐标轴的调整

在一般情况下不必选择坐标系，MATLAB 可以自动根据曲线数据的范围选择合适的坐标系，从而使曲线尽可能清晰地显示出来。但是，如果对 MATLAB 自动产生的坐标轴不满意，可以利用 axis 命令对坐标轴进行调整。

```
axis(xmin xmax ymin ymax)        % 将所画图形的 X 轴的大小范围限定在 xmin 和 xmax 之间，Y 轴的
                                 % 大小范围限定在 ymin 和 ymax 之间
```

在 MATLAB 中，坐标轴控制的方法如表 5-1 所示。

表 5-1 坐标轴控制的方法

坐标轴控制方式、取向和范围		坐标轴的高宽比	
axis auto	使用默认设置	axis epual	纵、横轴采用等长刻度
axis manual	使用当前坐标范围不变	axis fill	Manual方式起作用，坐标充满整个绘图区
axis off	取消轴背景	axis image	同epual且坐标紧贴数据范围
axis on	使用轴背景	axis normal	默认矩形坐标系
axis ij	矩阵式坐标，原点在左上方	axis square	产生正方形坐标系
axis xy	直角坐标，原点在左下方	axis tight	数据范围设为坐标范围
axis(V);V=[x1,x2,y1,y2]; V=[x1,x2, y1,y2, z1,z2]	人工设定坐标范围	axis vis3d	保持高、宽比不变，用于三维旋转时避免图形大小变化

【例 5-10】 尝试使用不同的 MATLAB 坐标轴控制命令，观察各种坐标轴控制命令的影响。

解： 依据题意，在编辑器窗口中编写如下代码。执行程序后，输出如图 5-10 所示的图形。

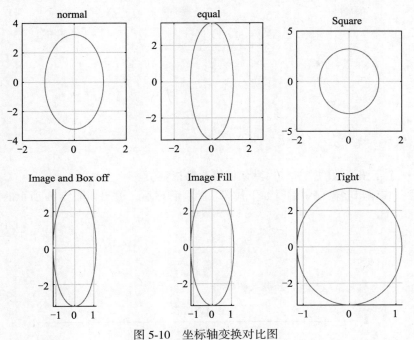

图 5-10　坐标轴变换对比图

```
clear,clc
t=0:2*pi/97:2*pi;
x=1.13*cos(t);
y=3.23*sin(t);                                  % 椭圆

subplot(2,3,1)
plot(x,y),grid on                               % 子图 1
axis normal
title('normal')

subplot(2,3,2)
plot(x,y),grid on                               % 子图 2
axis equal
title('equal')

subplot(2,3,3)
plot(x,y),grid on                               % 子图 3
axis square
title('Square')

subplot(2,3,4)
plot(x,y),grid on                               % 子图 4
```

```
axis image,box off
title('Image and Box off')

subplot(2,3,5)
plot(x,y),grid on                                   % 子图 5
axis image fill,box off
title('Image Fill')

subplot(2,3,6)
plot(x,y),grid on                                   % 子图 6
axis tight,box off
title('Tight')
```

【例 5-11】将一个正弦函数的坐标轴由默认值修改为指定值。

解：依据题意，在编辑器窗口中编写如下代码。执行程序后，输出如图 5-11 所示的图形。

```
clear,clc
x=0:0.03:3*pi;
y=sin(x);
plot(x,y)
axis([0 3*pi -2 2]) ,title('正弦波图形')
```

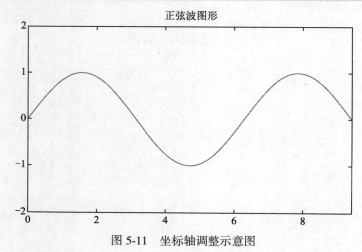

图 5-11　坐标轴调整示意图

2. 设置坐标框

使用 box 命令，可以开启或封闭二维图形的坐标框，其使用方法如下：

```
box                                     % 坐标形式在封闭和开启间切换
box on                                  % 开启
box off                                 % 封闭
```

在实际使用过程中，系统默认为坐标框处于开启状态。

【例 5-12】使用 box 命令，演示坐标框开启和封闭之间的区别。

解：依据题意，在编辑器窗口中编写如下代码。执行程序后，输出如图 5-12 所示有坐标框的图形。

```
clear,clc;
```

```
x=linspace(-3*pi,3*pi);
y1=sin(x);
y2=cos(x);
figure
h=plot(x,y1,x,y2);
box on
```

在上面代码后面增加如下语句。运行后可以看到如图5-13所示的无坐标框二维图。

```
box off;
```

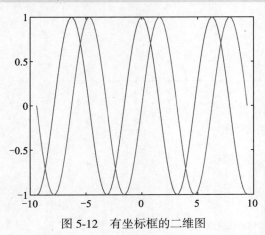
图 5-12　有坐标框的二维图

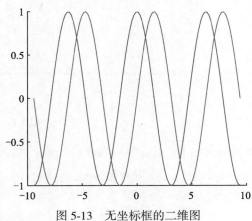
图 5-13　无坐标框的二维图

3. 图形标识

在 MATLAB 中增加标识可以使用 title( ) 和 text( ) 函数。其中，title( ) 是将标识添加在固定位置，text( ) 是将标识添加到用户指定的位置。

```
title('string')            % 给绘制的图形加上固定位置的标题
xlabel('string')           % 给 X 轴加上标注
ylabel('string')           % 给 Y 轴加上标注
```

在 MATLAB 中，用户可以在图形的任意位置加注一串文本作为注释。在任意位置加注文本可以使用坐标轴确定文字位置的 text( ) 函数，其调用格式如下：

```
text(x,y,'string','option')
```

在图形的指定坐标位置（x，y）处，写出由 string 所给出的字符串。其中（x，y）坐标的单位是由后面的 option 选项决定的。如果不加选项，则（x，y）的坐标单位和图中一致；如果选项为 'sc'，表示坐标单位是取左下角为（0，0），右上角为（1，1）的相对坐标。

【例 5-13】图形标识示例。

解： 在编辑器窗口中编写如下代码。执行程序后，可输出如图 5-14 所示的图形。

```
clear,clc
x=0:0.02:3*pi;
y1=2*sin(x);
y2=cos(x);
plot(x,y1,x,y2, '--')
grid on;
```

```
xlabel('弧度值'),ylabel('函数值')
title('不同幅度的正弦与余弦曲线')
```

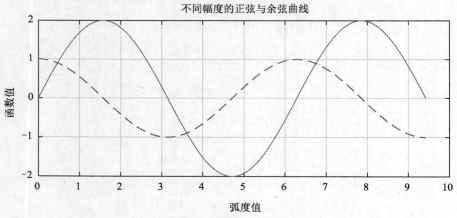

图 5-14　标识坐标轴名称

继续输入如下语句。执行程序后，输出如图 5-15 所示的图形。

```
text(0.4,0.8,'正弦曲线','sc')
text(0.7,0.8,'余弦曲线','sc')
```

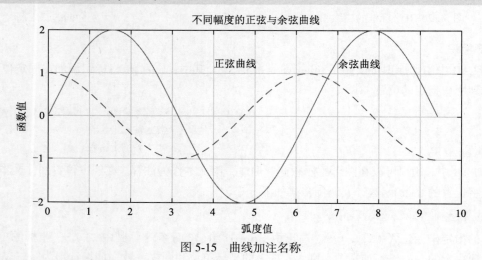

图 5-15　曲线加注名称

【例 5-14】使用 text 函数标注文字。

解：依据题意，在编辑器窗口中编写如下代码。执行程序后，输出如图 5-16 所示的图形。

```
clear,clc
t=0:700;
hold on
plot(t,0.35*exp(-0.005*t))
text(300,0.35*exp(-0.005*300),…
    '\bullet\leftarrow\fontname{times} 0.05 at t=300','FontSize',14)
hold off
```

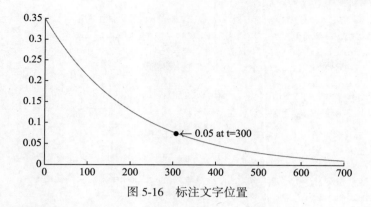

图 5-16　标注文字位置

【例 5-15】绘制连续和离散数据图形，并对图形进行标识。

解：依据题意，在编辑器窗口中编写如下代码。执行程序后，输出如图 5-17 所示的详细文字标识图形。

```
clear,clc
x=linspace(0,2*pi,60);
a=sin(x);
b=cos(x);
hold on
stem_handles=stem(x,a+b);
plot_handles=plot(x,a,'-r',x,b,'-g');
xlabel('时间'),ylabel('量级')
title('两函数的线性组合')
legend_handles=[stem_handles;plot_handles];
legend(legend_handles,'a+b','a=sin(x)','b=cos(x)')
```

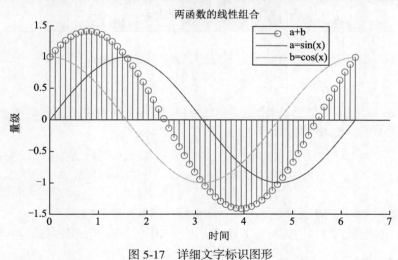

图 5-17　详细文字标识图形

【例 5-16】绘制包括不同统计量的标注说明。

解：依据题意，在编辑器窗口中编写如下代码。执行程序后，输出如图 5-18 所示包括不同统计量的标注说明图形。

```
clear,clc
x=0:0.3:15;
```

```
b=bar(rand(10,5),'stacked'); colormap(summer); hold on
x=plot(1:10,5*rand(10,1),'marker','square','markersize',12,…
        'markeredgecolor','y', 'markerfacecolor',[.6 0 .6],…
        'linestyle', '-','color','r', 'linewidth',2);
hold off
legend([b,x],'Carrots','Peas','Peppers','Green Beans', …
        'Cucumbers','Eggplant')

b=bar(rand(10,5),'stacked');
colormap(summer);
hold on
x=plot(1:10,5*rand(10,1),'marker','square','markersize',12,…
        'markeredgecolor','y', 'markerfacecolor',[.6 0 .6],…
        'linestyle','-', 'color','r','linewidth',2);
hold off
legend([b,x],'Carrots','Peas','Peppers','Green Beans',…
        'Cucumbers', 'Eggplant')
```

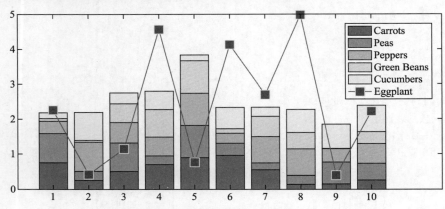

图 5-18　包括不同统计量的标注说明图形

4．图案填充

MATLAB 除了可以直接画出单色二维图之外，还可以使用 patch( ) 函数在指定的两条曲线和水平轴所包围的区域填充指定的颜色，其调用格式如下：

```
patch(X,Y,C)              % 使用 X 和 Y 的元素作为每个顶点的坐标，绘制一个或多个填充多边形区域
                          % C 为三元向量[R G B]，其中 R 表示红色，G 表示绿色，B 表示蓝色
patch(X,Y,Z,C)            % 使用 X、Y 和 Z 在三维坐标中创建多边形，C 确定多边形的填充颜色
```

【例 5-17】 在两条实线之间填充红色，并在两条虚线之间填充黑色。

解：依据题意，在编辑器窗口中编写如下代码。执行程序后，输出如图 5-19（a）所示的图形。

```
clear, clf
x=-1:0.01:1;
y=-1.*x.*x;
y1=-2.*x.*x;
y2=-4.*x.*x;
y3=-8.*x.*x;

hold on
plot(x,y,'-','LineWidth',1)
```

```
plot(x,y1,'r-','LineWidth',1)
plot(x,y2,'g--','LineWidth',1)
plot(x,y3,'k--','LineWidth',1)
box
```

继续在编辑器窗口中输入以下语句。运行程序，输出图形如图 5-19（b）所示。图中两条实线之间填充红色（见图中①），两条虚线之间填充黑色（见图中②）。

```
Ya=y;
X=[x x(end:-1:1)];
Y=[Ya y1(end:-1:1)];
patch(X,Y,'r')                                    % 填充红色①

Yb=y2;
Y=[Yb y3(end:-1:1)];
patch(X,Y,'b')                                    % 填充蓝色②
hold off
```

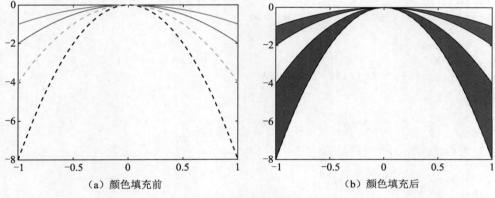

（a）颜色填充前　　　　　　　　　　　　　（b）颜色填充后

图 5-19　原始图形

5.2.3　子图绘制

在 MATLAB 中，利用 subplot( )函数可以实现在一个图窗内同时绘制多个子图形（如图 5-20 所示）。该函数只是创建绘制子图的子图坐标平面，绘图仍然需要使用 plot( )等绘图函数绘制。其调用格式如下。

```
subplot(m,n,p)                  % 将当前图窗划分为 m×n 的网格，并在指定的位置 p 创建坐标区
subplot(m,n,p,'align')          % 创建新坐标区，并对齐图框（默认行）
subplot(m,n,p,'replace')        % 删除位置 p 处的现有坐标区并创建新坐标区
subplot(m,n,p,ax)               % 将现有坐标区 ax 转换为同一图窗中的子图
subplot('Position',pos)         % 在 pos 指定的自定义位置创建坐标区
subplot(___,Name,Value)         % 使用一个或多个名称-值对组参数修改坐标区属性
ax=subplot(___)                 % 创建 Axes、PolarAxes 或 GeographicAxes 对象
subplot(ax)                     % 将 ax 指定的坐标区设为父图窗的当前坐标
```

说明： 使用 pos 选项可定位未与网格位置对齐的子图，pos 指定为[left bottom width height]形式的四元素向量，若把当前图窗看成 1.0×1.0 的平面，所以 left、bottom、width、height 分别在(0,1)的范围内取值，分别表示所创建当前子图坐标平面距离图窗左边、底边的长度，以及所建子图坐标平面的宽度和高度。

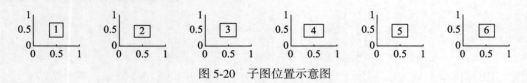

图 5-20 子图位置示意图

注意：函数 subplot( ) 只是创建子图坐标平面，在该坐标平面内绘制子图，仍然需要使用 plot( ) 函数或其他绘图函数。

【**例 5-18**】用 subplot( ) 函数画一个子图，要求一行 4 列共 4 个子窗口，且分别画出正弦、余弦、正切、余切函数曲线。

解：依据题意，在编辑器窗口中编写如下代码。执行程序后，输出如图 5-21 所示的图形。

```
clear,clc
x=-4:0.01:4;
subplot(1,4,1)
plot(x,sin(x))                          % 画 sin(x)
xlabel('x'),ylabel('y'),title('sin(x)')

subplot(1,4,2)
plot(x,cos(x))                          % 画 cos(x)
xlabel('x'),ylabel('y'),title('cos(x)')

subplot(1,4,3)
x=(-pi/2)+0.01:0.01:(pi/2)-0.01;
plot(x,tan(x))                          % 画 tan(x)
xlabel('x'),ylabel('y'),title('tan(x)')

subplot(1,4,4)
x=0.01:0.01:pi-0.01;
plot(x,cot(x))                          % 画 cot(x)
xlabel('x'),ylabel('y'),title('cot(x)')
```

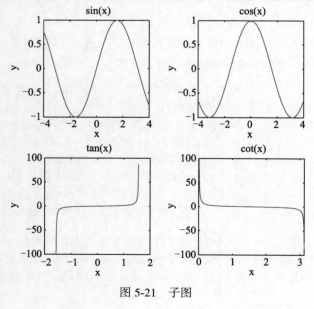

图 5-21 子图

【例 5-19】用 subplot( )函数画一个子图,要求两行两列共 4 个子窗口,且分别显示四种不同的曲线图像。

解:依据题意,在编辑器窗口中编写如下代码。执行程序后,输出如图 5-22 所示的图形。

```
clear,clc
t=0:pi/10:3*pi;
[x,y]=meshgrid(t);

subplot(2,2,1)
plot(sin(t),cos(t))
axis equal

subplot(2,2,2)
z=sin(x)+2*cos(y);
plot(t,z)
axis([0 2*pi -2 2])

subplot(2,2,3)
z=2*sin(x).*cos(y);
plot(t,z)
axis([0 2*pi -1 1])

subplot(2,2,4)
z=(sin(x).^2)-(cos(y).^2);
plot(t,z)
axis([0 2*pi -1 1])
```

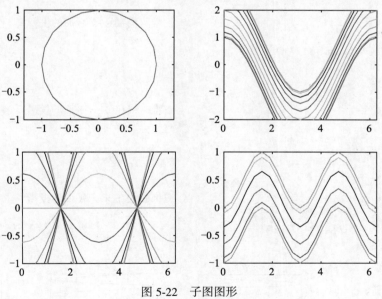

图 5-22 子图图形

5.3 三维绘制

MATLAB 中的三维图形包括三维折线及曲线图、三维曲面图等。创建三维图形和创建二维图形的过程类似,都包括数据准备、绘图区选择、绘图、设置和标注,以及图形的打印或输出。不过,三维图形能够设置和标注更多的元素,如颜色过渡、光照和视角等。

5.3.1 基本绘图函数

绘制二维折线或曲线时，可以使用 plot( )函数。与该函数类似，MATLAB 提供了一个绘制三维折线或曲线的基本函数 plot3( )，其调用格式如下。

```
plot3(X,Y,Z)                              % 绘制三维空间中的坐标。X、Y、Z 指定为向量或矩阵
plot3(X,Y,Z,LineSpec)                     % 使用指定的线型、标记和颜色创建绘图
plot3(X1,Y1,Z1,…,Xn,Yn,Zn)                % 在同一组坐标轴上绘制多组坐标
plot3(X1,Y1,Z1,LineSpec1,…,Xn,Yn,Zn,LineSpecn)
                                          % 为每个 XYZ 三元组指定特定的线型、标记和颜色
```

【例 5-20】绘制三维曲线示例。

解：依据题意，在编辑器窗口中编写如下代码。执行程序后，输出如图 5-23 所示的图形。

```
clear,clc
t=0:0.4:40;
figure(1)
subplot(1,4,1)
plot3(sin(t),cos(t),t)                    % 绘三维曲线
text(0,0,0,'0')                           % 在 x=0,y=0,z=0 处标记"0"
grid
xlabel('sin(t)'),ylabel('cos(t)'),zlabel('t')
title('三维空间')

subplot(1,4,2)
plot(sin(t),t)                            % 三维曲线在 x-z 平面的投影
grid
xlabel('sin(t)'),ylabel('t')
title('x-z 平面')

subplot(1,4,3)
plot(cos(t),t)                            % 三维曲线在 y-z 平面的投影
grid
xlabel('cos(t)'),ylabel('t')
title('y-z 平面')

subplot(1,4,4)
plot(sin(t),cos(t))                       % 三维曲线在 x-y 平面的投影
grid
xlabel('sin(t)'),ylabel('cos(t)')
title('x-y 平面')
```

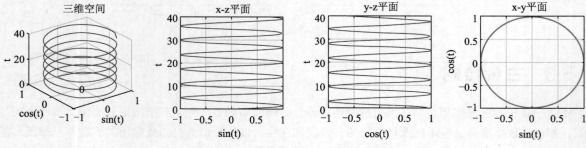

图 5-23 三维曲线及三个平面上的投影

【例 5-21】利用 plot3( ) 绘制 $x=2\sin t$、$y=3\cos t$ 三维螺旋线。

解：依据题意，在编辑器窗口中编写如下代码。执行程序后，输出如图 5-24 所示图形。

```
clear,clc
t=0:pi/100:7*pi;
x=2*sin(t);
y=3*cos(t);
z=t;
plot3(x,y,z)
```

【例 5-22】利用 plot3( ) 绘制 $z=3x(-x^3-2y^2)$ 三维线条图形。

解：依据题意，在编辑器窗口中编写如下代码。执行程序后，输出如图 5-25 所示的图形。

```
clear,clc
[X,Y]=meshgrid([-4:0.1:4]);
Z=3*X.*(-X.^3-2*Y.^2);
plot3(X,Y,Z,'b')
```

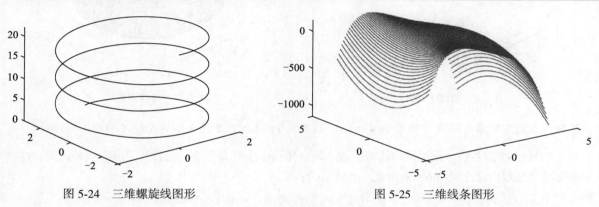

图 5-24 三维螺旋线图形　　　　　　图 5-25 三维线条图形

在 MATLAB 中，利用函数 surf( ) 可以绘制三维曲面图，绘制的曲面被网格线分割成小块，每一小块可看作一块补片，嵌在线条之间。其调用格式如下。

```
surf(X,Y,Z)              % 按照 X、Y 形成的格点矩阵创建一渐变的三维曲面，Z 确定曲面高度和颜色
surf(Z)                  % 创建一个曲面图，Z 中元素的列索引和行索引作为 x、y 坐标
surf(___,C)              % 通过 C 指定曲面颜色
```

另外，在 MATLAB 中还有两个 surf( ) 的派生函数：surfc( ) 和 surfl( )。其中，surfc( ) 在绘图的同时，在 X-Y 平面上绘制曲面在 Z 轴方向上的等高线；surfl( ) 则在曲面图基础上添加光照效果（基于颜色图）。它们的调用方式与 surf( ) 函数类似。

【例 5-23】绘制函数 $z=\sqrt{x^2+2y^2}$ 的图形，其中 $(x,y)\in[-5,5]$。

解：依据题意，在编辑器窗口中编写如下代码。执行程序后，输出如图 5-26 所示的图形。

```
clear,clc
x=-5:0.1:5;
y=-5:0.1:5;
[X,Y]=meshgrid(x,y);      % 将向量 x,y 指定的区域转化为矩阵 X,Y
Z=sqrt(X.^2+Y.^2);        % 产生函数值 Z
mesh(X,Y,Z)
```

【例 5-24】 绘制球体的三维图形。

解：在编辑器窗口中编写如下代码。执行程序后，输出如图 5-27 所示的图形。

```
clear,clc
[X,Y,Z]=sphere(40);              % 计算球体的三维坐标
surf(X,Y,Z);                     % 绘制球体的三维图形
xlabel('x'),ylabel('y'),zlabel('z');
title('shading faceted');
```

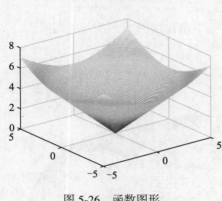
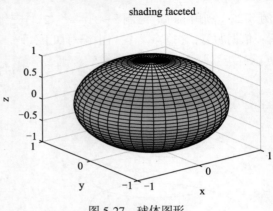

图 5-26　函数图形　　　　　　　　　　图 5-27　球体图形

注意：在图窗中需要将图形的属性 Renderer 设置成 Painters，才能显示出坐标名称和图形标题。

图 5-27 中，我们看到球面被网格线分割成小块；每一小块可看作是一块补片，嵌在线条之间。这些线条和渐变颜色可以由命令 shading 来指定，其格式为：

```
shading faceted      % 在绘制曲面时采用分层网格线，为默认值
shading flat         % 表示平滑式颜色分布方式；去掉黑色线条，补片保持单一颜色
shading interp       % 表示插补式颜色分布方式；同样去掉线条，但补片以插值加色
                     % 这种方式需要比分块和平滑更多的计算量
```

5.3.2　显示和关闭隐藏线

网格曲面隐藏线的显示或不显示将对图形的显示效果有一定的影响。MATLAB 提供了相关的控制命令 hidden，该命令的调用格式是：

```
hidden on            % 去掉网格曲面的隐藏线；
hidden off           % 显示网格曲面的隐藏线。
```

【例 5-25】 绘出有隐藏线和无隐藏线的函数 $f(x,y)=\dfrac{\cos(\sqrt{x^2+y^2})}{\sqrt{x^2+y^2}}$ 的网格曲面。

解：依据题意，在编辑器窗口中编写如下代码。执行程序后，输出如图 5-28 所示的图形。

```
clear,clc
x=-7:0.4:7;
y=x;
[X,Y]=meshgrid(x,y);
R=sqrt(X.^2+Y.^2)+eps;
```

```
Z=cos(R)./R;

subplot(1,2,1),mesh(X,Y,Z)
hidden on,grid on
title('hidden on')
axis([-10 10 -10 10 -1 1.5])

subplot(1,2,2),mesh(X,Y,Z)
hidden off,grid on
title('hidden off')
axis([-10 10 -10 10 -1 1.5])
```

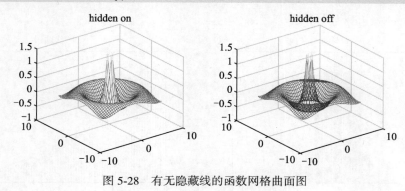

图 5-28 有无隐藏线的函数网格曲面图

5.4 特殊图形的绘制

在 MATLAB 中,针对二维、三维绘图除前面介绍的绘图函数外,还有其他一些特殊图形的绘制函数,下面分别进行介绍。

5.4.1 特殊二维图形

在 MATLAB 中,还有其他绘图函数,可以绘制不同类型的二维图形,以满足不同的要求,表 5-2 列出了这些绘图函数。

表 5-2 其他绘图函数

函 数	二维图的形状	备 注
bar(x,y)	条形图	x是横坐标,y是纵坐标
fplot(y,[a b])	精确绘图	y代表某个函数,[a b]表示需要精确绘图的范围
polar(θ,r)	极坐标图	θ是角度,r代表以θ为变量的函数
stairs(x,y)	阶梯图	x是横坐标,y是纵坐标
line([x1, y1],[x2,y2],…)	折线图	[x1, y1]表示折线上的点
fill(x,y,'b')	实心图	x是横坐标,y是纵坐标,'b'代表颜色
scatter(x,y,s,c)	散点图	s是圆圈标记点的面积,c是标记点颜色
pie(x)	饼图	x为向量
contour(x)	等高线	x为向量
⋮	⋮	⋮

【例 5-26】 通过函数画一个条形图和一个针状图。

解：依据题意，在编辑器窗口中编写如下代码。执行程序后，输出如图 5-29 所示的图形。

```
clear,clc
subplot(1,2,1)
x=-4:0.4:4;
bar(x,exp(-x.*x));title('条形图')

subplot(1,2,2)
x=0:0.05:4;
y=2*(x.^0.3).*exp(-x);
stem(x,y),title('针状图')
```

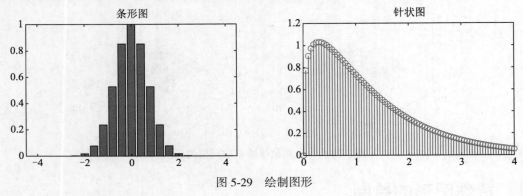

图 5-29　绘制图形

5.4.2　特殊三维图形

在科学研究中，我们有时也需要绘制一些特殊的三维图形，如统计学中的三维直方图、圆柱体图、饼状图等特殊样式的三维图形

1. 螺旋线

在三维绘图中，螺旋线分为静态螺旋线、动态螺旋线和圆柱螺旋线。

【例 5-27】 创建静态螺旋线图及动态螺旋线图。

解：依据题意，在编辑器窗口中编写如下代码。执行程序后，得到螺旋线图形如图 5-30 所示，其中动态螺旋线图动态显示一个点。

```
% 产生静态螺旋线
clear,clc
a=0:0.2:10*pi;
subplot(1,2,1)
h=plot3(a.*cos(a),a.*sin(a),2.*a,'b','linewidth',2);
axis([-50,50,-50,50,0,150]);
grid on
set(h,'markersize',22);
title('静态螺旋线');

% 产生动态螺旋线
t=0:0.2:8*pi;
i=1;
```

```
subplot(1,2,2)
h=plot3(sin(t(i)),cos(t(i)),t(i),'*');
grid on
axis([-1 1 -1 1 0 30])
for i=2:length(t)
    set(h,'xdata',sin(t(i)),'ydata',cos(t(i)),'zdata',t(i));
    drawnow
    pause(0.01)
end
title('动态螺旋线图像');
```

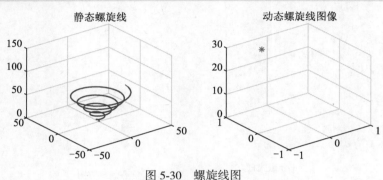

图 5-30 螺旋线图

2. 柱状图

与二维情况相类似，MATLAB 提供了两类画三维直方图的命令：一类用于画垂直放置的三维直方图，另一类用于画水平放置的三维直方图。

1）垂直放置的三维直方图

在 MATLAB 中，利用函数 bar3( )可以绘制垂直三维条形图（柱状图），其调用格式如下。

```
bar3(Z)                % 绘制三维条形图，Z 中的每个元素对应一个条形图，[n,m]=size(Z)
                       % 矩阵 Z 的各元素为 z 坐标，X=1:n 的各元素为 x 坐标，Y=1:m 的各元素为 y 坐标
bar3(Y,Z)              % 在 Y 指定的位置绘制 Z 中各元素的条形图
                       % 矩阵 Z 的各元素为 z 坐标，Y 向量的各元素为 y 坐标，X=1:n 的各元素为 x 坐标
bar3(…,width)          % 设置条形宽度并控制组中各条形的间隔。
                       % 默认为 0.8，条形之间有细小间隔；若为 1，组内条形紧挨在一起
bar3(…,style)          % 指定条形的样式，style 为'detached'、'grouped'或'stacked'
                       % 'detached'（分离式）在 x 方向上将 Z 中每一行元素显示为一个接一个的块（默认）
                       % 'grouped'（分组式）显示 n 组的 m 个垂直条，n 是行数，m 是列数
                       % 'stacked'（堆叠式）为 Z 中的每行显示一个条形，条形高度是行中元素的总和
bar3(…,color)          % 使用 color 指定的颜色（'r'、'g'、'b'等）显示所有条形
```

2）水平放置的三维直方图

MATLAB 中绘制水平放置的三维直方图的函数包括 bar3h(Z)、bar3h(Y,Z)、bar3h(Z,option)。它们的功能及使用方法与前述的 bar3( )函数的功能及使用方法相同。

【例 5-28】利用函数绘制出不同类型的直方图。

解：依据题意，在编辑器窗口中编写如下代码。执行程序后，输出如图 5-31 所示的效果图。

```
clear,clc
Z=[15,35,10; 20,10,30]
```

```
subplot(1,4,1)
h1=bar3(Z,'detached')
set(h1,'FaceColor','W');
title('分离式直方图')

subplot(1,4,2)
h2=bar3(Z,'grouped')
set(h2,'FaceColor','W');
title('分组式直方图')

subplot(1,4,3)
h3=bar3(Z,'stacked')
set(h3,'FaceColor','W');
title('堆叠式直方图')

subplot(1,4,4)
h4=bar3h(Z)
set(h4,'FaceColor','W');
title('水平放置直方图')
```

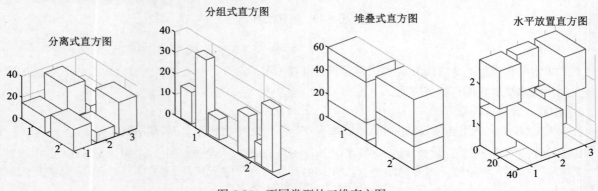

图 5-31 不同类型的三维直方图

3. 三维等高线

在 MATLAB 中,利用函数 contour3( ) 可以绘制三维等高线图,其调用格式如下。

contour3(Z)	% 创建包含矩阵 Z 的等值线的三维等高线图,Z 包含 x-y 平面上的高度值
	% Z 的列和行索引分别是平面中的 x 和 y 坐标
contour3(X,Y,Z)	% 指定 Z 中各值的 x 和 y 坐标
contour3(___,levels)	% 在 n 个(levels)层级(高度)上显示等高线(n 条等高线)
	% levels 指定为单调递增值的向量,表示在某些特定高度绘制等高线
	% levels 指定为二元素行向量[k k],表示在一个高度(k)绘制等高线
contour3(___,LineSpec)	% 指定等高线的线型和颜色。

利用函数 clabel( ) 可以为等高线图添加高程标签,其调用格式如下。

clabel(C,h)	% 为当前等高线图添加标签,将旋转文本插入每条等高线
clabel(C,h,v)	% 为由向量 v 指定的等高线层级添加标签
clabel(C,h,'manual')	% 通过鼠标选择位置添加标签,在图窗中按 Return 键终止

	% 单击鼠标或按空格键可标记最接近十字准线中心的等高线
clabel(C)	% 使用'+'符号和垂直向上的文本为等高线添加标签
clabel(C,v)	% 将垂直向上的标签添加到由向量 v 指定的等高线层级

注意：参数(C,h)必须为等高线图函数族函数的返回值。

【例 5-29】 绘制 Peaks 函数（公式如下）的曲面及其对应的三维等高线。

$$f(x,y) = 2(1-x)^2 e^{-x^2-(y+1)^2} - 8\left(\frac{x}{6} - x^3 - y^5\right) e^{-(x^2-y^2)} - \frac{1}{4} e^{-(x+1)^2-y^2}$$

解：依据题意，在编辑器窗口中编写如下代码。执行程序后，输出如图 5-32 所示的结果。

```
clear,clc
x=-4:0.3:4;
y=x;
[X,Y]=meshgrid(x,y);
Z=2*(1-X).^2.*exp(-(X.^2)-(Y+1).^2)-…
    8*(X/6-X.^3-Y.^5).*exp(-X.^2-Y.^2)-1/4*exp(-(X+1).^2-Y.^2);

subplot(1,2,1)
mesh(X,Y,Z)
xlabel('x'),ylabel('y'),zlabel('Z')
title('函数图形')

subplot(1,2,2)
[c,h]=contour3(x,y,Z);
clabel(c,h)
xlabel('x'),ylabel('y'),zlabel('z')
title('三维等高线')
```

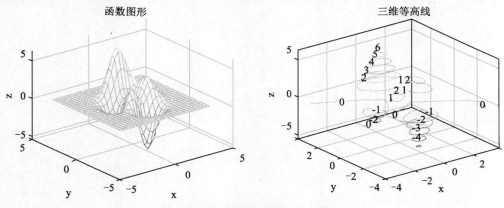

图 5-32 函数曲面及其三维等高线

5.5 本章小结

本章首先介绍了数据图像的绘制，然后重点介绍了 MATLAB 中如何使用绘图函数绘制二维和三维图形，针对在 MATLAB 中一些特殊图形的绘制，本章也做了简单介绍。通过本章的学习，读者可以掌握 MATLAB 的各种基础绘图方法，为后续学习奠定基础。

第三部分
App 设计和实际应用

- 第 6 章　App 构建初步
- 第 7 章　App 构建组件
- 第 8 章　App 布局与回调
- 第 9 章　App 编程
- 第 10 章　App 打包与共享
- 第 11 章　GUIDE 迁移
- 第 12 章　App 设计实例

第 6 章 App 构建初步

MATLAB App 设计工具（App Designer）功能强大，用于快速而灵活地构建各种应用程序。App 是自包含式 MATLAB 程序，可为代码提供一个简单的点选式接口。App 包含交互式控件，如菜单、树、按钮和滑块等，当用户与这些控件交互时，它们将执行特定的指令。App 也可以包含用于数据可视化或探查的绘图工具。本章就在介绍该工具的基本特征和操作界面的基础上，通过创建简单的 App，帮助读者逐步学习如何利用 App 设计工具构建 App。

6.1 App 设计工具介绍

MATLAB App 设计工具是 MATLAB 中用于创建交互式应用程序的可视化开发工具。它提供了一个用户友好的界面，允许用户通过可拖放的操作设计构建 MATLAB GUI。

第 23 集
微课视频

6.1.1 App 设计工具的特点

MATLAB App 设计工具适用于希望将 MATLAB 代码封装在用户界面中，并创建交互性应用程序的用户。MATLAB App 设计工具的一些主要特点如下。

（1）可视化设计。App 设计工具提供了一个直观的图形界面，允许用户通过拖曳和放置操作来设计应用程序的用户界面。用户可以在设计界面中选择和配置各种组件，如按钮、图形、文本框等。

（2）交互式布局。用户可以使用 App 设计工具中的布局编辑器定义应用程序的布局，包括设置组件的位置、大小、对齐方式等，以确保用户界面看起来整洁和符合预期。

（3）组件库。App 设计工具提供了一个组件库，包含各种可用于构建用户界面的组件，包括按钮、滑块、图形对象、列表框等。通过选择并配置这些组件，可以满足应用程序的需求。

（4）MATLAB 代码集成。在 App 设计工具中可以集成 MATLAB 代码，以实现应用程序的功能。通过事件处理、回调函数等机制，可以将 MATLAB 脚本和函数与界面上的组件关联起来，实现用户界面和代码的交互。

（5）自定义风格和主题。读者可以通过 App 设计工具自定义应用程序的外观和样式，包括设置颜色、字体、图标等，以使应用程序符合用户的品牌或设计需求。

（6）数据可视化和绘图。App 设计工具支持与 MATLAB 绘图和数据可视化功能的集成。通过在应用程序中添加图形对象、显示数据图表，或者使用 MATLAB 中的绘图函数创建交互式图形。

（7）部署和共享。应用程序创建完成后，用户可以轻松部署应用程序，方便其他人运行使用。App 设计工具提供了部署选项，允许生成独立的可执行文件或将应用程序部署为 Web 应用。

总之，MATLAB App 设计工具为用户提供了一种快速创建 MATLAB GUI 应用程序的方式，使其能够更好地与 MATLAB 中的数据分析和算法集成，从而构建更加强大和交互式的数据应用。

6.1.2　构建 App 的动力

构建 App 包时，MATLAB 会创建单个 App 安装文件（.mlappinstall），方便用于轻松安装和使用个人 App。在打包 App 时，App 打包工具执行以下操作。

（1）执行依存关系分析，帮助查找和添加 App 所需的文件。

（2）提醒添加共享资源和辅助文件。

（3）将提供的关于 App 的信息与 App 包一起存储。这些信息包括描述信息、App 所需的其他 MATLAB 产品的列表以及受支持平台的列表。

（4）自动执行 App 更新（版本控制）。

在安装 App 时，用户不需要管理 MATLAB 搜索路径或其他详细安装信息，直接单击 App 安装文件即可进行安装。App 安装完成后将与 MATLAB 工具箱 App 一起出现在 App 库中。

6.1.3　构建 App

使用 MATLAB 可以构建集成到各种环境中的交互式用户界面，主要包括两种界面类型：App 与实时编辑器任务。构建和共享这些界面的方法以及界面的主文件类型因界面类型而有所不同，如表 6-1 所示。

（1）App：基于用户交互执行操作的自包含界面。

（2）实时编辑器任务：可以嵌入实时脚本并在用户探查参数时生成代码的界面。

表 6-1　两种交互式用户界面的差异

界面	构建方法	文件类型	共享选项
App	使用App设计工具以交互方式构建	.mlapp	直接分发主接口文件和支持文件；作为单个文件打包；创建独立的桌面应用程序（需MATLAB Compiler）；可在Web中运行的Web App（需MATLAB Compiler）
	以编程方式构建，使用MATLAB函数	.m（脚本、函数或类文件）	直接分发主接口文件和支持文件；作为单个文件打包；创建独立的桌面应用程序（需MATLAB Compiler）
实时编辑器任务	使用基类 matlab.task.LiveTask 以编程方式构建	.m（类文件）	直接分发主接口文件和支持文件

在 MATLAB 中，可以通过以下方法构建 MATLAB App。每种方法分别提供了不同的工作流和略有差异的功能集，读者可以选择适合自己的方法。

（1）使用 App 设计工具以交互方式构建 App。

（2）使用 MATLAB 函数以编程方式构建 App。

1. 使用App设计工具以交互方式构建App

App 设计工具是在 MATLAB R2016a 中引入的包含丰富功能的交互式开发环境，是在 MATLAB 中构建 App 的推荐环境。它包括完全集成的 MATLAB 编辑器版本。

布局和代码视图具有紧密的关联功能，在一个视图中所做的更改可以立即对另一个视图产生影响。App 设计工具提供了大量交互式组件，包括日期选择器、树和图像，还提供了网格布局管理器和自动调整布局选项等功能，使 App 能够检测和适应屏幕大小的变化。

如图 6-1 所示是利用 App 设计工具创建的 App 示例（系统自带示例）。

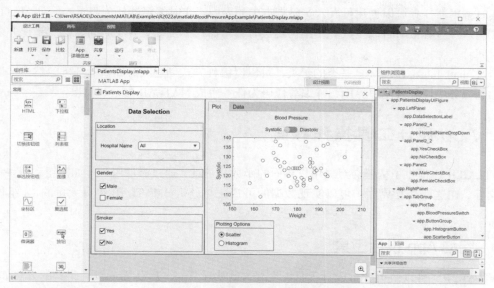

图 6-1　使用 App 设计工具构建 App 示例

2. 以编程方式使用函数构建 App

完全使用 MATLAB 函数可以为 App 的布局和行为方式编写代码。该方法中，首先需要使用 uifigure( ) 或 figure( ) 函数创建一个图窗以用作 UI 的容器。然后，以编程方式向其中添加组件。每种类型的图窗支持不同组件和属性。

构建新 App 推荐使用 uifigure( ) 函数，该函数创建专为 App 构建而配置的图窗。UI 图窗支持的现代图形和交互式 UI 组件类型与 App 设计工具所支持的相同。

如图 6-2 所示是以编程方式使用函数创建的 App 示例（系统自带示例）。

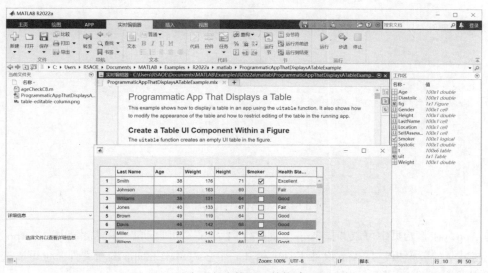

图 6-2　以编程方式使用函数构建 App 示例

6.1.4 构建实时编辑器任务

构建实时编辑器任务可以创建可嵌入实时脚本中的界面。实时编辑器任务表示一系列 MATLAB 命令，这些命令在用户探查参数时自动生成。使用构建实时编辑器任务可缩短开发时间、减少错误并缩短在绘图上花费的时间。

通过定义 matlab.task.LiveTask 基类的子类，可以以编程方式创建实时编辑器任务。然后，以编程方式将组件添加到任务中以配置用户界面，并编写代码为任务生成 MATLAB 命令和输出。

6.2 App 设计工具操作界面

在 MATLAB 中，提供了构建交互式用户界面的函数和工具，通过添加组件（如按钮和滑块）可以实现与用户的交互，在这些交互界面中可以实现数据的可视化与分析。MATLAB 中有大量的 UI 组件用于创建界面。

6.2.1 启动 App 设计工具

在 MATLAB 中，可以使用 App 设计工具以交互方式构建 App，启动 App 设计工具的方法如下。

（1）在命令行窗口中输入以下语句：

```
>> appdesigner
```

（2）在 MATLAB 主界面中单击 APP→"文件"→"设计 App"按钮。

执行上述操作后即可进入如图 6-3 所示的 App 设计工具起始页（启动界面）。

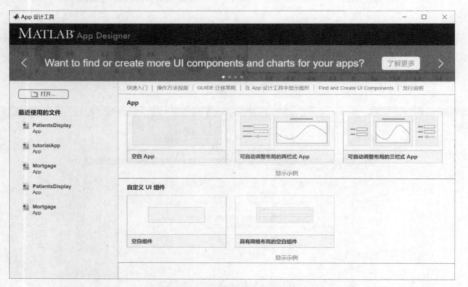

图 6-3　App 设计工具起始页

要构建 App，在起始页中可以选择 App 下的"空白 App""可自动调整布局的两栏式 App""可自动调整布局的三栏式 App"模板，在 App 设计工具中打开一个名为 app1.mlapp 的新文件，也可以选择"显示示例"下的相应示例启动 App 设计工具。

要创建自定义 UI 组件，可以选择起始页中"自定义 UI 组件"下的"空白组件""具有网格布局的空白组件"模板，在 App 设计工具中打开一个名为 comp1.mlapp 的新文件。

6.2.2 设计视图下的操作界面

选择 App 设计工具起始页中"显示示例"下的"响应用户选择"示例文件后即可进入如图 6-4 所示的设计工具操作界面。

在默认操作界面中，上方为选项卡，左侧为组件库，中间为画布（界面）编辑区，右侧为组件浏览器及属性设置区。

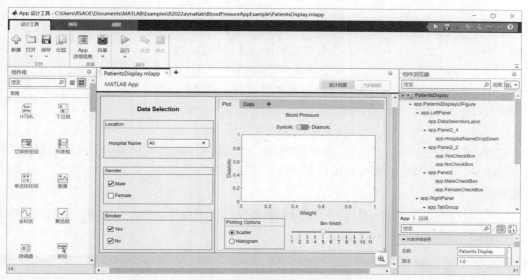

图 6-4　设计工具操作界面（设计视图模式）

1. 选项卡

App 设计工具操作界面的选项卡位于界面上方，在设计视图模式下包括"画布""设计工具""视图"3 个选项卡，如图 6-5 所示。

（a）"画布"选项卡

（b）"设计工具"选项卡

（c）"视图"选项卡

图 6-5　设计视图模式下的选项卡

2. 画布编辑区

在设计视图模式下，画布编辑区用于布置组件，并可以对组件大小和部分属性进行设计调整。

3. 组件浏览器

（1）快捷菜单。右击列表中的组件可以弹出快捷菜单，如图 6-6 所示，该菜单包含删除或重命名组件、添加回调或关于所选内容的帮助等选项。在组件浏览器中选择组件标签选项，将显示分组的组件标签。

（2）搜索栏。在搜索栏中输入组件名称的一部分，即可快速定位组件。

（3）"回调"选项卡。使用该选项卡管理所选组件的回调函数。在组件浏览器中选中组件，然后在下方的属性设置窗口中选中"回调"选项卡上的某个函数，编辑器将自动滚动到代码中的对应部分。

（4）"组件"选项卡。通过该选项卡可以查看或更改当前所选组件的属性值。还可以通过该选项卡上部的搜索栏中输入组件的部分名称来搜索属性。

图 6-6　快捷菜单

（5）在组件浏览器中，先选择要移动的回调函数，然后将回调函数拖放到列表中的新位置，可以重新排列回调函数的顺序。该操作会同时在编辑器中调整回调函数的位置。

4. 组件库

App 设计工具支持组件设计方法，用于设计功能齐全的应用程序，在设计视图模式下，组件库中的组件可分为以下几类，如图 6-7 所示。

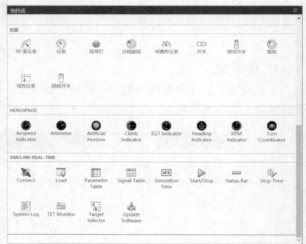

图 6-7　设计视图模式下的组件

（1）常用组件：包括响应交互的组件及用于创建绘图以进行数据可视化和探查的坐标区，如按钮、滑块、下拉框、树和坐标区等，共 21 个。

（2）容器组件：包括网格布局、选项卡组和面板，共 3 个。

（3）图窗工具组件：包括上下文菜单（快捷菜单）、工具栏和菜单栏，共 3 个。

（4）仪器组件：包括用于可视化状态的仪表和信号灯，以及用于选择输入参数的旋钮和开关等，共10个。

（5）AEROSPACE（航空航天）组件：包括 Airspeed Indicator（空速指示仪）、Altimeter（海拔测量仪）、Artificial Horizon（人工地平仪）等，共8个。

（6）SIMULINK REAL-TIME 组件：用于开发和部署实时应用程序的工具套件，包括 Connect（连接）、Simulation Time（模拟时间）等，共12个。

在 MATLAB 中，所有组件都可以通过编程方式使用。App 设计工具组件库中还提供了大量 UI 组件，可以将它们拖放到画布（界面）编辑区中。

要向使用 App 设计工具创建的 App 中添加组件库中没有的组件，或要将组件动态添加到正在运行的 App 中时，可以以编程方式向 App 设计工具添加 UI 组件。

将组件从组件库拖动到画布（界面）编辑区上可以向 App 添加组件，然后使用"组件浏览器"的"检查器"选项卡修改组件的特征，如颜色、字体或文本。

6.2.3　代码视图下的操作界面

设计工具中间界面编辑区右上方有"设计视图"与"代码视图"两个按钮，默认为"设计视图"模式。单击"代码视图"按钮，此时的界面显示如图 6-8 所示。

图 6-8　设计工具操作界面（代码视图模式）

在代码视图模式下，中间部分变为代码视图窗口，左上方变为"代码浏览器"窗口，左下方出现"App 的布局"窗口，用于预览 App 的设计结果。界面最上方的"画布"选项卡变为"编辑器"选项卡。

1. 选项卡

在代码视图模式下包括"设计工具""编辑器""视图"3 个选项卡，其中"设计工具"选项卡与设计视图模式下的选项卡相同，其余两个选项卡如图 6-9 所示。

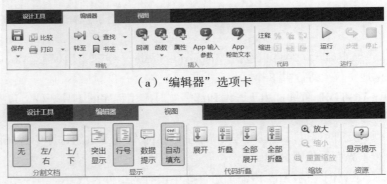

(a)"编辑器"选项卡

(b)"视图"选项卡

图 6-9 代码视图模式下的选项卡

2. 代码浏览器

在代码视图模式下，使用"回调""函数"和"属性"选项卡可以添加、删除或重命名 App 中的任何回调、辅助函数或自定义属性。

单击"回调"或"函数"选项卡上的某个项目，编辑器将滚动到代码中的对应部分。通过选择要移动的回调函数，然后将回调函数拖放到列表中的新位置，可以重新排列回调函数的顺序。该操作会同时在编辑器中调整回调函数的位置。

通过在搜索栏中输入部分名称，即可快速定位回调、辅助函数或属性。

3. App的布局

第 25 集
微课视频

在代码视图模式下，左下角将出现 App 缩略图。在缩略图中单击组件即可将该组件置前，并进行设置操作。

使用缩略图可以在具有许多组件的复杂大型 App 中查找组件。在缩略图中选择某个组件，即会在组件浏览器中选择该组件。

6.3 创建并运行简单的 App

使用 App 设计工具以交互方式构建 App 的操作比较简单，下面以一个示例讲解以交互方式构建 App 的操作步骤。

【例 6-1】在画布上创建包括一个坐标区与滑块的 App。具体操作过程如下。

6.3.1 建立新的 App

（1）在 MATLAB 命令行窗口中输入以下命令进入 App 设计工具起始页。

```
>> appdesigner
```

（2）在启动界面的 App 部分单击"空白 App"创建一个新的 App。

6.3.2 创建组件

通常在设计视图模式下创建 UI 组件并以交互方式修改组件的外观。组件库包含所有可以通过交互方式添加到 App 的组件。

通过将一个组件从组件库拖到 App 画布上可以添加组件。然后通过在组件浏览器中设置属性，或直接在画布上编辑组件的某些属性（如大小和标签文本）更改该组件的外观。

（1）创建坐标区组件。在组件库的常用组件中找到坐标区组件，在其上按住鼠标左键将其拖到画布的适当位置后松开鼠标，即可在画布中创建一个坐标区组件，用于显示绘制的数据。

（2）创建滑块组件。同样地，将常用组件中的滑块组件从组件库拖到画布上，并将其放置在坐标区组件的下方。

（3）更换滑块标签。双击滑块上的 Slider 标签，在可编辑状态下将标签替换为 Amplitude。完成 App 布局后，设计视图中的画布如图 6-10 所示。

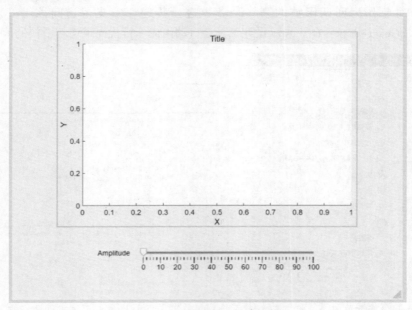

图 6-10　在画布上创建组件

6.3.3　添加回调

1．切换到代码视图

在完成 App 布局设计后，可通过编写代码对 App 的行为进行编程。单击画布右上方的"代码视图"按钮进入代码视图模式，即可编辑 App 代码。

说明：在设计视图中向 App 添加组件时，App 设计工具会自动生成运行 App 时执行的代码，这些代码会自动配置 App 的外观，即在画布上显示的内容，同时显示灰色背景的代码处于不可编辑状态。

另外，App 设计工具还会自动创建一些对象，作为生成代码的一部分，供用户在对 App 行为进行编程时使用。

（1）App 对象：该对象存储 App 中的所有数据，如 UI 组件及使用属性指定的任何数据。App 中的所有函数都需要使用该对象作为第一个参数。按照该模式，这些函数可以访问组件和属性。

（2）组件对象：在设计视图中添加组件时，App 设计工具都会将该组件存储为一个对象，并以

app.ComponentName 的形式对其命名。使用组件浏览器可以查看和修改 App 中组件的名称。使用模式 app.ComponentName.Property 可以从 App 代码中访问和更新组件属性。

2. 添加滑块回调函数

右击组件浏览器中的 app.AmplitudeSlider，在弹出的快捷菜单中执行"回调"→"添加 ValueChangedFcn 回调"命令，如图 6-11 所示，此时光标置于该函数的主体中。

说明：使用回调函数可以对 App 行为进行编程，回调函数是当 App 用户执行特定交互（如调整滑块的值）时执行的函数。本例中将添加一个在用户调整滑块值时执行的回调函数。

向组件添加回调时，App 设计工具会创建一个回调函数，并将光标置于该函数的主体中。App 设计工具会自动将 app 对象作为回调函数的第一个参数进行传递，以支持访问该组件及其属性。如在 AmplitudeSliderValueChanged( )函数中，App 设计工具会自动生成一行代码来访问滑块的值，如图 6-12 所示。

图 6-11 快捷菜单

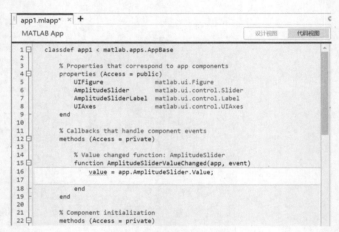

图 6-12 添加回调函数

3. 对数据绘图

将以下代码添加到 AmplitudeSliderValueChanged( )函数的第二行，以在坐标区上绘制 peaks( )函数的缩放输出。

```
plot(app.UIAxes,value*peaks)
```

在 App 设计工具中调用图形函数时，需要将目标坐标区或父对象指定为该函数的参数。本例中，如果希望通过更改滑块值更改绘图参数，则需要将 App 中坐标区对象的名称 app.UIAxes 指定为 plot( )函数的第一个参数，以更新坐标区中的绘图数据。

4. 更新坐标区范围

使用模式 app.ComponentName.Property 可以从 App 代码中访问和更新组件属性。本例中，通过设置 app.UIAxes 对象的 YLim 属性可以更改 y 轴的显示范围。将以下命令添加到 AmplitudeSliderValueChanged( ) 函数的第三行，如图 6-13 所示。

```
app.UIAxes.YLim=[-1000 1000];
```

```
11          % Callbacks that handle component events
12          methods (Access = private)
13
14              % Value changed function: AmplitudeSlider
15              function AmplitudeSliderValueChanged(app, event)
16                  value = app.AmplitudeSlider.Value;
17                  plot(app.UIAxes,value*peaks)
18                  app.UIAxes.YLim = [-1000 1000];
19              end
20          end
21
22          % Component initialization
23          methods (Access = private)
```

图 6-13　添加代码

6.3.4　运行 App

（1）单击"编辑器"或"设计工具"选项卡下的 ▷（运行）按钮，弹出"保存文件"对话框，将文件保存为 FirstExample.mlapp 文件，并自动生成一个 App，如图 6-14 所示。

说明： 如果文件已存在，则 App 设计工具会自动保存文件然后运行 App。

（2）在 App 上拖动滑块调整滑块的值，可以发现 App 中根据 peaks( )函数绘制的图形会发生变化，如图 6-15 所示。

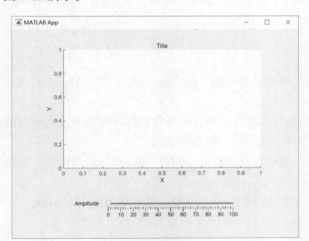

图 6-14　生成的 App

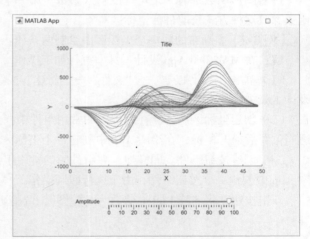

图 6-15　调整滑块值

说明： 保存更改后，可以在 App 设计工具中再次运行 App，也可以通过在 MATLAB 命令行窗口中输入 App 名称（不带 .mlapp 扩展名）来运行。在命令行窗口运行 App 时，该文件必须位于当前文件夹或 MATLAB 搜索路径中。

至此，一个简单的 App 创建完毕。

6.4　在设计工具中显示图形

在 MATLAB 中，绝大部分图形函数都有一个参数用于指定目标坐标区或父对象，该参数通常是可选的。但在 App 设计工具中调用这些函数时，必须指定该参数。

说明： 多数情况下，MATLAB 默认使用 gcf( )或 gca( )函数获取操作的目标对象。但是，这些函数需要父图窗的 HandleVisibility 属性为'on'时才起作用，而默认情况下 App 设计工具图窗的 HandleVisibility 属性为'off'，这意味着此时 gcf( )和 gca( )函数不能正常工作。

在调用图形函数时，通常需要作如下操作：
（1）在画布上指定一个 UIAxes 组件。
（2）在 App 中指定一个父容器。
（3）在 App 代码中指定一个以编程方式创建的坐标区组件。
图形函数的目标组件可以通过多种方式来指定，下面给出了一些常见语法的示例。

6.4.1 在现有坐标区上显示图形

在 App 设计工具中显示图形的最常见方式是在画布上指定一个 UIAxes 对象作为图形函数目标。当将坐标区组件从组件库拖到画布上时，便会在 App 中创建一个 UIAxes 对象。

在 App 设计工具组件浏览器中列出了坐标区的名称，默认为 app.UIAxes，读者可以更改画布上特定坐标区的名称，并可对其进行编辑。

1. 将坐标区指定为第一个参数

许多图形函数都有一个可选的输入参数（第一个）用于指定目标坐标区对象，如 plot( )函数和 hold( )函数都以这种方式获取目标坐标区对象。

【例 6-2】 在画布的同一个坐标区中绘制两条线。

解： 在 MATLAB App 设计工具中执行如下操作。

（1）单击"设计工具"→"文件"→"新建"按钮，在启动界面的 App 部分单击"空白 App"，在 App 设计工具中创建一个新的 App。

（2）创建坐标区组件。在组件库的常用组件中找到坐标区组件，在其上按住鼠标左键将其拖到画布的适当位置后松开鼠标，在绘图 App 中创建一个坐标区组件，用于显示绘制的数据。

（3）创建按钮组件。同样地，在组件库的常用组件中找到按钮组件，将其拖到画布的适当位置，在绘图 App 中创建一个按钮组件，用于执行回调操作。

双击按钮，将名称 Button 修改为"绘图"，调整坐标区组件的大小及位置，最终结果如图 6-16 所示。

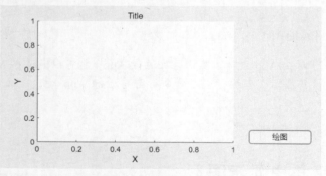

图 6-16 在画布上创建组件

（4）添加按钮回调函数。右击画布中的按钮组件，在弹出的快捷菜单中执行"回调"→"添加 ButtonPushedFcn 回调"命令，此时光标置于该函数的主体中。

（5）对数据绘图。将以下代码添加到 ButtonPushed( )函数的第二行，以在坐标区中绘图，如图 6-17 所示。

```
plot(app.UIAxes,[1 2 3 4 2],'-r')
hold(app.UIAxes)
plot(app.UIAxes,[6 9 4 7 5],'--b')
```

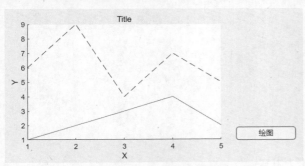

图 6-17　添加代码

（6）单击"编辑器"或"设计工具"选项卡下的 ▷（运行）按钮，会弹出"保存文件"对话框，将文件保存为 SecondExample.mlapp 文件，保存完成后会弹出 MATLAB App 窗口。

（7）单击"绘图"按钮，即可在同一个坐标区中绘制两条线，如图 6-18 所示。

2．将坐标区指定为名称-值对组参数

某些图形函数要求将目标坐标区对象指定为名称-值对组参数。如调用 imshow( )和 triplot( )函数时，可以使用'Parent'名称-值对组参数指定要显示的坐标区对象。

【**例 6-3**】在画布的坐标区中显示图像。

解：操作步骤同例 6-2，并将上面回调函数中的代码替换为以下代码，即可在坐标区上显示图像，如图 6-19 所示。

```
imshow('peppers.png','Parent',app.UIAxes)     % 在画布的上一个坐标区显示图像
```

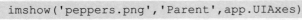

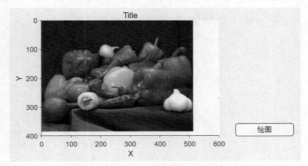

图 6-18　在同一个坐标区中绘制两条线　　　图 6-19　在坐标区中显示图像

6.4.2　在容器中显示图形

在 App 设计工具中创建的每个 App 都有一个默认名为 app.UIFigure 的图窗对象，它是组成 App 主窗口的各组件的容器。

MATLAB 中，某些图形函数会显示在容器组件（如图窗、面板或网格布局）中，而不是坐标区对象中。

如，heatmap（热图）函数有一个可选的第一个参数，用于指定将在其中显示图的容器。

【例 6-4】要在 App 中创建热图。

解：在 MATLAB App 设计工具中执行如下操作。

（1）单击"设计工具"→"文件"→"新建"按钮，在启动界面的 App 部分单击"空白 App"，在 App 设计工具中创建一个新的 App。

（2）在组件浏览器中的 app.UIFigure 上右击，在弹出的快捷菜单中执行"回调"→"添加 ButtonDownFcn 回调"命令，如图 6-20 所示，此时光标置于该函数的主体中。

说明：也可以在组件浏览器中选中 app.UIFigure，然后在下方的"回调"选项卡"通用"回调组中进行设置，如图 6-21 所示。

图 6-20 在浏览器中添加回调 　　　　　图 6-21 在"回调"选项卡中添加回调

（3）将以下代码添加到 UIFigureButtonDown( ) 函数的第二行，如图 6-22 所示，将 app.UIFigure 指定为父容器参数，即可在 App 主窗口中显示图形。

```
h=heatmap(app.UIFigure,rand(10))          % 将app.UIFigure指定为父容器数
```

图 6-22 添加代码

（4）单击"编辑器"或"设计工具"选项卡下的 ▷（运行）按钮，会弹出"保存文件"对话框，将文件保存为 ThirdExample.mlapp 文件，保存完成后会弹出 MATLAB App 窗口。

（5）在 App 的面板上单击，即可出现如图 6-23 所示的热图。

将面板、选项卡或网格布局等容器组件从组件库拖到画布上，可以进一步组织和划分接收父容器输入参数的图形。组件的名称可以通过选择组件并在组件浏览器中查看，在调用图形函数时将该容器指定为父容器。

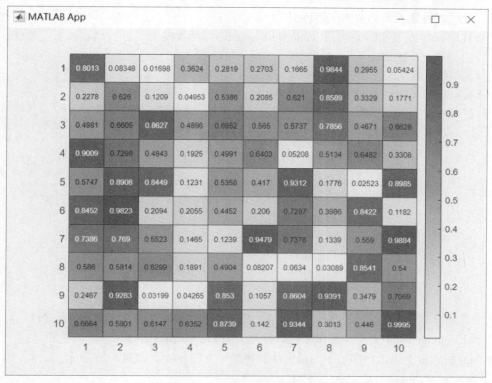

图 6-23　在 App 中创建热图

以接收父容器作为输入的常用图形函数包括 annotation（注释）、geobubble（地理位置图）、parallelplot（平行坐标图）、scatterhistogram（带直方图的散点图）、stackedplot（多变量堆叠图）和 wordcloud（词云图）。

6.4.3　以编程方式创建坐标区

在 MATLAB 中，某些图形函数需要在专用坐标区上绘制数据图。例如，绘制极坐标数据图的函数必须在 PolarAxes 对象上绘制。

与从组件库添加到 App 中的 UIAxes 对象不同，专用坐标区必须在代码中以编程方式添加到 App 中，此时需要创建一个 StartupFcn( )回调函数，在回调函数中调用适当的图形函数并将 App 中的父容器指定为目标。

1. 在极坐标区中绘图

极坐标绘图函数 polarplot（线图）、polarhistogram（直方图）和 polarscatter（散点图）等将极坐标区对象作为目标，并通过调用 polaraxes( )函数以编程方式创建极坐标区。

【例 6-5】在面板中绘制极坐标方程的曲线。

解： 在 MATLAB App 设计工具中执行如下操作。

（1）单击"设计工具"→"文件"→"新建"按钮，在启动界面的 App 部分单击"空白 App"，在 App 设计工具中创建一个新的 App。

（2）创建面板组件。在组件库的常用组件中找到面板组件，将其从组件库拖到画布上。

（3）添加回调函数。右击画布中的面板组件，在弹出的快捷菜单中执行"回调"→"添加 ButtonDownFcn

回调"命令,此时光标置于该函数的主体中。

(4) 添加代码。将以下代码添加到 PanelButtonPushed( )函数的第二行,以在面板上绘图,如图 6-24 所示。

```
theta=0:0.01:2*pi;
rho=sin(2*theta).*cos(2*theta);
pax=polaraxes(app.Panel);              % 将面板指定为父容器来创建极坐标区对象
polarplot(pax,theta,rho)               % 绘制方程图,将极坐标区指定为目标坐标区
```

图 6-24 添加代码

(5) 单击"编辑器"或"设计工具"选项卡下的 ▷(运行)按钮,会弹出"保存文件"对话框,将文件保存为 ForthExample.mlapp 文件,保存完成后会弹出 MATLAB App 窗口。

(6) 在 App 的面板上单击,即可在面板中绘制极坐标方程曲线,如图 6-25 所示。

2. 在地理坐标区中绘图

地理坐标绘图函数 geoplot(线图)、geoscatter(散点图)和 geodensityplot(密度图)等将地理坐标区对象作为目标。通过调用 geoaxes( )函数以编程方式创建地理坐标区。

【例 6-6】在面板中绘制地理数据图。

解:操作步骤同例 6-5,并将上面回调函数中的代码替换为以下代码,即可在地理坐标区上绘图,如图 6-26 所示。

```
latSeattle=47+37/60;
lonSeattle=-(122+20/60);
gx=geoaxes(app.Panel);
geoplot(gx,latSeattle,lonSeattle)
```

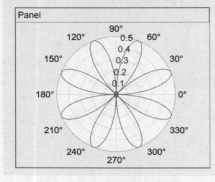

图 6-25 在极坐标区中绘图

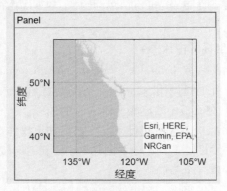

图 6-26 在地理坐标区中绘图

3. 创建分块图布局

使用 tiledlayout( )函数可以在面板中创建分块图布局（平铺多个图），并使用 nexttile( )函数以编程方式在其中创建坐标区。

【例 6-7】 在面板中创建分块图布局，并绘制不同的图形。

解：操作步骤同例 6-6，并将其回调函数中的代码替换为以下代码，即可创建分块图布局并在其上绘图，如图 6-27 所示。

注意：此处调整了面板的大小。

```
t=tiledlayout(app.Panel,2,1);
[X,Y,Z]=peaks(20)
ax1=nexttile(t);                    % 返回的坐标区对象
surf(ax1,X,Y,Z)                     % 指定图或绘图的坐标区
ax2=nexttile(t);
contour(ax2,X,Y,Z)
```

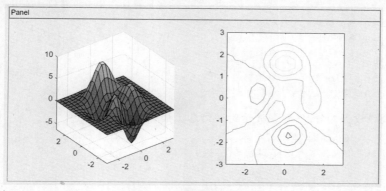

图 6-27　创建分块图布局

6.4.4　使用不带目标参数的函数

MATLAB 中的某些图形函数（如 ginput 和 gtext）没有用于指定目标的参数。因此，在调用这类函数前，必须将 App 设计工具图窗的 HandleVisibility 属性设置为'callback'或'on'。在调用这些函数后，再将 HandleVisibility 属性设置回'off'。

例如，使用 ginput( )函数识别两点坐标的回调函数代码如下。

```
function pushButtonCallback(app,event)
    app.UIFigure.HandleVisibility='callback';
    ginput(2)
    app.UIFigure.HandleVisibility='off';
end
```

6.4.5　使用不支持自动调整大小的函数

默认情况下，App 设计工具图窗可调整大小。这意味着当运行 App 并调整图窗大小时，图窗中的组件会自动调整大小并重新定位以适应图窗。然而，有些图形函数（包括 subplot、pareto 和 plotmatrix 等）不支持图窗自动调整大小。

要在 App 设计工具中使用这些函数，需要创建一个面板来显示这些函数的输出，并将面板的 AutoResizeChildren 属性设置为'off'。在组件浏览器的面板选项卡中或在代码中可以设置该属性。

【例 6-8】在 App 中使用 subplot( )函数，该函数不支持自动调整大小。

解： 操作步骤同例 6-7，并将上面回调函数中的代码替换为以下代码，即可在 App 中使用 subplot( )函数绘图，如图 6-28 所示。

```
app.Panel.AutoResizeChildren='off';
            % 将面板的 AutoResizeChildren 属性设置为'off'
ax1=subplot(1,2,1,'Parent',app.Panel);
            % 使用'Parent'名称-值参数将面板指定为父容器，指定输出参数用以存储坐标区
ax2=subplot(1,2,2,'Parent',app.Panel);

x=linspace(0,3);
y1=sin(5*x);
y2=sin(15*x);

plot(ax1,x,y1)                              % 将坐标区作为第一个参数，调用绘图函数
title(ax1,'Left Plot')
ylabel(ax1,'sin(5x)')

plot(ax2,x,y2)
title(ax2,'Right Plot')
ylabel(ax2,'sin(15x)')
```

注意： 如果将属性设置为'on'，则会提示错误信息，读者可自行尝试。

第 27 集
微课视频

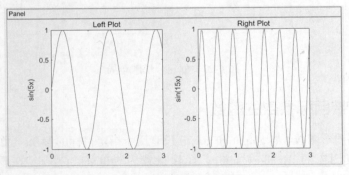

图 6-28　创建分块图布局

6.5　获取 App

在 MATLAB 中，MATLAB App 是自包含的 MATLAB 程序，具有自动执行任务或完成计算的用户操作界面。完成任务所需的所有操作（将数据输入 App、对数据执行计算以及显示结果等）均在 App 中执行。

注意： App 适用于 MATLAB 到 MATLAB 的部署，使用 MATLAB Runtime 无法运行 MATLAB App。要使用 MATLAB Runtime 运行代码，必须使用 MATLAB Compiler 打包代码。

在 MATLAB 主界面的 APP 选项卡下单击最右侧的下三角按钮时，会显示当前安装的所有 App，如图 6-29 所示。

图 6-29 显示安装的 App

获取 App 的主要方法有以下 3 种：

（1）MATLAB 产品。

许多 MATLAB 产品（如 CurveFitting Toolbox、Signal Processing Toolbox、Control System Toolbox 等）都包含 App。在 App 库中，可以看到已安装产品附带的 App。

（2）创建个人 App。

App 设计工具是在 MATLAB 中构建开发个人 App 的操作环境，使用 App 设计工具可以创建自己的 App，并将其打包为可分发给其他人的单个文件。

App 打包工具会自动查找并包含 App 所需的所有文件，还会自动识别运行 App 所需的任何 MATLAB 产品。

用户也可以直接与其他用户共享个人 App，还可以将其上传到 MATLAB File Exchange 与 MATLAB 用户社区共享。

（3）附加功能。

用户可直接在 MATLAB 中获取上传到 MATLAB File Exchange 的 App（及其他文件）。在 MATLAB 主界面中，单击"主页"→"环境"→ （附加功能）按钮下的箭头，在弹出的菜单中执行"获取附加功能"命令可以弹出"附加功能资源管理器"，使用该管理器可以查找、运行和安装附加功能，包括 App、工具箱、支持包以及其他内容。

说明：附加功能通过提供针对特定任务和应用程序的额外功能而对 MATLAB 的功能进行扩展，例如，连接到硬件设备、其他算法和交互式 App。附加功能可从 MathWorks 公司和全球的 MATLAB 用户社区获取。

6.6 本章小结

本章从介绍 App 设计工具的特点及 App 基本的构建步骤开始，详细讲解了设计工具的操作界面，包括设计视图和代码视图两种视图模式。随后，通过创建和运行简单的 App，展示了如何实际应用所学知识。在本章最后，给出了在设计工具中显示图形的技巧，并介绍了获取 App 的相关内容。通过本章的学习，为后面深入学习更高级的 App 设计奠定了基础。

第 7 章 App 构建组件

CHAPTER 7

App 设计工具和 UI 图窗支持大量组件，可用于设计功能齐全的现代化应用程序，所有组件都可以通过编程方式使用。App 设计工具组件库中提供了大多数 UI 组件，可以直接将其拖放到画布上使用。本章将详细介绍各种常用组件，从按钮、图表，到容器和仪器组件。了解这些组件的用途和特性，可以更加灵活地设计和定制个性化的应用程序。

7.1 组件概述

第 28 集
微课视频

App 设计工具和 UI 图窗支持大量组件，各组件又对应相应的 UI 函数，这些组件可用于设计功能齐全的现代化应用程序，这些组件都可以通过编程方式使用，它们大致可分为如下几类。

（1）容器和图窗工具：包括用于对组件分组的面板、选项卡以及菜单栏等。

（2）坐标区：包括用于创建绘图以进行数据可视化和探查的坐标区等。

（3）常用组件：包括响应交互的组件，如按钮、滑块、下拉列表和树等。

（4）检测组件：包括用于可视化状态的仪表和信号灯，以及用于选择输入参数的旋钮和开关。

（5）可扩展组件：包括创建的自定义 UI 组件。与第三方库对接以显示小组件或数据可视化内容等。

（6）工具箱组件：包括工具箱的 UI 组件。使用这些组件时需要安装相应的工具箱。

App 设计工具组件库中提供了大多数 UI 组件，可以直接将它们拖放到画布上使用，操作非常方便。读者也可以使用编程方式向 App（由 App 设计工具创建）中添加组件库中不存在的组件，或将组件动态添加到正在运行的 App 中。

提示：在 App 设计工具中调用图形函数的工作流与通常在 MATLAB 命令行中使用的工作流略有不同，读者在后面的学习中应注意体会。

用于开发基于 uifigure 的 App 函数大部分可以通过在 App 设计工具组件库中的组件实现，如表 7-1 所示。

表 7-1 UI函数及对应的组件

	UI 函 数	函 数 含 义	对 应 组 件	样 例
容器	uifigure	创建用于设计App的图窗	—	
	uigridlayout	创建网格布局管理器	GridLayout	
	uipanel	创建面板容器	Panel	
	uitabgroup	创建包含选项卡式面板的容器	TabGroup	
	uitab	创建选项卡式面板	Tab	
坐标区	uiaxes	为App中的绘图创建UI坐标区	UIAxes	
	axes	创建笛卡儿坐标区*	Axes	
	geoaxes	创建地理坐标区*	GeographicAxes	略

续表

UI 函数		函数含义	对应组件	样例
坐标区	polaraxes	创建极坐标区*	PolarAxes	
常用组件	uibutton	创建普通按钮或状态按钮组件	Button	
			StateButton	
	uitogglebutton	创建切换按钮组件	ToggleButton	
	uiradiobutton	创建单选按钮组件	RadioButton	
	uibuttongroup	创建用于管理单选按钮和切换按钮的按钮组	ButtonGroup	
	uicheckbox	创建复选框组件	CheckBox	
	uidatepicker	创建日期选择器组件	DatePicker	
	uidropdown	创建下拉组件	DropDown	
	uieditfield	创建文本或数值编辑字段组件	NumericEditField	
			EditField	
	uihyperlink	创建超链接组件	Hyperlink	
	uiimage	创建图像组件	Image	
	uilabel	创建标签组件	Label	

续表

UI 函数		函数含义	对应组件	样 例
常用组件	uilistbox	创建列表框组件	ListBox	
	uislider	创建滑块组件	Slider	
	uispinner	创建微调器组件	Spinner	
	uitable	创建表用户界面组件	Table	
	uitextarea	创建文本区域组件	TextArea	
	uitree	创建树或复选框树组件	Tree	
			TreeNode	
	uitreenode	创建树节点组件	CheckBoxTree	
			TreeNode	
图窗工具	uicontextmenu	创建上下文菜单组件	ContextMenu	
	uimenu	创建菜单或菜单项	Menu	
	uipushtool	在工具栏中创建按钮工具	PushTool	
	uitoggletool	在工具栏中创建切换工具	ToggleTool	
	uitoolbar	在图窗中创建工具栏	Toolbar	
对话框和通知	uialert	显示警报对话框*	—	略
	uiconfirm	创建确认对话框*	—	略
	uiprogressdlg	创建进度对话框*	—	略
	uisetcolor	打开颜色选择器*	—	略

续表

UI 函数		函数含义	对应组件	样例
对话框和通知	uigetfile	打开文件选择对话框*	—	略
	uiputfile	打开保存文件对话框*	—	略
	uigetdir	打开文件夹选择对话框*	—	略
	uiopen	打开文件选择对话框并将选定文件加载到工作区*	—	略
	uisave	打开将变量保存到MAT文件对话框*	—	略
检测组件（仪表）	uigauge	创建仪表组件	Gauge	
			NinetyDegreeGauge	
			LinearGauge	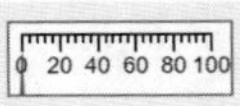
			SemicircularGauge	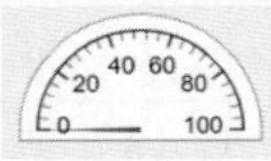
	uiknob	创建旋钮组件	Knob	
			DiscreteKnob	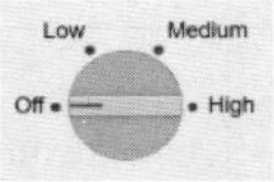
	uilamp	创建信号灯组件	Lamp	
	uiswitch	创建滑块开关、跷板开关或拨动开关组件	Switch	
			RockerSwitch	
			ToggleSwitch	

备注：标注*的组件表示该对象只能以编程方式添加

建议：在随后的 7.2～7.4 节中全面讲解了 App 设计工具中的组件，在初次学习时读者可跳过该部分内容直接学习后面的部分。读者在后面的学习过程中，当构建 App 需要用到某些组件时再回头学习。

7.2 容器与图窗工具组件

容器与图窗工具组件包括用于对组件分组的组件，如网格布局、面板等，还包括工具栏和菜单栏等，设计视图模式下的组件如图 7-1 所示。

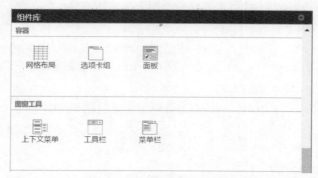

图 7-1 容器与图窗工具组件

7.2.1 图窗

利用 UI 图窗（UI Figure）可以创建一个用于设计 App 的图窗。这是 App 设计工具使用的图窗类型。图窗是在 App 设计工具中或通过 uifigure( )函数以编程方式构建 App 的容器。通过属性参数可以控制 UI 图窗的外观和行为。使用圆点表示法引用特定的对象和属性。

第 29 集
微课视频

UI 图窗的窗口外观及回调属性组的属性参数及相关取值如表 7-2 所示，其余属性请参考帮助文件。

表 7-2 UI图窗属性

属 性 组	属 性	可选参数值
窗口外观	Color	背景色。RGB三元组、十六进制颜色代码、'r'、'g'、'b'等
	WindowStyle	窗口样式。'normal'（默认）、'modal'、'alwaysontop'
	WindowState	窗口状态。'normal'（默认）、'minimized'、'maximized'、'fullscreen'
常见回调	CreateFcn	创建函数。''（默认）、函数句柄、元胞数组、字符向量
	DeleteFcn	删除函数。同CreateFcn
	ButtonDownFcn	按钮按下回调。同CreateFcn
键盘回调	KeyPressFcn	按键回调。同CreateFcn
	KeyReleaseFcn	释放键回调。同CreateFcn
窗口回调	CloseRequestFcn	关闭请求回调。'closereq'（默认），其余同CreateFcn
	SizeChangedFcn	更改大小时执行的回调。同CreateFcn
	WindowButtonDownFcn	窗口内按键按下回调。同CreateFcn
	WindowButtonMotionFcn	窗口内按键移动回调。同CreateFcn

续表

属性组	属性	可选参数值
窗口回调	WindowButtonUpFcn	窗口内按键弹起回调。同CreateFcn
	WindowKeyPressFcn	窗口按键回调。同CreateFcn
	WindowKeyReleaseFcn	窗口释放键回调。同CreateFcn
	WindowScrollWheelFcn	窗口滚轮回调。同CreateFcn

在 MATLAB 中，利用 uifigure( ) 函数可以创建一个用于构建用户界面的图窗，该图窗是 App 设计工具使用的图窗类型，其调用格式如下。

```
fig=uifigure                    % 创建一个用于构建用户界面的图窗并返回 Figure 对象
fig=uifigure(Name,Value)        % 使用一个或多个名称-值对组参数指定图窗属性
```

【例 7-1】利用代码创建一个简单的 GUI。

解： 在命令行窗口中输入以下语句，运行程序并输出相应的结果（略）。

```
fig=uifigure;
fig.Name='My App';
```

7.2.2 网格布局管理器

利用网格布局管理器（GridLayout）可以沿一个不可见网格的行和列定位 UI 组件，该网格跨整个图窗或图窗中的一个容器。通过更改网格布局的属性值，可以修改其行为的某些方面。该组件的网格及回调属性组的属性参数及相关取值如表 7-3 所示，其余属性可参考帮助文件。

说明： 读者可以在不通过 Position 向量设置像素值来定位组件时使用网格布局管理器。

表 7-3 GridLayout属性

属性组	属性	可选参数值
网格	ColumnWidth	列宽。{'1x','1x'}（默认）、元胞数组、字符串数组、数值数组
	RowHeight	行高。{'1x','1x'}（默认）、元胞数组、字符串数组、数值数组
	ColumnSpacing	列间距。10（默认）、数字
	RowSpacing	行间距。10（默认）、数字
	Padding	填充。[10 10 10 10]（默认）、[left bottom right top]
	BackgroundColor	背景色。[0.94 0.94 0.94]（默认）、RGB三元组、十六进制颜色代码、'r'、'g'、'b'等
回调	CreateFcn	创建函数。' '（默认）、函数句柄、元胞数组、字符向量
	DeleteFcn	删除函数。同CreateFcn

在 MATLAB 中，利用 uigridlayout( ) 函数可以创建网格布局管理器，其调用格式如下。

```
g=uigridlayout                          % 为 App 创建网格布局管理器
           % 在新图窗中创建 2×2 网格布局，并返回 GridLayout 对象
g=uigridlayout(parent)                  % 在指定的父容器中创建网格布局
g=uigridlayout(___,sz)                  % 将网格的大小指定为向量 sz
           % 向量中的第一个元素为行数，第二个元素为列数
```

说明：将组件添加到网格布局管理器时，若不指定组件的 Layout 属性，则网格布局管理器会从左到右、从上到下添加组件。

【例 7-2】利用代码创建包含一个网格布局组件的简单 GUI。

解：在命令行窗口中输入以下语句，运行程序并输出相应的结果（略）。

```
fig=uifigure;
g=uigridlayout(fig);
g.ColumnWidth={100,'1x'};
```

7.2.3 选项卡组

选项卡组（TabGroup）是用来对选项卡进行分组和管理的容器。使用 uitabgroup( )函数可创建一个选项卡组。通过更改 TabGroup 对象的属性值，可以对其外观和行为进行某些方面的修改。该组件的选项卡及回调属性组的属性参数及相关取值如表 7-4 所示，其余属性请参考帮助文件。

TabGroup 对象的某些属性和属性值会有所不同，这取决于选项卡组是使用 uifigure( )函数还是 figure( )函数创建的图窗的子级。uifigure( )函数是构建新 App 时推荐使用的函数，也是在使用 App 设计工具创建的 App 中使用的函数。

表 7-4 TabGroup属性

属 性 组	属 性	可选参数值
选项卡	TabLocation	选项卡标签位置。'top'（默认）、'bottom'、'left'、'right'
	SelectedTab	当前选择的选项卡。Tab对象
回调	CreateFcn	创建函数。''（默认）、函数句柄、元胞数组、字符向量
	DeleteFcn	删除函数。同CreateFcn
	SelectionChangedFcn	所选内容改变时的回调。同CreateFcn
	SizeChangedFcn	更改大小时执行的回调。同CreateFcn
	ButtonDownFcn	按下鼠标按键回调函数。同CreateFcn

在 MATLAB 中，利用 uitabgroup( )函数可以创建包含选项卡式面板的容器（选项卡组是选项卡的容器），其调用格式如下：

```
tg=uitabgroup                 % 在当前图窗中创建一个选项卡组并返回 TabGroup 对象
tg=uitabgroup(parent)         % 在指定的父容器中创建选项卡组
              % 父容器可以是使用 figure( ) 或 uifigure( )函数创建的图窗，也可以是子容器（如面板）
```

【例 7-3】利用代码创建包含一个选项卡组组件的简单 GUI。

解：在命令行窗口中输入以下语句，运行程序并输出相应的结果（略）。

```
fig=uifigure;
tg=uitabgroup(fig);
tg.Position=[20 20 200 200];
```

7.2.4 面板

面板（Panel）是用于将 UI 组件组织在一起的容器。使用 uipanel( )函数可创建一个面板。通过更改 Panel 对象的属性值，可以对其外观和行为进行某些方面的修改。该组件的标题及回调属性组的属性参数及相关取值如表 7-5 所示，其余属性请参考帮助文件。

Panel 对象的某些属性和属性值会有所不同，这取决于面板是否是使用 uifigure( )函数还是 figure( )函数创建的图窗的子级。uifigure( )函数是构建新 App 时推荐使用的函数，也是在使用 App 设计工具创建的 App 中使用的函数。

表 7-5　Panel属性

属性组	属性	可选参数值
标题	Title	标题。字符向量、字符串标量、分类数组
	TitlePosition	标题的位置。'lefttop'（默认）、'centertop'、'righttop'等
回调	CreateFcn	创建函数。''（默认）、函数句柄、元胞数组、字符向量
	DeleteFcn	删除函数。同CreateFcn
	SizeChangedFcn	更改大小时执行的回调。同CreateFcn
	ButtonDownFcn	按下鼠标按键回调函数。同CreateFcn

在 MATLAB 中，利用 uipanel( )函数可以创建面板，其调用格式如下。

```
p=uipanel              % 在当前图窗中创建一个面板并返回 Panel 对象。
p=uipanel(parent)      % 在指定的父容器中创建面板
       % 父容器可以是 figure()或 uifigure()创建的图窗，也可以是子容器（如选项卡或网格布局）
```

【例 7-4】利用代码创建包含一个面板组件的简单 GUI。

解：在命令行窗口中输入以下语句，运行程序并输出相应的结果（略）。

```
fig=uifigure;
p=uipanel(fig);
p.Title='DisplayOptions';
```

7.2.5　菜单栏

菜单（Menu）是在 App 窗口顶部显示选项的下拉列表。调用 uimenu( )函数可创建一个菜单，或者在现有菜单中添加一个子菜单。通过属性参数可以控制菜单的外观和行为。该组件的菜单及回调属性组的属性参数及相关取值如表 7-6 所示，其余属性请参考帮助文件。

Menu 对象的某些属性会有所不同，这取决于菜单是使用 uifigure( )函数还是 figure( )函数创建的图窗的子级。uifigure( )函数是构建新 App 时推荐使用的函数，也是在使用 App 设计工具创建的 App 中使用的函数。

表 7-6　Menu属性

属性组	属性	可选参数值
菜单	Text	菜单标签。字符向量、字符串标量
	Accelerator	键盘快捷方式。字符
	Separator	分隔线模式。'off'（默认）、on/off逻辑值
	Checked	菜单复选标记指示器。'off'（默认）、on/off逻辑值
	ForegroundColor	菜单标签颜色。[0 0 0]（默认）、RGB三元组、十六进制颜色代码、'r'、'g'、'b'等
回调	CreateFcn	创建函数。''（默认）、函数句柄、元胞数组、字符向量
	DeleteFcn	删除函数。同CreateFcn
	MenuSelectedFcn	选定菜单时触发的回调。同CreateFcn

在 MATLAB 中，利用 uimenu( )函数可以创建菜单或菜单项，其调用格式如下。

```
m=uimenu                          % 在当前图窗中创建菜单，并返回 Menu 对象
m=uimenu(parent)                  % 在指定的父容器中创建菜单
        % 父容器可以是使用 figure()或 uifigure()函数创建的图窗，也可以是另一个 Menu 对象
```

【例 7-5】 利用代码创建包含一个菜单栏组件的简单 GUI。

解： 在命令行窗口中输入以下语句，运行程序并输出相应的结果（略）。

```
fig=uifigure;
m=uimenu(fig);
m.Text='Open Selection';
```

7.2.6 上下文菜单

上下文菜单（ContextMenu）是当右击图形对象或 UI 组件时出现的快捷菜单。使用 uicontextmenu( )函数可以创建上下文菜单并设置属性。通过更改属性值，可以修改上下文菜单的外观和行为。使用 uifigure( )或 figure( )函数创建的图窗可以作为上下文菜单的父级。该组件的回调属性组的属性参数及相关取值如表 7-7 所示，其余属性请参考帮助文件。

表 7-7 ContextMenu属性

属性组	属性	可选参数值
回调	CreateFcn	创建函数。''（默认）、函数句柄、元胞数组、字符向量
	DeleteFcn	删除函数。同CreateFcn
	ContextMenuOpeningFcn	上下文菜单打开回调函数。同CreateFcn

在 MATLAB 中，利用 uicontextmenu( )函数可以创建上下文菜单组件，其调用格式如下。

```
cm=uicontextmenu              % 在当前图窗中创建一个上下文菜单，并返回 ContextMenu 对象
cm=uicontextmenu(parent)      % 在指定的父图窗中创建上下文菜单
```

要使上下文菜单可以在图窗中打开，还必须执行以下步骤：

（1）将该上下文菜单分配给同一图窗中的 UI 组件或图形对象。

（2）在该上下文菜单中创建至少一个子级 Menu 对象。

【例 7-6】 利用代码创建包含一个上下文菜单组件的简单 GUI。

解： 在命令行窗口中输入以下语句。运行程序并输出相应的结果（略）。

```
fig=uifigure;
cm=uicontextmenu(fig);
m=uimenu(cm,'Text','Go To File');
fig.ContextMenu=cm;
```

7.2.7 工具栏

工具栏（Toolbar）是图窗窗口顶部的水平按钮列表的容器。使用 uitoolbar( )函数可在图窗中创建一个工具栏并在显示它之前设置任何必需属性。通过更改属性值，可以修改工具栏的外观和行为。该组件的回调属性组的属性参数及相关取值如表 7-8 所示，其余属性请参考帮助文件。

表 7-8 Toolbar属性

属性组	属性	可选参数值
回调	CreateFcn	创建函数。''（默认）、函数句柄、元胞数组、字符向量
	DeleteFcn	删除函数。同CreateFcn

在 MATLAB 中，利用 uitoolbar( )函数可以在图窗中创建工具栏，其调用格式如下。

```
tb=uitoolbar                   % 在当前图窗中创建一个工具栏并返回 Toolbar 对象
tb=uitoolbar(parent)           % 在指定的父图窗中创建一个工具栏
```

【例 7-7】利用代码创建包含一个工具栏组件的简单 GUI。

解： 在命令行窗口中输入以下语句，运行程序并输出相应的结果（略）。

```
tb=uitoolbar;
tb.Visible='off';
```

7.3 常用组件

常用组件包括响应交互的组件，如按钮、滑块、下拉列表和树等，设计视图模式下的组件如图 7-2 所示，本节就来介绍这些 App 设计中的常用组件。

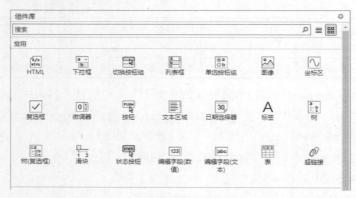

图 7-2 常用组件

7.3.1 按钮

按钮（Button）是一种 UI 组件，当按下鼠标左键并释放时，会作出响应。通过更改属性值可以修改按钮的外观和行为。该组件的按钮及回调属性组的属性参数及相关取值如表 7-9 所示，其余属性请参考帮助文件。

表 7-9 Button属性

属性组	属性	可选参数值
按钮	Text	按钮标签。'Button'（默认）、字符向量、字符向量元胞数组、字符串标量、字符串数组等
	WordWrap	文字换行以适应组件宽度。'off'（默认）、on/off逻辑值
	Icon	图标源或文件。''（默认）、字符向量、字符串标量、$m \times n \times 3$真彩色图像数组

续表

属　性　组	属　　性	可选参数值
回调	CreateFcn	创建函数。''（默认）、函数句柄、元胞数组、字符向量
	DeleteFcn	删除函数。同CreateFcn
	ButtonPushedFcn	按下按钮后执行的回调。同CreateFcn

在组件浏览器的参数设置面板中可以查看组件的属性，如图 7-3 所示。

说明：其余组件的属性设置面板与 Button 相似，只是其中的参数存在差异。限于篇幅，本章后续介绍组件时，不再给出属性设置面板，仅给出属性参数表的部分属性，其余属性请参考帮助文件。

图 7-3　属性设置面板

在 MATLAB 中，利用 uibutton( )函数可以创建普通按钮或状态按钮组件，其调用格式如下。

```
btn=uibutton                    % 在新图窗中创建一个普通按钮，并返回 Button 对象
       % MATLAB 默认调用 uifigure()函数来创建该图窗
btn=uibutton(style)             % 创建指定样式的按钮
       % style 指定为'push'时，单击一次，按钮将被按下并释放
       % style 指定为'state'时，单击一次，按钮将保持按下或释放状态，直到再次单击为止
btn=uibutton(parent)            % 在指定的父容器中创建按钮
       % 父容器可以是使用 uifigure()函数创建的 Figure 或其子容器之一
btn=uibutton(parent,style)      % 在指定的父容器中创建指定样式的按钮
```

注意：在本章介绍的组件函数的调用格式中，MATLAB 默认均调用 uifigure( )函数来创建图窗；指定的父容器可以是使用 uifigure( )函数创建的 Figure 或其子容器之一。后面介绍组件函数时不再做特别说明。

【例7-8】利用代码创建包含一个按钮的简单 GUI。

解：在命令行窗口中输入以下语句，运行程序并输出相应的结果（略）。

```
fig=uifigure;              % 创建一个新的图形界面。返回的 UI 图形对象作为 UI 图形界面的容器
b=uibutton(fig);           % 在图形界面上添加一个按钮。返回按钮对象的句柄
b.Text='Plot';             % 使用圆点表示法引用特定的对象和属性
```

7.3.2 状态按钮

状态按钮（StateButton）是一种指示逻辑状态的组件。通过属性参数可以控制状态按钮的外观和行为。该组件的按钮及回调属性组的属性参数及相关取值如表 7-10 所示，其余属性请参考帮助文件。

表 7-10 StateButton属性

属性组	属性	可选参数值
按钮	Value	按钮的按下状态。0（默认）、1
	Text	按钮标签。'Stata Button'（默认）、字符向量、字符向量元胞数组、字符串标量、字符串数组等
	WordWrap	文字换行以适应组件宽度。'off'（默认）、on/off逻辑值
	Icon	图标源或文件。''（默认）、字符向量、字符串标量、$m \times n \times 3$真彩色图像数组
回调	CreateFcn	创建函数。''（默认）、函数句柄、元胞数组、字符向量
	DeleteFcn	删除函数。同CreateFcn
	ValueChangedFcn	更改值后执行的回调。同CreateFcn

在 MATLAB 中，利用 uibutton( )函数可以创建普通按钮或状态按钮组件，将 style 指定为'state'时可以创建状态按钮。

【例7-9】利用代码创建包含一个状态按钮组件的简单 GUI。

解：在命令行窗口中输入以下语句，运行程序并输出相应的结果（略）。

```
fig=uifigure;
sb=uibutton(fig,'state');
sb.Value=true;
```

7.3.3 下拉框

下拉框（DropDown）是一种 UI 组件，允许用户选择选项或输入文本。通过属性参数可以控制下拉框的外观和行为。该组件的下拉列表及回调属性组的属性参数相关取值如表 7-11 所示，其余属性请参考帮助文件。

表 7-11 DropDown属性

属性组	属性	可选参数值
下拉列表	Value	值。Items的元素、ItemsData的元素
	Placeholder	占位符文本。''（默认）、字符向量、字符串标量
	Items	下拉项。{'Option1','Option2','Option3','Option4'}（默认）、字符向量元胞数组、字符串数组等
	ItemsData	与Items属性值的每个元素关联的数据。空数组（默认）、$1 \times n$数值数组、$1 \times n$元胞数组

续表

属　性　组	属　　性	可选参数值
回调	CreateFcn	创建函数。''（默认）、函数句柄、元胞数组、字符向量
	DeleteFcn	删除函数。同CreateFcn
	ValueChangedFcn	更改值后执行的回调。同CreateFcn
	DropDownOpeningFcn	下拉菜单打开回调函数。同CreateFcn

在MATLAB中，利用uidropdown( )函数可以创建下拉框组件，其调用格式如下。

```
dd=uidropdown              % 在新图窗窗口中创建一个下拉框，并返回DropDown对象
dd=uidropdown(parent)      % 在指定的父容器中创建下拉框组件
```

【例7-10】利用代码创建包含一个下拉框的简单GUI。

解： 在命令行窗口中输入以下语句，运行程序并输出相应的结果（略）。

```
fig=uifigure;
dd=uidropdown(fig);
dd.Items={'Red','Green','Ding','Blue'};
```

7.3.4 按钮组

按钮组（ButtonGroup）是用于管理一组互斥的单选按钮和切换按钮的容器。使用uibuttongroup( )函数可以创建一个按钮组。通过更改ButtonGroup对象的属性值，可以对其外观和行为进行某些方面的修改。该组件的标题及回调属性组的属性参数及相关取值如表7-12所示，其余属性请参考帮助文件。

注意： ButtonGroup对象的某些属性和属性值会有所不同，具体取决于按钮组是使用uifigure( )函数还是figure( )函数创建的图窗的子级。uifigure函数是构建新App时推荐使用的函数，也是在使用App设计工具创建的App中使用的函数。

表7-12　ButtonGroup属性

属　性　组	属　　性	可选参数值
标题	Title	标题。字符向量、字符串标量、分类数组
	TitlePosition	标题的位置。'lefttop'（默认）、'centertop'、'righttop'等
回调	CreateFcn	创建函数。（默认）、函数句柄、元胞数组、字符向量
	DeleteFcn	删除函数。同CreateFcn
	SelectionChangedFcn	所选内容改变时的回调。同CreateFcn
	SizeChangedFcn	更改大小时执行的回调。同CreateFcn
	ButtonDownFcn	按下鼠标按键回调函数。同CreateFcn

在MATLAB中，利用uibuttongroup( )函数可以创建用于管理单选按钮和切换按钮的按钮组，其调用格式如下。

```
bg=uibuttongroup               % 在当前图窗中创建一个按钮组，并返回ButtonGroup对象
bg=uibuttongroup(parent)       % 在指定的父容器中创建该按钮组
```

【例7-11】利用代码创建包含一个按钮组的简单GUI。

解： 在命令行窗口中输入以下语句，运行程序并输出相应的结果（略）。

```
fig=uifigure;
bg=uibuttongroup(fig);
bg.Title='Options';
```

7.3.5 列表框

列表框（ListBox）是一种 UI 组件，用于显示列表中的项目。通过属性参数可以控制列表框的外观和行为。该组件的列表框及回调属性组的属性参数及相关取值如表 7-13 所示，其余属性请参考帮助文件。

表 7-13 ListBox属性

属 性 组	属 性	可选参数值
列表框	Value	值。Items 的元素、ItemsData 的元素、{}
	Items	列表框项目。{'Item 1','Item 2', 'Item 3', 'Item 4'}（默认）、1×n字符向量元胞数组、字符串数组等
	ItemsData	与Items属性值的每个元素关联的数据。空数组（默认）、1×n数值数组、1×n元胞数组
回调	CreateFcn	创建函数。''（默认）、函数句柄、元胞数组、字符向量
	DeleteFcn	删除函数。同CreateFcn
	ValueChangedFcn	值更改函数。同CreateFcn

在 MATLAB 中，利用 uilistbox( )函数可以创建列表框组件，其调用格式如下。

```
lb=uilistbox              % 在新图窗窗口中创建一个列表框，并返回 ListBox 对象
lb=uilistbox(parent)      % 在指定的父容器中创建列表框
```

【例 7-12】利用代码创建包含一个列表框的简单 GUI。

解：在命令行窗口中输入以下语句，运行程序并输出相应的结果（略）。

```
fig=uifigure;
list=uilistbox(fig);
list.Items={'Red','Green','Blue'};
```

7.3.6 图像

图像（Image）是允许用户显示图片的 UI 组件，如 App 中的图标或徽标。Image 属性控制图像的外观和行为。该组件的图像及回调属性组的属性参数及相关取值如表 7-14 所示，其余属性请参考帮助文件。

表 7-14 Image属性

属 性 组	属 性	可选参数值
图像	ImageSource	图像源或文件。''（默认）、字符向量、字符串标量、$m×n×3$ 真彩色图像数组
	HorizontalAlignment	呈现图像的水平对齐方式。'center'（默认）、'left'、'right'
	VerticalAlignment	呈现图像的垂直对齐方式。'center'（默认）、'top'、'bottom'
	ScaleMethod	图像缩放方法。'fit'（默认）、'fill'、'none'、'scaledown'、'scaleup'、'stretch'
回调	CreateFcn	创建函数。''（默认）、函数句柄、元胞数组、字符向量
	DeleteFcn	删除函数。同CreateFcn
	ImageClickedFcn	单击图像后执行的回调。同CreateFcn

在 MATLAB 中，利用 uiimage( )函数可以创建图像组件，其调用格式如下。

```
im=uiimage                        % 在新图窗中创建一个图像组件并返回 Image 对象
im=uiimage(parent)                % 在指定的父容器中创建一个图像组件
```

【例 7-13】利用代码创建包含一个图像组件的简单 GUI。

解： 在命令行窗口中输入以下语句，运行程序并输出相应的结果（略）。

```
fig=uifigure;
im=uiimage(fig);
im.ImageSource='peppers.png';
```

7.3.7 坐标区

坐标区（UIAxes）属性控制 UIAxes 对象的外观和行为。通过更改属性值，可以修改坐标区的特定方面。该组件的回调属性组的属性参数及相关取值如表 7-15 所示，其余属性请参考帮助文件。

注意： 此处列出的属性对于 App 设计工具中的坐标区或使用 uifigure( )函数创建的图窗中的坐标区有效。此处列出的属性对于 GUIDE 中使用的坐标区或使用 figure( )函数创建的 App 中使用的坐标区也有效。

表 7-15　UIAxes属性

属 性 组	属　　性	可选参数值
回调	CreateFcn	创建函数。''（默认）、函数句柄、元胞数组、字符向量
	DeleteFcn	删除函数。同CreateFcn
	ButtonDownFcn	鼠标单击回调。同CreateFcn

在 MATLAB 中，利用 uiaxes 函数可以为 App 中的绘图创建 UI 坐标区，其调用格式如下。

```
ax=uiaxes                         % 在新图窗中创建一个 UI 坐标区，并返回 UIAxes 对象
ax=uiaxes(parent)                 % 在指定的父容器中创建 UI 坐标区
```

UIAxes 对象对于在 App 中创建笛卡儿图形很有用。它们与 axes( )函数返回的笛卡儿 Axes 对象非常类似，因此可以将 UIAxes 对象传递给大多数接受 Axes 对象的函数。

【例 7-14】利用代码创建包含一个坐标区组件的简单 GUI。

解： 在命令行窗口中输入以下语句，运行程序并输出相应的结果（略）。

```
ax=uiaxes;
ax.Color='blue';
```

7.3.8 复选框

复选框（CheckBox）是一种 UI 组件，用于指示预设项或选项的状态。通过属性参数可以控制复选框的外观和行为。该组件的复选框及回调属性组的属性参数及相关取值如表 7-16 所示，其余属性请参考帮助文件。

在 MATLAB 中，利用 uicheckbox( )函数可以创建复选框组件，其调用格式如下。

```
cbx=uicheckbox                    % 在新图窗窗口中创建一个复选框，并返回 CheckBox 对象
cbx=uicheckbox(parent)            % 在指定的父容器中创建复选框
```

表 7-16 CheckBox 属性

属性组	属性	可选参数值
复选框	Value	复选框的状态。0（默认）、1
	Text	复选框标签。'Check Box'（默认）、字符向量、字符向量元胞数组、字符串标量、字符串数组等
	WordWrap	文字换行以适应组件宽度。'off'（默认）、on/off 逻辑值
回调	CreateFcn	创建函数。''（默认）、函数句柄、元胞数组、字符向量
	DeleteFcn	删除函数。同 CreateFcn
	ValueChangedFcn	更改值后执行的回调。同 CreateFcn

【例 7-15】 利用代码创建包含一个复选框组件的简单 GUI。

解： 在命令行窗口中输入以下语句，运行程序并输出相应的结果（略）。

```
fig=uifigure;
cb=uicheckbox(fig);
cb.Text='Show value';
```

7.3.9 微调器

微调器（Spinner）是一种 UI 组件，用于从一个有限集合中选择数值。可通过属性控制微调器的外观和行为。该组件的值及回调属性组的属性参数相关取值如表 7-17 所示，其余属性请参考帮助文件。

表 7-17 Spinner 属性

属性组	属性	可选参数值
值	Value	微调器值。0（默认）、数值
	Limits	微调器的最小值和最大值。[-Inf Inf]（默认）、二元素数值数组
	Step	值增加或减少的数量。1（默认）、数值标量
	RoundFractionalValues	小数值的舍入方法。'off'（默认）、on/off 逻辑值
	ValueDisplayFormat	值的显示格式。'% 11.4g'（默认）、字符向量、字符串标量
	LowerLimitInclusive	下限值的包含性。'on'（默认）、on/off 逻辑值
	UpperLimitInclusive	上限值的包含性。'on'（默认）、on/off 逻辑值
回调	CreateFcn	创建函数。''（默认）、函数句柄、元胞数组、字符向量
	DeleteFcn	删除函数。同 CreateFcn
	ValueChangedFcn	更改值后执行的回调。同 CreateFcn
	ValueChangingFcn	更改值后执行的回调。同 CreateFcn

在 MATLAB 中，利用 uispinner( ) 函数可以创建微调器组件，其调用格式如下。

```
spn=uispinner              % 在新图窗窗口中创建一个微调器，并返回 Spinner 对象
spn=uispinner(parent)      % 在指定的父容器中创建微调器
```

【例 7-16】 利用代码创建包含一个微调器组件的简单 GUI。

解： 在命令行窗口中输入以下语句，运行程序并输出相应的结果（略）。

```
fig=uifigure;
s=uispinner(fig);
```

```
s.Value=20;
```

7.3.10 文本区域

文本区域（TextArea）是用于输入多行文本的 UI 组件。通过属性参数可以控制文本区域的外观和行为。该组件的文本及回调属性组的属性参数及相关取值如表 7-18 所示，其余属性请参考帮助文件。

表 7-18 TextArea属性

属性组	属性	可选参数值
文本	Value	值。{''}（默认）、字符向量、字符向量元胞数组、字符串数组、一维分类数组
	Placeholder	文本区域中的占位符文本。''（默认）、字符向量、字符串标量
	HorizontalAlignment	文本区域中文本的水平对齐方式。'left'（默认）、'right'、'center'
	WordWrap	文字换行以适应组件宽度。'off'（默认）、on/off逻辑值
回调	CreateFcn	创建函数。''（默认）、函数句柄、元胞数组、字符向量
	DeleteFcn	删除函数。同CreateFcn
	ValueChangedFcn	更改值后执行的回调。同CreateFcn
	ValueChangingFcn	更改值后执行的回调。同CreateFcn

在 MATLAB 中，利用 uitextarea( ) 函数可以创建文本区域组件，其调用格式如下。

```
txa=uitextarea                  % 在新图窗窗口中创建一个文本区域，并返回 TextArea 对象
txa=uitextarea(parent)          % 在指定的父容器中创建文本区域
```

【例 7-17】利用代码创建包含一个文本区域组件的简单 GUI。

解： 在命令行窗口中输入以下语句，运行程序并输出相应的结果（略）。

```
fig=uifigure;
tarea=uitextarea(fig);
tarea.Value='This sample is an outlier';
```

7.3.11 日期选择器

日期选择器（DatePicker）允许用户从交互式日历中选择日期。uidatepicker( )函数可以创建日期选择器并在显示它之前设置任何必需的属性。通过更改日期选择器的属性值，可以对其外观和行为进行某些方面的修改。该组件的日期选择器及回调属性组的属性参数相关取值如表 7-19 所示，其余属性请参考帮助文件。

表 7-19 DatePicker属性

属性组	属性	可选参数值
日期选择器	Value	选定的日期。NaT（默认）、datetime对象
	Placeholder	占位符文本。''（默认）、字符向量、字符串标量
	Limits	选择范围。1×2 datetime 数组
	DisplayFormat	显示格式。字符向量、字符串标量
	DisabledDates	禁用的日期。空 datetime 数组（默认）、$m \times 1$ datetime 数组
	DisabledDaysOfWeek	一周中禁用的日期。[]（默认）、[1, 7] 范围内的整数向量、字符向量元胞数组、字符串向量

续表

属性组	属性	可选参数值
回调	CreateFcn	创建函数。''（默认）、函数句柄、元胞数组、字符向量
	DeleteFcn	删除函数。同CreateFcn
	ValueChangedFcn	更改值后执行的回调。同CreateFcn

在 MATLAB 中，利用 uidatepicker( )函数可以创建日期选择器组件，其调用格式如下。

```
d=uidatepicker              % 在新图窗中创建一个日期选择器，并返回 DatePicker 对象
d=uidatepicker(parent)      % 在指定的父容器中创建日期选择器
```

【例 7-18】 利用代码创建包含一个日期选择器组件的简单 GUI。

解： 在命令行窗口中输入以下语句，运行程序并输出相应的结果（略）。

```
fig=uifigure;
d=uidatepicker(fig);
d.DisplayFormat='M/d/yyyy';
```

7.3.12 标签

标签（Label）是一种 UI 组件，其中包含用于标记 App 各部分的静态文本。通过属性参数可以控制标签的外观和行为。该组件的文本及回调属性组的属性参数及相关取值如表 7-20 所示，其余属性请参考帮助文件。

表 7-20 Label属性

属性组	属性	可选参数值
文本	Text	标签文本。'Label'（默认）、字符向量、字符向量元胞数组、字符串标量、字符串数组等
	Interpreter	标签文本解释器。'none'（默认）、'tex'、'latex'、'html'
	HorizontalAlignment	文本的水平对齐方式。'left'（默认）、'right'、'center'
	VerticalAlignment	文本的垂直对齐方式。'center'（默认）、'top'、'bottom'
	WordWrap	文字换行以适应组件宽度。'off'（默认）、on/off 逻辑值
回调	CreateFcn	创建函数。''（默认）、函数句柄、元胞数组、字符向量
	DeleteFcn	删除函数。同CreateFcn

在 MATLAB 中，利用 uilabel( )函数可以创建标签组件，其调用格式如下。

```
lbl=uilabel            % 在新图窗窗口中创建一个标签组件（具有文本'Label'），并返回 Label 对象
lbl=uilabel(parent)    % 在指定的父容器中创建标签
```

【例 7-19】 利用代码创建包含一个标签组件的简单 GUI。

解： 在命令行窗口中输入以下语句，运行程序并输出相应的结果（略）。

```
fig=uifigure;
tlabel=uilabel(fig);
tlabel.Text='Options';
```

7.3.13 树

树（Tree）是指用来表示 App 层次结构中的项目列表的 UI 组件。通过属性参数可以控制树的外观和行为。该组件的节点及回调属性组的属性参数及相关取值如表 7-21 所示，其余属性请参考帮助文件。

表 7-21 Tree属性

属 性 组	属 性	可选参数值
节点	SelectedNodes	选定的节点。[]（默认）、TreeNode对象、TreeNode对象数组
回调	CreateFcn	创建函数。''（默认）、函数句柄、元胞数组、字符向量
	DeleteFcn	删除函数。同CreateFcn
	SelectionChangedFcn	所选内容改变时的回调。同CreateFcn
	NodeExpandedFcn	节点展开时的回调。同CreateFcn
	NodeCollapsedFcn	节点折叠时的回调。同CreateFcn
	NodeTextChangedFcn	节点文本更改回调。同CreateFcn

在 MATLAB 中，利用 uitree( ) 函数可以创建树或复选框树组件，其调用格式如下。

```
t=uitree                    % 在新图窗窗口中创建一个标准树，并返回 Tree 对象
t=uitree(style)             % 创建指定样式的树。指定为'checkbox'时创建复选框树，而不是标准树
t=uitree(parent)            % 在指定的父容器中创建标准树
t=uitree(parent,style)      % 在指定的父容器中创建指定样式的树
```

说明：每种类型的 Tree 对象支持一组不同的属性。如果 style 为默认值'tree'，则参阅 Tree 属性；如果 style 为'checkbox'，则参阅 CheckBoxTree 属性。

【例 7-20】利用代码创建包含一个树组件的简单 GUI。

解：在命令行窗口中输入以下语句，运行程序并输出相应的结果（略）。

```
fig=uifigure;               % 用于创建包含两个嵌套节点的基本树
t=uitree(fig);              % 将 Tree 对象存储为 t
n1=uitreenode(t);
n1.Text='Node 1';
n2=uitreenode(n1);
n2.Text='Node 2';
t.FontColor='blue';         % 使用圆点表示法设置 FontColor 属性
```

7.3.14 复选框树

复选框树（CheckBoxTree）是 UI 组件，用于显示 App 层次结构中的项目列表，其中每个项目都有一个关联的复选框。通过属性参数可以控制复选框树的外观和行为。该组件的节点及回调属性组的属性参数及相关取值如表 7-22 所示，其余属性请参考帮助文件。

在 MATLAB 中，利用 uitree( ) 函数可以创建树或复选框树组件，将 style 指定为'checkbox'时可以创建复选框树。

表 7-22　CheckBoxTree属性

属 性 组	属　　性	可选参数值
节点	CheckedNodes	选中的节点。[]（默认）、TreeNode对象、TreeNode对象数组
	SelectedNodes	选定的节点。[]（默认）、TreeNode对象
回调	CreateFcn	创建函数。''（默认）、函数句柄、元胞数组、字符向量
	DeleteFcn	删除函数。同CreateFcn
	CheckedNodesChangedFcn	选中节点更改时执行的回调
	SelectionChangedFcn	所选内容改变时的回调。同CreateFcn
	NodeExpandedFcn	节点展开时的回调。同CreateFcn
	NodeCollapsedFcn	节点折叠时的回调。同CreateFcn
	NodeTextChangedFcn	节点文本更改回调。同CreateFcn
	ClickedFcn	单击的函数。同CreateFcn
	DoubleClickedFcn	双击的函数。同CreateFcn

【例 7-21】利用代码创建包含一个组件的简单 GUI。

解：在命令行窗口中输入以下语句，运行程序并输出相应的结果（略）。

```
fig=uifigure;                          % 用于具有两个嵌套节点的基本复选框树
cbt=uitree(fig,'checkbox');            % 将 CheckBoxTree 对象存储为 cbt
n1=uitreenode(cbt);
n1.Text='Node 1';
n2=uitreenode(n1);
n2.Text='Node 2';
cbt.CheckedNodes=[n1 n2];              % 使用圆点表示法设置 CheckedNodes 属性
```

7.3.15　滑块

滑块（Slider）是一种 UI 组件，允许用户沿某个连续范围选择一个值。通过属性参数可以控制滑块的外观和行为。该组件的滑块及回调属性组的属性参数及相关取值如表 7-23 所示，其余属性请参考帮助文件。

表 7-23　Slider属性

属 性 组	属　　性	可选参数值
滑块	Value	滑块值。0（默认）、数值
	Limits	滑块的最小值和最大值。[0 100]（默认）、二元素数值数组
	Orientation	方向。'horizontal'（默认）、'vertical'
回调	CreateFcn	创建函数。''（默认）、函数句柄、元胞数组、字符向量
	DeleteFcn	删除函数。同CreateFcn
	ValueChangedFcn	更改值后执行的回调。同CreateFcn
	ValueChangingFcn	更改值后执行的回调。同CreateFcn

在 MATLAB 中，利用 uislider( )函数可以创建滑块组件，其调用格式如下。

```
sld=uislider;                % 在新图窗窗口中创建一个滑块，并返回 Slider 对象
sld=uislider(parent)         % 在指定的父容器中创建滑块
```

【例7-22】利用代码创建包含一个滑块组件的简单GUI。

解：在命令行窗口中输入以下语句，运行程序并输出相应的结果（略）。

```
fig=uifigure;
s=uislider(fig);
s.Value=20;
```

7.3.16 数值编辑字段

数值编辑字段（NumericEditField）是一种UI组件，允许用户在App中输入数值。通过属性参数可以控制数值编辑字段的外观和行为。该组件的值及回调属性组的属性参数及相关取值如表7-24所示，其余属性请参考帮助文件。

表7-24 NumericEditField属性

属性组	属性	可选参数值
值	Value	编辑字段中的值。0（默认）、数值
	Limits	编辑字段的最小值和最大值。[-Inf Inf]（默认）、二元素数值数组
	RoundFractionalValues	小数值的舍入方法。'off'（默认）、on/off 逻辑值
	ValueDisplayFormat	值的显示格式。'% 11.4g'（默认）、字符向量、字符串标量
	LowerLimitInclusive	下限值的包含性。'on'（默认）、on/off 逻辑值
	UpperLimitInclusive	上限值的包含性。'on'（默认）、on/off 逻辑值
回调	CreateFcn	创建函数。''（默认）、函数句柄、元胞数组、字符向量
	DeleteFcn	删除函数。同CreateFcn
	ValueChangedFcn	更改值后执行的回调。同CreateFcn

在MATLAB中，利用uieditfield( )函数可以创建文本或数值编辑字段组件，其调用格式如下。

```
edt=uieditfield                    % 在新图窗窗口中创建一个文本编辑字段，并返回EditField对象
edt=uieditfield(style)             % 创建指定样式的编辑字段
    % style 指定为'text'时，默认文本编辑字段为空
    % style 指定为'numeric'时，默认数值编辑字段显示值0
edt=uieditfield(parent)            % 在指定的父容器中创建编辑字段
edt=uieditfield(parent,style)      % 在指定的父容器中创建指定样式的编辑字段
```

【例7-23】利用代码创建包含一个数值编辑字段组件的简单GUI。

解：在命令行窗口中输入以下语句，运行程序并输出相应的结果（略）。

```
fig=uifigure;
ef=uieditfield(fig,'numeric');
ef.Value=20;
```

7.3.17 文本编辑字段

文本编辑字段（EditField）是用于输入文本的UI组件。通过属性参数可以控制编辑字段的外观和行为。该组件的文本及回调属性组的属性参数及相关取值如表7-25所示，其余属性请参考帮助文件。

在MATLAB中，利用uieditfield( )函数可以创建文本或数值编辑字段组件，将style指定为'text'时可以创建文本编辑字段。

表 7-25　EditField属性

属性组	属性	可选参数值
文本	Value	编辑字段中的文本。''（默认）、字符向量、字符串标量
	Placeholder	编辑字段中的占位符文本。''（默认）、字符向量、字符串标量
	HorizontalAlignment	编辑字段中文本的水平对齐方式。'left'（默认）、'right'、'center'
回调	CreateFcn	创建函数。''（默认）、函数句柄、元胞数组、字符向量
	DeleteFcn	删除函数。同CreateFcn
	ValueChangedFcn	更改值后执行的回调。同CreateFcn
	ValueChangingFcn	更改值后执行的回调。同CreateFcn

【例 7-24】利用代码创建包含一个文本编辑字段组件的简单 GUI。

解：在命令行窗口中输入以下语句，运行程序并输出相应的结果（略）。

```
fig=uifigure;
ef=uieditfield(fig);
ef.Value='New sample';
```

7.3.18　表

表（Table）组件在 App 中显示数据的行和列。uitable( )函数可以创建一个表 UI 组件并在显示前为其设置所有必需的属性。通过更改 Table 对象的属性值，可以对其外观和行为进行某些方面的修改。该组件的列表框及回调属性组的属性参数及相关取值如表 7-26 所示，其余属性请参考帮助文件。

Table 对象的某些属性和属性值会有所不同，具体取决于表是使用 uifigure( )函数还是使用 figure( )函数创建的图窗的子级。uifigure( )函数是构建新 App 时推荐使用的函数，也是在使用 App 设计工具创建的 App 中使用的函数。

表 7-26　Table属性

属性组	属性	可选参数值
列表框	Data	表数据。表数组、数值数组、逻辑数组、元胞数组、字符串数组等
	ColumnName	列名称。'numbered'、$n \times 1$字符向量元胞数组、$n \times 1$字符串数组、空元胞数组({})等
	ColumnWidth	表列的宽度。'auto'（默认）、'fit'、'1x'、$1 \times n$元胞数组
	ColumnEditable	编辑列单元格的功能。[ ]（默认）、$1 \times n$逻辑数组、逻辑标量
	ColumnFormat	单元格显示格式。空元胞数组({})（默认）、$1 \times n$字符向量元胞数组
	RowName	行名称。'numbered'、$n \times 1$字符向量元胞数组、$n \times 1$字符串数组、空元胞数组({})等
回调	CreateFcn	创建函数。''（默认）、函数句柄、元胞数组、字符向量
	DeleteFcn	删除函数。同CreateFcn
	CellEditCallback	单元格编辑回调函数。无('')，其余同CreateFcn
	ButtonDownFcn	按下鼠标按键回调函数。同CreateFcn
	KeyPressFcn	按键回调函数。同CreateFcn
	KeyReleaseFcn	释放键回调函数。同CreateFcn
	CellSelectionCallback	单元格选择回调函数。无('')，其余同CreateFcn

在 MATLAB 中，利用 uitable( )函数可以创建表用户界面组件，其调用格式如下。

```
uit=uitable                          % 在当前图窗中创建表用户界面组件，并返回 TableUI 组件对象
uit=uitable(parent)                  % 在指定的父容器中创建表
```

【例 7-25】利用代码创建包含一个表组件的简单 GUI。

解：在命令行窗口中输入以下语句，运行程序并输出相应的结果（略）。

```
fig=uifigure;
uit=uitable(fig,'Data',[1 2 3; 4 5 6; 7 8 9]);
uit.FontSize=10;
```

7.3.19 超链接

超链接（Hyperlink）是提供能打开网页的可单击链接的 UI 组件。通过属性参数可以控制超链接的外观和行为。该组件的文本及回调属性组的属性参数及相关取值如表 7-27 所示，其余属性请参考帮助文件。

表 7-27 Hyperlink属性

属性组	属性	可选参数值
文本	Text	超链接显示文本。'Hyperlink'（默认）、字符向量、字符向量元胞数组、字符串标量、字符串数组、一维分类数组
	HorizontalAlignment	文本的水平对齐方式。'left'（默认）、'right'、'center'
	VerticalAlignment	文本的垂直对齐方式。'center'（默认）、'top'、'bottom'
	WordWrap	文字换行以适应组件宽度。'off'（默认）、on/off 逻辑值
回调	CreateFcn	创建函数。''（默认）、函数句柄、元胞数组、字符向量
	DeleteFcn	删除函数。同 CreateFcn
	HyperlinkClickedFcn	超链接被单击后的回调。同 CreateFcn

在 MATLAB 中，利用 uihyperlink( )函数可以创建超链接组件，其调用格式如下。

```
hlink=uihyperlink              % 在新图窗窗口中创建一个超链接组件，并返回 Hyperlink 对象
                               % 该链接的默认大小为 70×22 像素，默认文本为'Hyperlink'
hlink=uihyperlink(parent)      % 在指定的父容器中创建超链接
```

【例 7-26】利用代码创建包含一个超链接组件的简单 GUI。

解：在命令行窗口中输入以下语句，运行程序并输出相应的结果（略）。

```
fig=uifigure;
hlink=uihyperlink(fig);
hlink.URL='https://www.mathworks.com/'
```

7.3.20 HTML

借助 HTML 组件，可以显示原始 HTML 文本，或将 HTML、JavaScript 或 CSS 内容嵌入 App，并与第三方库对接，以显示小组件或数据可视化等内容。

说明：支持文件（HTML、JavaScript、CSS、图像等）必须保存在本地文件系统可以访问的位置。

HTML 属性控制着 HTML UI 组件的外观和行为。该组件 HTML 属性组的属性参数及相关取值如表 7-28 所示，其余属性请参考帮助文件。

表 7-28　HTML属性

属　性　组	属　　性	可选参数值
HTML	HTMLSource	HTML标记或文件。''（默认）、字符向量、字符串标量
	Data	MATLAB数据。任意MATLAB数据类型

在 MATLAB 中，利用 uihtml( ) 函数可以创建 HTML UI 组件，其调用格式如下。

```
h=uihtml                    % 在新图窗中创建一个 HTML UI 组件，并返回组件对象
h=uihtml(parent)            % 在指定的父容器中创建 HTMLUI 组件
```

【例 7-27】利用代码创建包含一个 HTML UI 组件的简单 GUI。

解：在命令行窗口中输入以下语句，运行程序并输出相应的结果（略）。

```
fig=uifigure;
h=uihtml(fig);
h.Position=[100 100 150 100];
h.HTMLSource='<p style="font-family:arial;"><b><span style="color:red;">
Hello</span> <u>Dingjbin</u>!</b></p>';
```

7.4　仪器组件

仪器组件包括用于可视化状态的仪表和信号灯，以及用于选择输入参数的旋钮和开关等，设计视图模式下的组件如图 7-4 所示。

第 31 集
微课视频

图 7-4　仪器组件

7.4.1　信号灯

信号灯（Lamp）是通过颜色指示状态的 App 组件。通过属性参数可以控制信号灯的外观和行为。该组件的颜色及回调属性组的属性参数及相关取值如表 7-29 所示，其余属性请参考帮助文件。

表 7-29　Lamp属性

属　性　组	属　　性	可选参数值
颜色	Color	信号灯的颜色。[0 1 0]（默认）、RGB三元组、十六进制颜色代码、'r'、'g'、'b'等
回调	CreateFcn	创建函数。''（默认）、函数句柄、元胞数组、字符向量
	DeleteFcn	删除函数。同CreateFcn

在 MATLAB 中，利用 uilamp( ) 函数可以创建信号灯组件，其调用格式如下。

```
lmp=uilamp                          % 在新图窗窗口中创建一个信号灯,并返回 Lamp 对象
lmp=uilamp(parent)                  % 在指定的父容器中创建信号灯
```

【例 7-28】利用代码创建包含一个信号灯组件的简单 GUI。

解:在命令行窗口中输入以下语句,运行程序并输出相应的结果(略)。

```
fig=uifigure;
mylamp=uilamp(fig);
mylamp.Color='red';
```

7.4.2 仪表

仪表(Gauge)是表示测量仪器的 App 组件。通过属性参数可以控制仪表的外观和行为。该组件的仪表及回调属性组的属性参数及相关取值如表 7-30 所示,其余属性请参考帮助文件。

表 7-30 Gauge属性

属性组	属 性	可选参数值
仪表	Value	仪表指针的位置。0(默认)、数值
	Limits	最小和最大仪表标度值。[0 100](默认)、二元素数值数组
	ScaleDirection	仪表标度的方向。'clockwise'(默认)、'counterclockwise'
	ScaleColors	标度颜色。[](默认)、$1 \times n$ 字符串数组、$1 \times n$ 元胞数组、由RGB三元组组成的 $n \times 3$ 数组、十六进制颜色代码等
	ScaleColorLimits	色阶颜色范围。[](默认)、$n \times 2$ 数组
回调	CreateFcn	创建函数。''(默认)、函数句柄、元胞数组、字符向量
	DeleteFcn	删除函数。同CreateFcn

在 MATLAB 中,利用 uigauge( )函数可以创建仪表组件,其调用格式如下。

```
g=uigauge                           % 在新图窗窗口中创建一个圆形仪表,并返回 Gauge 对象
g=uigauge(style)                    % 指定仪表样式,如表 7-31 所示
g=uigauge(parent)                   % 在指定的父容器中创建仪表
g=uigauge(parent,style)             % 在指定的父容器中创建指定样式的仪表
```

表 7-31 仪表样式

样 式	外 观	样 式	外 观
'circular'(默认)		'semicircular'	
'ninetydegree'		'linear'	

【例 7-29】利用代码创建包含一个仪表组件的简单 GUI。

解:在命令行窗口中输入以下语句,运行程序并输出相应的结果(略)。

```
fig=uifigure;
g=uigauge(fig);
```

```
g.Value=45;
```

7.4.3　90度仪表

90度仪表（NinetyDegreeGauge）是表示测量仪器的UI组件。通过属性参数可以控制90度仪表的外观和行为。该组件的仪表及回调属性组的属性参数及相关取值如表7-32所示，其余属性请参考帮助文件。

表7-32　NinetyDegreeGauge属性

属性组	属性	可选参数值
仪表	Value	仪表指针的位置。0（默认）、数值
	Limits	最小和最大仪表标度值。[0 100]（默认）、二元素数值数组
	Orientation	方向。'northwest'（默认）、'northeast'、'southwest'、'southeast'
	ScaleDirection	仪表标度的方向。'clockwise'（默认）、'counterclockwise'
	ScaleColors	标度颜色。[]（默认）、$1 \times n$字符串数组、$1 \times n$元胞数组、由RGB三元组组成的$n \times 3$数组、十六进制颜色代码等
	ScaleColorLimits	色阶颜色范围。[]（默认）、$n \times 2$数组
回调	CreateFcn	创建函数。''（默认）、函数句柄、元胞数组、字符向量
	DeleteFcn	删除函数。同CreateFcn

在 MATLAB 中，利用 uigauge( )函数可以创建仪表组件，将 style 指定为'ninetydegree'时可以创建90度仪表。

【例7-30】利用代码创建包含一个90度仪表组件的简单GUI。

解： 在命令行窗口中输入以下语句，运行程序并输出相应的结果（略）。

```
fig=uifigure;
g=uigauge(fig,'ninetydegree');
g.Value=45;
```

7.4.4　半圆形仪表

半圆形仪表（SemicircularGauge）是表示测量仪器的 UI 组件。通过属性参数可以控制半圆形仪表的外观和行为。该组件的仪表及回调属性组的属性参数及相关取值如表7-33所示，其余属性请参考帮助文件。

表7-33　SemicircularGauge属性

属性组	属性	可选参数值
仪表	Value	仪表指针的位置。0（默认）、数值
	Limits	最小和最大仪表标度值。[0 100]（默认）、二元素数值数组
	Orientation	方向。'north'（默认）、'south'、'east'、'west'
	ScaleDirection	仪表标度的方向。'clockwise'（默认）、'counterclockwise'
	ScaleColors	标度颜色。[]（默认）、$1 \times n$字符串数组、$1 \times n$元胞数组、由RGB三元组组成的$n \times 3$数组、十六进制颜色代码等
	ScaleColorLimits	色阶颜色范围。[]（默认）、$n \times 2$数组
回调	CreateFcn	创建函数。''（默认）、函数句柄、元胞数组、字符向量
	DeleteFcn	删除函数。同CreateFcn

在 MATLAB 中，利用 uigauge( )函数可以创建仪表组件，将 style 指定为'semicircular'时可以创建半圆形仪表。

【例 7-31】利用代码创建包含一个半圆形仪表组件的简单 GUI。

解： 在命令行窗口中输入以下语句，运行程序并输出相应的结果（略）。

```
fig=uifigure;
g=uigauge(fig,'semicircular');
g.Value=45;
```

7.4.5 线性仪表

线性仪表（LinearGauge）是表示测量仪器的 UI 组件。通过属性参数可以控制线性仪表的外观和行为。该组件的仪表及回调属性组的属性参数及相关取值如表 7-34 所示，其余属性请参考帮助文件。

表 7-34 LinearGauge属性

属性组	属 性	可选参数值
仪表	Value	仪表指针的位置。0（默认）、数值
	Limits	最小和最大仪表标度值。[0 100]（默认）、二元素数值数组
	Orientation	方向。'horizontal'（默认）、'vertical'
	ScaleColors	标度颜色。[]（默认）、$1 \times n$字符串数组、$1 \times n$元胞数组、由RGB三元组组成的$n \times 3$数组、十六进制颜色代码等
	ScaleColorLimits	色阶颜色范围。[]（默认）、$n \times 2$数组
回调	CreateFcn	创建函数。''（默认）、函数句柄、元胞数组、字符向量
	DeleteFcn	删除函数。同CreateFcn

在 MATLAB 中，利用 uigauge( )函数可以创建仪表组件，将 style 指定为'linear'时可以创建线性仪表。

【例 7-32】利用代码创建包含一个线性仪表组件的简单 GUI。

解： 在命令行窗口中输入以下语句，运行程序并输出相应的结果（略）。

```
fig=uifigure;
g=uigauge(fig,'linear');
g.Value=45;
```

7.4.6 旋钮

旋钮（Knob）是表示仪器控制旋钮的一种 UI 组件，通过调节该按钮可以控制某个值。通过属性参数可以控制旋钮的外观和行为。该组件的旋钮及回调属性组的属性参数及相关取值如表 7-35 所示，其余属性请参考帮助文件。

在 MATLAB 中，利用 uiknob( )函数可以创建旋钮组件，其调用格式如下。

```
kb=uiknob                  % 在新图窗窗口中创建一个旋钮，并返回 Knob 对象
kb=uiknob(style)           % 指定旋钮样式，如表 7-36 所示
kb=uiknob(parent)          % 在指定的父容器中创建旋钮
kb=uiknob(parent,style)    % 在指定的父容器中创建指定样式的旋钮
```

表 7-35　Knob 属性

属性组	属性	可选参数值
旋钮	Value	旋钮的值。0（默认）、数值
	Limits	旋钮值的最小值和最大值。[0 100]（默认）、二元素数值数组
回调	CreateFcn	创建函数。''（默认）、函数句柄、元胞数组、字符向量
	DeleteFcn	删除函数。同CreateFcn
	ValueChangedFcn	更改值后执行的回调。同CreateFcn
	ValueChangingFcn	更改值后执行的回调。同CreateFcn

表 7-36　旋钮样式

样式	外观	样式	外观
'continuous'（默认）		'discrete'	

【例 7-33】利用代码创建包含一个旋钮组件的简单 GUI。

解：在命令行窗口中输入以下语句，运行程序并输出相应的结果（略）。

```
fig=uifigure;
k=uiknob(fig);
k.Value=45;
```

7.4.7　分挡旋钮

分挡旋钮（DiscreteKnob）是一种 UI 组件，用于从一组分挡中选择一个选项。通过更改属性值，可以修改分挡旋钮的外观和行为。该组件的旋钮及回调属性组的属性参数及相关取值如表 7-37 所示，其余属性请参考帮助文件。

表 7-37　DiscreteKnob 属性

属性组	属性	可选参数值
旋钮	Value	值。Items的元素、ItemsData的元素
	Items	旋钮选项。{'Off','Low','Medium','High'}（默认）、字符向量元胞数组、字符串数组等
	ItemsData	与Items的每个元素关联的数据。空数组（默认）、1×n数值数组、1×n元胞数组
回调	CreateFcn	创建函数。''（默认）、函数句柄、元胞数组、字符向量
	DeleteFcn	删除函数。同CreateFcn
	ValueChangedFcn	更改值后执行的回调。同CreateFcn

在 MATLAB 中，利用 uiknob( ) 函数可以创建旋钮组件，将 style 指定为 'discrete' 时可以创建分挡按钮。

【例 7-34】利用代码创建包含一个分挡旋钮组件的简单 GUI。

解：在命令行窗口中输入以下语句，运行程序并输出相应的结果（略）。

```
fig=uifigure;
k=uiknob(fig,'discrete');
```

```
k.Items={'Freezing','Cold','Warm','Hot'};
```

7.4.8 开关

开关（Switch）是一种指示逻辑状态的 UI 组件。通过属性参数可以控制开关的外观和行为。该组件的开关及回调属性组的属性参数及相关取值如表 7-38 所示，其余属性请参考帮助文件。

表 7-38　Switch 属性

属 性 组	属 性	可选参数值
开关	Value	值。Items 的元素、ItemsData 的元素
	Items	开关选项。{'Off','On'}（默认）、字符向量元胞数组、字符串数组、1×2 分类数组
	ItemsData	与 Items 的每个元素关联的数据。空数组（默认）、1×2 数值数组、1×2 元胞数组
	Orientation	方向。'horizontal'（默认）、'vertical'
回调	CreateFcn	创建函数。''（默认）、函数句柄、元胞数组、字符向量
	DeleteFcn	删除函数。同 CreateFcn
	ValueChangedFcn	更改值后执行的回调。同 CreateFcn

在 MATLAB 中，利用 uiswitch( )函数可以创建滑块开关、拨动开关或拨动开关组件，其调用格式如下。

```
sw=uiswitch                    % 在新图窗窗口中创建一个滑块开关，并返回 Switch 对象
sw=uiswitch(style)             % 创建指定样式的开关，如表 7-39 所示
sw=uiswitch(parent)            % 在指定的父容器中创建开关
sw=uiswitch(parent,style)      % 在指定的父容器中创建指定样式的开关
```

表 7-39　开关样式

样 式	外 观	样 式	外 观	样 式	外 观
'slider'（默认）	Off ○ On	'rocker'	On / Off	'toggle'	On / Off

【例 7-35】利用代码创建包含一个开关组件的简单 GUI。

解：在命令行窗口中输入以下语句，运行程序并输出相应的结果（略）。

```
fig=uifigure;
s=uiswitch(fig);
s.Items={'Cold','Hot'};
```

7.4.9 拨动开关

拨动开关（ToggleSwitch）是一种指示逻辑状态的 UI 组件。通过属性参数可以控制拨动开关的外观和行为。该组件的开关及回调属性组的属性参数及相关取值如表 7-40 所示，其余属性请参考帮助文件。

在 MATLAB 中，利用 uiswitch( )函数可以创建滑块开关、拨动开关或拨动开关组件，将 style 指定为 'toggle' 时可以创建拨动开关。

表 7-40　ToggleSwitch 属性

属性组	属性	可选参数值
开关	Value	值。Items 的元素、ItemsData 的元素
	Items	开关选项。{'Off','On'}（默认）、字符向量元胞数组、字符串数组、1×2 分类数组
	ItemsData	与 Items 的每个元素关联的数据。空数组([])（默认）、1×2 数值数组、1×2 元胞数组
	Orientation	方向。'vertical'（默认）、'horizontal'
回调	CreateFcn	创建函数。''（默认）、函数句柄、元胞数组、字符向量
	DeleteFcn	删除函数。同 CreateFcn
	ValueChangedFcn	更改值后执行的回调。同 CreateFcn

【例 7-36】利用代码创建包含一个拨动开关组件的简单 GUI。

解： 在命令行窗口中输入以下语句，运行程序并输出相应的结果（略）。

```
fig=uifigure;
s=uiswitch(fig,'toggle');
s.Items={'Cold','Hot'};
```

7.4.10　跷板开关

跷板开关（RockerSwitch）是一种指示逻辑状态的 UI 组件。通过属性参数可以控制跷板开关的外观和行为。该组件的开关及回调属性组的属性参数及相关取值如表 7-41 所示，其余属性请参考帮助文件。

表 7-41　RockerSwitch 属性

属性组	属性	可选参数值
开关	Value	值。Items 的元素、ItemsData 的元素
	Items	开关选项。{'Off','On'}（默认）、字符向量元胞数组、字符串数组、1×2 分类数组
	ItemsData	与 Items 的每个元素关联的数据。空数组([])（默认）、1×2 数值数组、1×2 元胞数组
	Orientation	方向。'vertical'（默认）、'horizontal'
回调	CreateFcn	创建函数。''（默认）、函数句柄、元胞数组、字符向量
	DeleteFcn	删除函数。同 CreateFcn
	ValueChangedFcn	更改值后执行的回调。同 CreateFcn

在 MATLAB 中，利用 uiswitch( ) 函数可以创建滑块开关、拨动开关或拨动开关组件，将 style 指定为 'rocker' 时可以创建跷板开关。

【例 7-37】利用代码创建包含一个跷板开关组件的简单 GUI。

解： 在命令行窗口中输入以下语句，运行程序并输出相应的结果（略）。

```
fig=uifigure;
rs=uiswitch(fig,'rocker');
rs.Items={'Cold','Hot'};
```

7.5 在 App 中显示表格数据

表数组对于将表格数据存储为 MATLAB 变量很有用。例如，调用 readtable( )函数可以从电子表格创建表数组。在 App 中用于显示表格数据的用户界面组件为 Table UI（表 UI）组件。在 Table UI 组件中显示的数据类型包括表数组。

注意： 只有在 App 设计工具中创建的 App 和使用 uifigure( )函数创建的 App 和图窗才支持表数组。

在 App 中显示表数组数据时，可以利用某些数据类型的交互式功能。表数组数据不会根据表 UI 组件的 ColumnFormat 属性显示，这与表 UI 组件支持的其他类型的数组不同。

7.5.1 逻辑数据

在表 UI 组件中，根据逻辑值显示为复选框的选中状态（true 表示选中，false 表示未选中）。当表 UI 组件的 ColumnEditable 属性为 true 时，用户可选中和清除 App 中的复选框。

【例 7-38】 创建逻辑数据表格。

解： 在命令行窗口中输入以下语句，然后运行程序，输出结果如图 7-5 所示。

```
fig=uifigure;
tdata=table([true;true;false]);
uit=uitable(fig,'Data',tdata);
uit.Position(3)=130;
uit.RowName='numbered';
```

第 32 集
微课视频

7.5.2 分类数据

在表 UI 组件中，categorical 值可显示为下拉列表或文本。当表 UI 组件的 ColumnEditable 属性为 true 时，类别将显示在下拉列表中；否则，类别显示为不带下拉列表的文本。

如果 categorical 数组未受保护，通过在单元格中输入的方式可以将新类别添加到正在运行的 App 中。

【例 7-39】 创建分类数据表格。

解： 在命令行窗口中输入以下语句，然后运行程序，输出结果如图 7-6 所示。

```
fig=uifigure;
cnames=categorical({'Blue';'Red'},{'Blue','Red'});
w=[400;700];
tdata=table(cnames,w,'VariableNames',{'Color','Wavelength'});
uit=uitable(fig,'Data',tdata,'ColumnEditable',true);
```

图 7-5 逻辑数据表格　　　　　　　　图 7-6 分类数据表格

7.5.3 日期时间数据

在表 UI 组件中，datetime 值根据相应表变量（datetime 数组）的 Format 属性显示。

【例 7-40】 创建日期时间数据表格。

解：在命令行窗口中输入以下语句，然后运行程序，输出结果如图 7-7（a）所示。

```
fig=uifigure;
dates=datetime([2016,01,17;2017,01,20],'Format','MM/dd/uuuu');
m=[10;9];
tdata=table(dates,m,'VariableNames',{'Date','Measurement'});
uit=uitable(fig,'Data',tdata);
```

要更改格式，可以使用圆点表示法来设置表变量的 Format 属性，然后替换 Table UI 组件中的数据。继续在命令行窗口中输入以下语句。运行程序，输出结果如图 7-7（b）所示。

```
tdata.Date.Format='dd/MM/uuuu';
uit.Data=tdata;
```

Date	Measurement
01/17/2016	10
01/20/2017	9

（a）'MM/dd/uuuu'格式

Date	Measurement
17/01/2016	10
20/01/2017	9

（b）'dd/MM/uuuu'格式

图 7-7　日期时间数据表格

当表 UI 组件的 ColumnEditable 属性为 true 时，用户可在 App 中更改日期值。当列可编辑时，App 需要符合 datetime 数组的 Format 属性的输入值。如果用户输入无效日期，则表中显示的值为 NaT。

7.5.4 持续时间数据

在表 UI 组件中，duration 值根据相应表变量（duration 数组）的 Format 属性显示。

【例 7-41】 创建持续时间数据表格。

解：在命令行窗口中输入以下语句，然后运行程序，输出结果如图 7-8（a）所示。

```
fig=uifigure;
mtime=duration([0;0],[1;1],[20;30]);
dist=[10.51;10.92];
tdata=table(mtime,dist,'VariableNames',{'Time','Distance'});
uit=uitable(fig,'Data',tdata);
```

要更改格式，可以使用圆点表示法来设置表变量的 Format 属性。继续在命令行窗口中输入以下语句。运行程序，输出结果如图 7-8（b）所示。

```
tdata.Time.Format='s';
uit.Data=tdata;
```

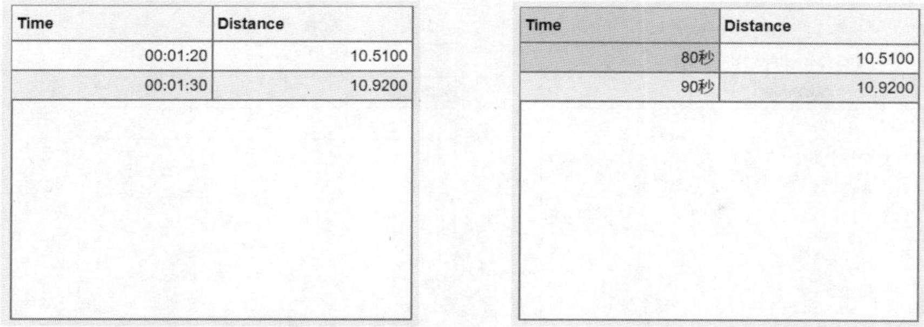

（a）'hh:mm:ss'格式　　　　　　　　　（b）'s'格式

图 7-8　持续时间数据表格

注意：包含 duration 值的单元格在运行的 App 中是不可编辑的，哪怕表 UI 组件的 ColumnEditable 属性为 true。

7.5.5　非标量数据

在表 UI 组件中，非标量值在 App 中的显示方式与它们在命令行窗口中的显示方式相同。

【例 7-42】 创建包含三维数组和 struct 数组的非标量数据表格。

解：在命令行窗口中输入以下语句，然后运行程序，输出结果如图 7-9（a）所示。

```
fig=uifigure;
arr={rand(3,3,3);rand(3,3,3)};                          % 三维数组
s={struct;struct};                                      % struct 数组
tdata=table(arr,s,'VariableNames',{'Array','Structure'}); % 表数组
uit=uitable(fig,'Data',tdata);
```

一个多列表数组变量在 App 中显示为一个组合列，就像在命令行窗口中一样。

继续在命令行窗口中输入以下语句：

```
n=[1;2;3];
rgbs=[128 122 16; 0 66 155; 255 0 0];
tdata=table(n,rgbs,'VariableNames',{'ROI','RGB'})
```

可以看出，表数组中的 RGB 变量是一个 3×3 数组。输出结果如下：

```
tdata =
  3×2 table
    ROI        RGB
    ___    _____

     1     128    122     16
     2       0     66    155
     3     255      0      0
```

表 UI 组件具有类似的呈现形式。选择 RGB 列中的一个项将选择该行中的所有子列。即使表 UI 组件的 ColumnEditable 属性为 true，子列中的值在运行的 App 中也不可编辑。

继续在命令行窗口中输入以下语句，然后运行程序，输出结果如图 7-9（b）所示。

```
fig=uifigure;
uit=uitable(fig,'Data',tdata);
```

Array	Structure
3×3×3 double	1×1 struct
3×3×3 double	1×1 struct

（a）包含三维数组和 struct 数组

ROI	RGB		
1	128	122	16
2	0	66	155
3	255	0	0

（b）显示子列

图 7-9　非标量数据表格

7.5.6　缺失数据值

在表 UI 组件中，缺失值会根据具体数据类型显示为指示符，具体如下：

（1）缺失字符串显示为<missing>。

（2）未定义的 categorical 值显示为<undefined>。

（3）无效或未定义的数字或 duration 值显示为 NaN。

（4）无效或未定义的 datetime 值显示为 NaT。

如果表 UI 组件的 ColumnEditable 属性为 true，则可以在运行的 App 中更改值。

【例 7-43】在运行的 App 中更改表 UI 中的值。

解：执行下面的操作。

（1）在命令行窗口中输入以下语句，然后运行程序，输出结果如图 7-10（a）所示。

```
fig=uifigure;
sz=categorical([1;3;4;2],1:3,{'Large','Medium','Small'});
num=[NaN;10;12;15];
tdata=table(sz,num,'VariableNames',{'Size','Number'});
uit=uitable(fig,'Data',tdata,'ColumnEditable',true);
```

（2）双击 App 中的表格，即可更改表格中的值，更改值后的表格如图 7-10 所示。

Size	Number
Large	NaN
Small	10
<undefined>	12
Medium	15

（a）更改值前

Size	Number
Large	NaN
Small	10
Medium	100
Small	8

（b）更改值后

图 7-10　更改值

7.5.7 显示表数组的 App 示例

本节通过创建一个使用表数据的 App 中显示表 UI 组件的示例帮助读者掌握 App 的创建过程。示例中的表包含 numeric、logical、categorical 和多列变量。

【例 7-44】在画布上设置两个绘图坐标区。其中一个绘图区以图形显示原始表数据；另一个绘图区最初显示与原始表数据相同的图形，其后会随着用户在表 UI 组件中编辑值或对列的排序而进行相应更新。

解： 在 MATLAB App 设计工具中执行如下操作。

1. 创建新App文件

（1）在 MATLAB 命令行窗口中输入以下命令即可进入 App 设计工具起始页。

```
>> appdesigner
```

（2）在起始页的 App 部分中单击"空白 App"，在 App 设计工具中创建一个新 App。

（3）单击"设计工具"→"文件"→"保存"按钮，在弹出的"保存文件"对话框中将文件保存为 BloodPressureAnalyisis.mlapp。

（4）在组件浏览器中单击 BloodPressureAnalyisis，然后在其下方的 App 选项卡中将"名称"修改为 BloodPressureAnalyisisExercise，"版本"为 1.0，"作者"为 DingJB，如图 7-11 所示。

（5）在组件浏览器中单击 app.UIFigure，然后在其下方的 UI Figure 选项卡中将"位置"选项组中的 Position 属性修改为"100,100,680,460"，如图 7-12 所示。

图 7-11　App 文件属性设置

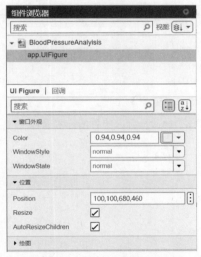

图 7-12　UIFigure 属性设置

2. 创建组件

（1）创建坐标区组件。在组件库的常用组件中找到坐标区组件，将其拖到画布创建坐标区组件。本例中共创建两个坐标区组件。

（2）创建表组件。同样地，将常用组件中的表组件拖到画布创建表组件，此处将其放置在两个坐标区组件的正下方。

（3）通过选中组件并拖曳组件的控点，适当调整各组件的大小及位置，创建完成的画布如图 7-13 所示。

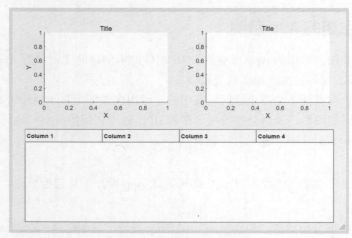

图 7-13　在画布上创建组件

（4）修改组件属性。单击左上角的坐标区组件，然后按图 7-14（a）修改坐标区属性，同样地，另一坐标区及表组件的属性如图 7-14（b）所示。完成属性修改后，设计视图中的画布如图 7-14（c）所示。

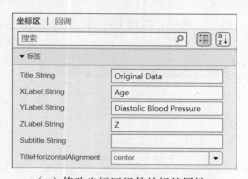

（a）修改坐标区组件的标签属性 1

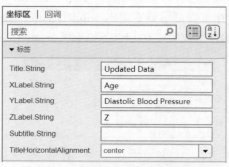

（b）修改坐标区组件点的标签属性 2

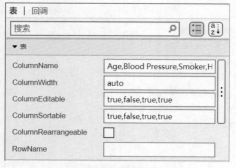

（c）修改表组件的表属性

图 7-14　修改组件属性

3．添加私有函数

（1）在代码视图模式下，单击"编辑器"→"插入"→ 🔧 （函数）按钮，可以直接创建私有函数，此时光标置于该函数的主体中。

说明：单击 按钮下的 按钮可以弹出如图 7-15 所示的快捷菜单，分别用于创建公共或私有函数。

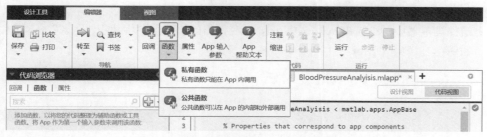

图 7-15　创建函数弹出菜单（在选项卡中）

在代码视图模式下，在代码浏览器"函数"选项卡中单击搜索栏右侧的 ![] 按钮，在弹出的快捷菜单中执行"私有函数"命令，如图 7-16 所示。

图 7-16　创建函数弹出菜单（在代码浏览器中）

（2）在出现的函数体中删除原代码后添加以下代码，如图 7-17 所示。

```
function updateplot(app)
    t=app.UITable.DisplayData;          % 获取表格 UI 组件的数据（当前显示的表数据）

    x2=t.Age;
    y2=t.BloodPressure(:,2);
    plot(app.UIAxes2,x2,y2,'-o');       % 绘制修改后的数据
end
```

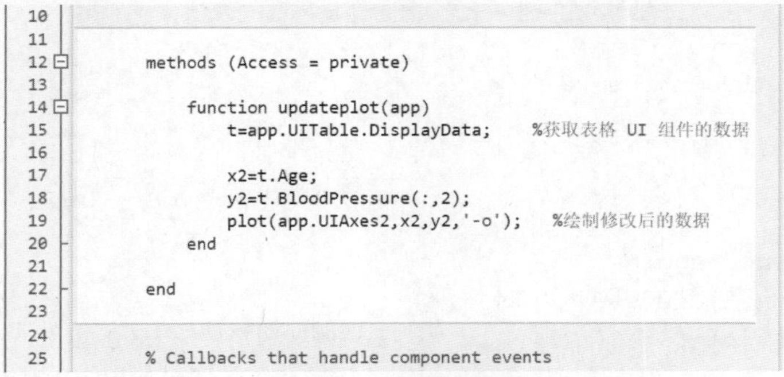

图 7-17　添加函数

4. 添加回调

（1）在画布外围区域右击，在弹出的快捷菜单中执行"回调"→"添加 StartupFcn 回调"命令，如图 7-18（a）所示，此时光标置于该函数的主体中。

也可右击组件浏览器中的 BloodPressureAnalyisis，在弹出的快捷菜单中执行"回调"→"添加 StartupFcn 回调"命令，如图 7-18（b）所示。

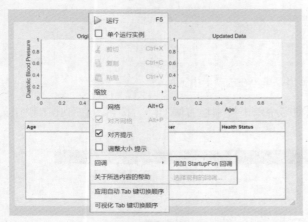 

（a）在画布周边执行　　　　　　　　　（b）在组件浏览器中执行

图 7-18　添加 StartupFcn 回调

（2）在出现的 StartupFcn( ) 回调函数中添加以下代码。本例中通过 StartupFcn( ) 回调函数将一个电子表格加载到一个表数组中，然后显示其中的部分数据并在 App 中绘制这部分数据。

```
t=readtable('patients.xls');            % 从文件中读取表格数组
vars={'Age','Systolic','Diastolic','SelfAssessedHealthStatus','Smoker'};
t=t(1:20,vars);                         % 选择表格数组的子集
t=sortrows(t,'Age');                    % 按年龄对数据进行排序

% 将 Systolic 和 Diastolic 合并为一个变量
t.BloodPressure=[t.Systolic t.Diastolic];
t.Systolic=[];
t.Diastolic=[];

% 将 SelfAssessedHealthStatus 转换为分类变量
cats=categorical(t.SelfAssessedHealthStatus,…
            {'Poor','Fair','Good','Excellent'});
t.SelfAssessedHealthStatus=cats;

t=t(:,[1 4 3 2]);                       % 重新排列
app.UITable.Data=t;                     % 将数据添加到表格 UI 组件

x1=app.UITable.Data.Age;
y1=app.UITable.Data.BloodPressure(:,2);
plot(app.UIAxes,x1,y1,'o-');            % 绘制原始数据

updateplot(app);                        % 绘制数据（运行 App 时即刻绘制）
```

（3）右击组件浏览器中的 app.UITable 组件，在弹出的快捷菜单中执行"回调"→"添加 DisplayDataChangedFcn 回调"命令，如图 7-19 所示，此时光标置于该函数的主体中。

也可在设计视图模式下，右击画布上的表组件，在弹出的快捷菜单中执行"回调"→"添加 DisplayDataChangedFcn 回调"命令。

（4）在出现的 UITableDisplayDataChanged( )回调函数中，删除或注释掉原代码后添加以下代码。

```
updateplot(app);                    % 当用户对表格的列进行排序时更新绘图
```

5. 运行App

（1）单击"编辑器"或"设计工具"选项卡下的 ▷（运行）按钮，运行几秒钟后会弹出 MATLAB App 窗口，如图 7-20 所示。

图 7-19　添加 DisplayDataChangedFcn 回调

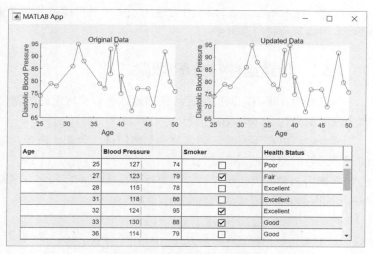

图 7-20　在极坐标区中绘图

（2）将鼠标指针移动到 App 中的 Smoker 列上时会显示 ↕（排序）按钮，单击后，第二幅图形发生变化，如图 7-21 所示。

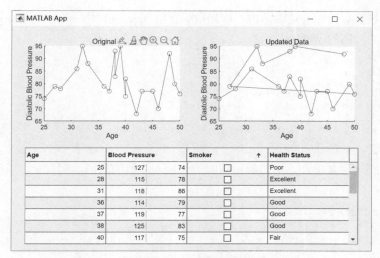

图 7-21　在极坐标区中绘图

至此，App 创建完成。

7.6 以编程方式添加 UI 组件

App 设计工具组件库中提供了大多数 UI 组件，可以直接将它们拖放到画布上使用。在某些时候可能需要在代码视图中以编程方式添加组件。

（1）创建在组件库中未提供的组件。如用于显示某对话框的 App，必须调用适当的函数来显示该对话框。

（2）根据运行时条件动态创建组件。

注意：当以编程方式添加 UI 组件时，必须调用适当的函数来创建该组件，并为该组件分配回调，然后将该回调编写为辅助函数。

7.6.1 创建组件并分配回调

通过调用在现有回调中创建组件的函数可以实现组件的创建。其中，StartupFcn 回调适用于创建组件，因为该回调会在 App 启动时运行。

读者也可以在不同的回调函数中创建组件。例如，需要在用户按下按钮时显示对话框时，可以从按钮的回调函数内调用对话框函数。

当调用函数来创建组件时，需要将图窗或其子容器之一指定为父对象，然后将组件的回调属性指定为 @app.callbackname 形式的函数句柄。例如，

第 33 集
微课视频

```
b=uibutton(app.UIFigure);                    % 创建一个按钮并将图窗指定为父对象
        % 图窗具有 App 设计工具指定的默认名称（app.UIFigure）
b.ButtonPushedFcn=@app.mybuttonpress;        % 将组件的回调属性指定为函数句柄
        % 将按钮 b 的 ButtonPushedFcn 属性设置为名为 mybuttonpress 的回调函数
```

7.6.2 编写回调

将组件的回调函数编写为私有辅助函数，该函数必须将 app、src 和 event 作为前 3 个参数。下面是作为私有辅助函数编写的回调的示例。

```
methods(Access=private)

function mybuttonpress(app,src,event)
    disp('Have a nice day!');
end

end
```

在前 3 个参数后指定附加参数，可以编写接收附加输入参数的回调。例如，以下回调接收两个附加输入 x 和 y：

```
methods(Access=private)

function addxy(app,src,event,x,y)
    disp(x+y);
end
```

```
end
```
将组件的回调属性指定为元胞数组，可以将该回调分配给该组件。此时，该元胞数组中的第一个元素必须为函数句柄。后续元素必须为附加输入值。例如，
```
b.ButtonPushedFcn={@app.addxy,10,20};
```
下面通过两个示例介绍如何在 App 中通过编程方式添加 UI 组件。

7.6.3　在关闭时显示确认对话框示例

【例 7-45】单击 App 窗口右上角的"关闭"按钮时，显示一个要求用户确认是否要关闭 App 的对话框，当确认关闭时，执行 CloseFcn 回调。

解：在 MATLAB App 设计工具中执行如下操作。

1. 创建新App文件

（1）在 App 设计工具中创建一个新 App，并将其保存为 CloseConfirmApp.mlapp 文件。

（2）在组件浏览器中单击 CloseConfirmApp，然后在其下方的 App 选项卡中将"名称"修改为 CloseConfirmAppExercise，"版本"为 1.0，"作者"为 DingJB。

（3）在组件浏览器中单击 app.UIFigure，然后在其下方的 UI Figure 选项卡中将位置选项组中的 Position 属性修改为"100,100,640,480"。

2. 创建组件

（1）创建坐标区组件。在组件库的常用组件中找到坐标区组件，将其拖到画布创建坐标区组件。双击坐标区的标题将其修改为"Scatter Plot"。

（2）创建按钮组件。同样地，将常用组件中的按钮组件拖到画布创建按钮组件，此处将其放置在画布的右下方。本例中共创建两个坐标区组件。双击按钮将名称分别修改为"添加点""删除点"。

（3）通过选中组件并拖曳组件的控点，适当调整各组件的大小及位置，创建完成的画布如图 7-22（a）所示。

（4）组件浏览器中，双击按钮组件名称，将两个按钮的名称分别修改为 ClearButton（对应"删除点"按钮）、AddPointsButton（对应"添加点"按钮），如图 7-22（b）所示。

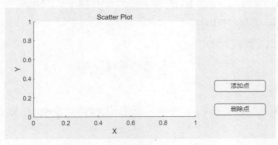 

（a）画布设计　　　　　　　　　　（b）修改按钮名称

图 7-22　在画布上创建组件

3. 添加私有函数

（1）在代码视图模式下，单击"编辑器"→"插入"→ （函数）按钮，直接创建私有函数，此时光

标置于该函数的主体中。

也可以在代码视图模式下，单击代码浏览器"函数"选项卡搜索栏右侧的 ⊕▼ 按钮，在弹出的快捷菜单中执行"私有函数"命令。

（2）在出现的函数体中删除原代码后添加以下代码。

```
methods(Access=private)

    function confirmClose(app, ~, event)
        answer=event.SelectedOption;           % 确定用户单击的对话框按钮
        if strcmp(answer,'OK')
            delete(app);                        % 如果单击 OK，关闭应用程序
        end
    end

end
```

4. 添加回调

（1）右击组件浏览器中的 app.UIFigure 组件，在弹出的快捷菜单中执行"回调"→"添加 CloseRequestFcn 回调"命令，此时光标置于回调函数的主体中。

提示：也可在设计视图模式下，右击画布上的空白区域，在弹出的快捷菜单中执行"回调"→"添加 CloseRequestFcn 回调"命令。

（2）在 UIFigureCloseRequest( )回调函数中，删除或注释掉原代码后添加以下代码。

```
msg='确定关闭 App 吗？';                              % 显示确认对话框
uiconfirm(app.UIFigure,msg,'确认关闭','CloseFcn',@app.confirmClose);
```

（3）右击组件浏览器中的 app.AddPointsButton 组件，在弹出的快捷菜单中执行"回调"→"添加 ButtonPushedFcn 回调"命令，此时光标置于回调函数的主体中。

（4）在 AddPointsButtonPushed( )回调函数中，添加以下代码。

```
plot(app.UIAxes,1:10,rand(1,10),'o');              % 向绘图添加随机点
hold(app.UIAxes,'on');
```

（5）右击组件浏览器中的 app.ClearButton 组件，在弹出的快捷菜单中执行"回调"→"添加 ButtonPushedFcn 回调"命令，此时光标置于回调函数的主体中。

（6）在 ClearButtonPushed( )回调函数中，添加以下代码。

```
cla(app.UIAxes);                                   % 清除坐标区内容
```

5. 运行App

（1）单击"编辑器"或"设计工具"选项卡下的 ▷（运行）按钮，运行几秒钟后会弹出 MATLAB App 窗口。

（2）单击"添加点"按钮可以在绘图区添加散点，连续单击会在保持原有点的基础上继续添加点，单击"删除点"按钮，可以删除绘图区的所有点。

（3）单击右上角的 ×（关闭）按钮后，会弹出如图 7-23 所示的提示对话框，进一步让用户确认是否关闭。

至此，App 创建完成。

图 7-23　确认对话框

7.7　本章小结

MATLAB App 的强大之处在于其丰富的 UI 组件，它们为应用程序提供了丰富的用户交互和可视化功能。本章系统地介绍了 MATLAB App 中常用的各种 UI 组件。首先概述了这些组件的基本作用，然后详细讨论了图窗、容器、按钮、下拉框等各类组件的特性和用法。通过深入了解这些组件，可以为构建丰富、交互性强的应用程序打下坚实基础。本章还讲解了如何以编程方式添加和定制这些组件，以实现更高级的功能。

第 8 章 App 布局与回调
CHAPTER 8

设计一个具有良好布局和灵活回调的 MATLAB App 是确保友好性和功能性的关键一步。本章将专注于 App 布局，介绍在设计视图中如何组织和调整组件，以及自定义组件的方法。同时，本章还将深入讲解 App 设计中回调的使用方法，包括创建、编程和共享回调函数，以及在应用中实现用户交互响应的方法等。

8.1 布局 App

优秀的画布布局可以使应用程序界面更具吸引力和实用性。本节介绍在设计视图中布局 App 的各种方法，包括自定义组件、对齐和间隔组件、组件分组等内容。

8.1.1 在设计视图中布局 App

第 34 集
微课视频

在 App 设计工具中的设计视图模式下有丰富的布局工具，这些工具可用于设计具有专业外观的现代化应用程序。在设计视图模式下还有一个包含很多 UI 组件的组件库，该组件库用于实现创建各种交互式窗口，如图 8-1 所示。

图 8-1 组件库

1. 在画布中添加组件

在设计视图中,读者可以在不编写任何代码的情况下配置 App,这是因为在设计视图中所做的任何更改都会自动反映在代码视图中。使用以下方法可在 App 中添加组件。

(1)从组件库中直接按住组件并拖动到画布上。

(2)单击组件库中的一个组件,然后将鼠标指针移到画布上。待鼠标指针变为十字准线形状时单击将组件以默认大小添加到画布中,或在添加组件时按住鼠标并拖动以调整其大小。

说明: 某些组件只能以其默认大小添加到画布中。

将组件添加到画布后,组件的名称会出现在组件浏览器中,如图 8-2 所示。此后,读者即可在画布或组件浏览器中选择组件。在这两个位置选择操作是等效且同时发生的。

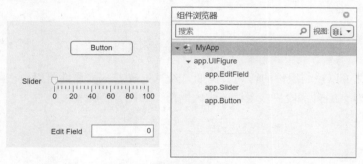

图 8-2　添加组件

2. 关于部分组件标签

当将某些组件(如编辑字段和滑块)拖到画布上时,系统会通过一个标签将它们组合在一起。默认情况下,这些标签不会出现在组件浏览器中。通过双击组件并输入新名称可以自定义组件的名称。

(1)在组件浏览器中的任意位置右击,在弹出的快捷菜单中选中"在组件浏览器中包含组件标签"复选框,可以将这些标签添加到列表中。

(2)如果不希望组件有标签,那么可以先按住 Ctrl 键然后将组件拖到画布上,这样创建的组件将不再包含标签。

(3)右击组件,在弹出的快捷菜单中选择"添加标签"命令,可以在没有标签的组件上添加标签。

(4)如果组件有标签,并且更改了标签文本,则组件浏览器中组件的名称会更改以匹配该文本,如图 8-3 所示。

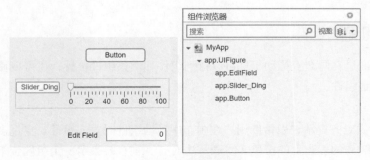

图 8-3　更改标签

8.1.2 自定义组件

选择组件后,在组件浏览器的"组件"选项卡中可以通过编辑组件的属性自定义组件的外观。例如,从"按钮"选项组中更改按钮上显示的文本的对齐方式,如图 8-4 所示。

图 8-4 自定义外观

组件中的某些属性可以控制组件的行为。例如,通过更改 Limits 属性可以更改数值编辑字段可接受值的范围。当 App 运行时,编辑字段只接受该范围内的值,如图 8-5 所示。

 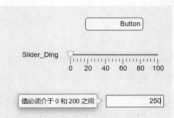

(a)设置属性　　　　　　　　　　　　　　(b)输入提示限制范围

图 8-5 更改数值编辑字段接受值的范围

在画布中双击组件可以直接编辑组件的某些属性。例如,通过双击按钮标签并输入所需的文本来编辑标签属性。在按住 Shift 键的同时按 Enter 键可以添加多行文本,如图 8-6 所示。

图 8-6 添加多行文本

8.1.3 对齐和间隔组件

在设计视图中,通过在画布上拖动组件可以排列组件和调整组件位置,也可以使用"画布"选项卡中提供的工具排列或调整组件。

1. 拖动对齐

App 设计工具提供对齐提示,以帮助用户在画布中拖动组件时对齐组件。穿过多个组件中心的橙色点线表示组件的中心是对齐的。边上的橙色实线表示边对齐。垂直线表示一个组件位于其父容器的中心,如图 8-7 所示。

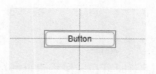

（a）组件对齐　　　　　　　　（b）组件与画布中心对齐

图 8-7　对齐提示

2. 利用工具对齐

除在画布上拖动组件之外，还可以使用"画布"选项卡"对齐"面板中的相关工具（如图 8-8 所示）来对齐组件。在使用对齐工具时，所选组件将与定位点组件对齐。

图 8-8　对齐与间距工具

定位点组件通常为最后选择的组件，其选择边框比其他组件的选择边框要粗。按住 Ctrl 或 Shift 键，然后单击所需的组件两次（第一次用于取消选择组件，第二次用于再次选择组件），可以调整选择不同定位点。具体操作方法如下。

（1）按住 Ctrl 键的同时，依次选中按钮、滑块、数值编辑字段 3 个组件。此处需要注意选取顺序。
（2）继续按住 Ctrl 键单击滑块组件两次，将滑块组件设为定位点。
（3）单击"画布"→"对齐"→ 📐（左对齐）按钮。

执行上述操作后，即可将按钮及数值编辑字段的左边缘与滑块的左边缘对齐，如图 8-9 所示。

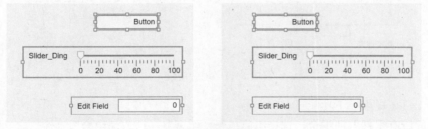

图 8-9　对齐操作

3. 间隔操作

利用"画布"选项卡"间距"面板中的工具可以控制相邻组件之间的间距。具体操作方法如下。

（1）延续上面的操作，选择 3 个（或更多个）组件，从"间距"面板中的下拉列表中选择"20"选项。

说明：当选择"均匀"选项时，会在组件占用的空间内均匀分配空间；选择"20"选项时，会使组件之间间隔 20 像素；在下拉列表中输入数字时，则自定义组件之间的像素数。

（2）单击"画布"→"间距"→ ⬚（垂直应用）按钮。

说明： 单击 ⬚（水平应用）或 ⬚（垂直应用）按钮，即可实现组件的等间距排序。

执行上述操作后，即可在一组垂直堆叠的组件中均有分配空间，如图8-10所示。

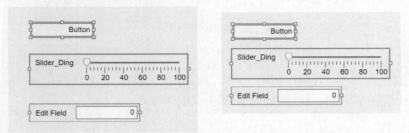

图8-10　等间距操作（20个像素）

8.1.4　组件分组

在App设计工具中，要将两个或多个组件作为单一单元进行修改，可以将它们组合在一起。例如，在最终确定一组组件的相对位置后对其进行组合，这样即可在不更改其相对位置关系的情况下同步移动它们。组合多个组件的具体操作方法如下。

（1）在画布中选择需要组合的组件。

（2）单击"画布"→"排列"→ ▢（组合）→ ▢（组合）按钮。

执行上述操作后，即可将选中的组件组合在一起，如图8-11所示，可以发现3个组件组合在了一起。组合后在组件浏览器中会以深色显示组合在一起的组件。

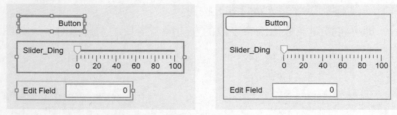

图8-11　组合组件

另外，组合工具还提供以下功能：

（1）对组中的所有组件取消组合。选择组后执行"组合"→"取消组合"命令。

（2）向组中添加组件。选择组件和组后执行"组合"→"添加到组"命令。

（3）从组中删除组件。选择组件后执行"组合"→"从组中删除"命令。

8.1.5　对组件重新排序

在App设计工具中，使用设计视图中的重新排序工具可以更改组件堆叠的顺序。例如，在先创建一个标签，然后创建一个图像时，默认图像显示在标签的上方。

组件浏览器的默认视图根据组件的堆叠顺序显示组件，即首先显示图像，因为它位于上方，然后显示滑块，如图8-12所示。

图 8-12　组件的堆叠顺序

如果需要对组件重新排序,应使标签位于图像的上方,首先需要在画布上选择图像,然后执行以下操作即可将图像置于标签的下方(将图像下移一层)。

(1)单击"画布"→"排列"→ (重新排序)→ (下移一层)按钮。

(2)右击图像,在弹出的快捷菜单中执行"重新排序"→"下移一层"命令。

提示:在对组件重新排序时,组件浏览器中组件的顺序也会更改,如图 8-13 所示。

图 8-13　对组件重新排序

8.1.6　修改组件的 Tab 键焦点切换顺序

在运行 App 时,经常需要使用 Tab 键在 App 组件之间进行切换。在组件浏览器中展开右上角的"视图"下拉列表,如图 8-14 所示,选择"按 Tab 键切换顺序排序和筛选"可以查看在用户按下 Tab 键时组件进入焦点的顺序。

组件浏览器仅列出 App 中可获得焦点的组件,并按焦点跳转顺序排列。通过在组件浏览器中单击并拖动组件名称可以更改组件的 Tab 键切换顺序。

App 设计工具可以自动为组件应用先从左到右,再从上到下的 Tab 键焦点切换顺序。通过在组件浏览器中右击容器的名称,在弹出的快捷菜单中选择"应用自动 Tab 键切换顺序"命令,即可实现自动为组件应用 Tab 键焦点切换顺序。

例如,某 App 具有一组 3 个编辑字段,分别用于用户输入姓氏、名字和年龄。右击组件浏览器中的 app.UIFigure 节点,在弹出的快捷菜单中选择"应用自动 Tab 键切换顺序"命令,如图 8-15 所示。

当用户运行该 App 时,可以使用 Tab 键在编辑字段之间进行切换,并依次输入姓氏、名字和年龄。

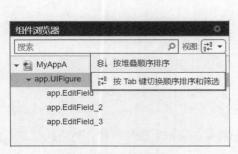

图 8-14 下列列表　　　　　　图 8-15 应用自动 Tab 键切换顺序

8.1.7 在容器中创建组件

在将组件拖到容器（如面板）中但未松开鼠标时，容器会变为蓝色，表示该组件是容器的子级，如图 8-16（a）所示。这种将组件放入容器中的过程称为建立父子关系。在组件浏览器中，通过在父容器下缩进子组件的名称来显示父子关系，如图 8-16（b）所示。

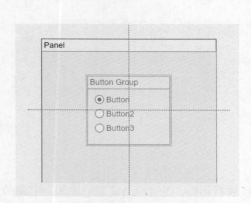

（a）将组件拖到容器（面板）中　　　　　　（b）组件浏览器中显示父子关系

图 8-16 在容器中创建组件

8.1.8 创建编辑快捷菜单

在 App 设计工具中，快捷菜单称为上下文菜单，为与软件一致，本节将之称为上下文菜单。上下文菜单仅在右击运行的 App 中的组件时才可见，在设计视图模式下不会出现在图窗中。这使得编辑上下文菜单的工作流与编辑其他组件的工作流略有不同。

在 App 设计工具中创建上下文菜单有如下几种方法。

1. 创建上下文菜单

将上下文菜单组件从组件库中拖到 UI 图窗或其他组件上即可创建上下文菜单，并将上下文菜单赋给该组件的 ContextMenu 属性。上下文菜单在画布中的显示方式如下。

（1）将上下文菜单组件拖动到上下文菜单区域将直接创建上下文菜单而不将其分配给组件。

（2）右击特定组件，在弹出的快捷菜单中执行"上下文菜单"→"添加新上下文菜单"命令，可以创建上下文菜单并将其分配给该组件。

（3）所有上下文菜单均创建为 UI 图窗的子组件，并被添加到组件浏览器中，即使没有为其分配组件也是如此。

上下文菜单创建完成后，会出现在图窗画布下方的上下文菜单区域中，如图 8-17 所示。在该区域中可以预览读者创建的每个上下文菜单，并可以为其分配多个组件。

将鼠标指针移至每个上下文菜单右上角的 ⊘1 处，可以显示分配的对象，旁边的数字表示该上下文菜单分配对象的数量。

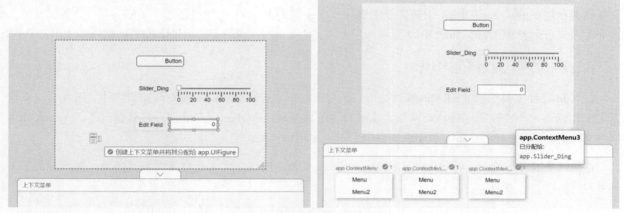

图 8-17　创建上下文菜单

2. 编辑上下文菜单

在上下文菜单区域中双击上下文菜单，或右击上下文菜单，在弹出的快捷菜单中执行"编辑 app.ContextMenu"命令，即可进入上下文菜单的编辑状态，如图 8-18 所示。

在编辑区域可以执行编辑或添加菜单项（单击菜单组下方的 ⊕）和子菜单（单击菜单组右方的 ⊕）等操作。完成编辑后，单击左上角的<（后退箭头）即可退出编辑区域。

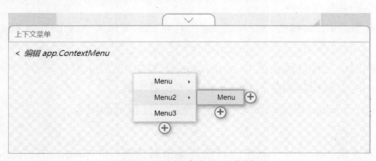

图 8-18　创建上下文菜单

3. 更改上下文菜单分配

右击组件，在弹出的快捷菜单中执行"上下文菜单"→"取消分配上下文菜单"命令，可以取消上下文菜单与该组件的关联。

要将分配给某个组件的上下文菜单替换为另一个时可以执行下面的操作。

（1）将要替换的上下文菜单拖到该组件上即可直接替换。

（2）右击该组件，在弹出的快捷菜单中执行"上下文菜单"→"替换为"命令，在弹出的末级子菜单中选择创建的其他上下文菜单即可。

说明：如果只创建了一个上下文菜单，则不会出现"替换为"选项。

（3）在组件浏览器中选择一个组件，并从该组件选项卡的交互性选项组中的 ContextMenu 下拉列表中选择一个不同的上下文菜单来分配给该组件，如图 8-19 所示。

图 8-19 通过交互性选项组更改上下文菜单

8.1.9 调整 App 的大小

在 App 设计工具中创建的 App 默认是可以调整大小的。若在运行时需要更改窗口大小，组件会自动重新定位和调整大小。控制这种自动调整大小的行为的属性是 AutoResizeChildren。默认情况下，App 设计工具为 UI 图窗及其所有子容器（如面板和选项卡等）启用该属性。

注意：要将子容器的 AutoResizeChildren 属性设置为不同值，需要先设置父容器的值，然后再设置子容器的值。

启用 AutoResizeChildren 属性时，MATLAB 仅管理容器中直接子对象的大小和位置。嵌套容器中的组件由其直接父级的 AutoResizeChildren 属性管理。

注意：将分组组件作为面板的父级，而不直接作为图窗的父级可以确保在调整 App 大小时保持组件（如分组按钮）之间的彼此相对对齐。

1. 使用归一化位置单位

当图形对象（如坐标区或图）使用归一化位置单位并且是可调整大小容器的子级时，图形对象的某些属性在父容器调整大小后会受到影响。

例如，若坐标区或图的 Units 属性为'normalized'，且它们的父级是 AutoResizeChildren 属性设为'on'的容器，则：

（1）调整 App 大小时，坐标区或图的 OuterPosition 属性的值会发生变化。

（2）调整 App 大小时，坐标区或图不会缩小到小于其最小值。

将容器的 AutoResizeChildren 属性设置为'off'可以避免上述情况的发生。

2. 替代方法

使用网格布局管理器或 App 设计工具中的自动调整布局选项（非 AutoResizeChildren 属性）可以灵活地自动调整 App 的大小。

提示：若上述支持调整大小的方法无法满足需求时，可以通过为容器编写 SizeChangedFcn( )回调函数来创建自定义调整大小行为。

8.2 回调

回调是在用户与 App 中的 UI 组件交互时执行的函数。回调函数是 App 设计工具中非常重要的一部分，它们允许在用户与应用程序进行交互时执行特定的 MATLAB 代码。

回调函数与用户界面元素的事件（如按钮单击、滑块移动等）相关联，为应用程序的响应性和功能性提供了关键支持。

在 MATLAB App 设计工具中，使用回调可以对 App 的行为进行编程。大多数组件至少有一个回调，每个回调与该组件的一个特定交互绑定。但某些组件（如标签和信号灯等）仅用来显示信息，因此没有回调。

8.2.1 创建回调函数

在 App 设计工具中，根据组件的工作位置可以有多种方法能够为组件创建回调，其操作方法如下。
（1）在设计视图模式下，右击画布中的组件；
（2）右击组件浏览器中的组件名称；
（3）在代码视图模式下，右击左下方 App 的布局窗口中的组件。
在弹出的快捷菜单中执行"回调"→"添加（回调属性）回调"命令，如图 8-20 所示。

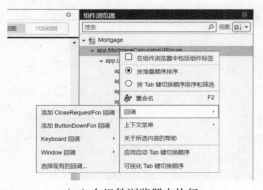

（a）在组件浏览器中执行

（b）在 App 的布局窗口中执行

第 35 集
微课视频

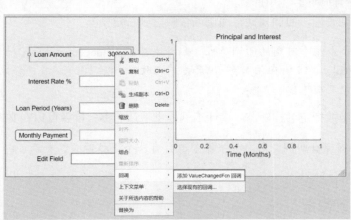

（c）在画布中执行

图 8-20　执行回调命令

在组件浏览器中选择组件，然后进入"回调"选项卡，可以查看某个组件支持的回调的列表。回调选项卡的左侧显示支持的回调属性。通过每个回调属性旁边的下拉列表可以指定回调函数的名称，也可以选择尖括号<>中的默认名称，如图 8-21 所示。

说明：如果 App 已有回调，则下拉列表中会包含这些回调。当需要多个 UI 组件执行相同代码时，请选择一个已有回调。

在代码视图模式下，执行如下操作可以弹出"添加回调函数"窗口，如图 8-22 所示。
（1）单击"编辑器"→"插入"→ （回调）按钮。
（2）在代码浏览器窗口的回调选项卡上单击 ➕（添加回调函数以响应用户交互）按钮。

图 8-21　选择回调　　　　　　　　　图 8-22　添加回调

在"添加回调函数"对话框中各选项的含义如下。
（1）组件：指定执行回调的 UI 组件。
（2）回调：指定回调属性。回调属性将回调函数映射到特定交互。

说明：组件具有一个或多个可用的回调属性。如滑块具有 ValueChangedFcn 和 ValueChangingFcn 两个回调属性。ValueChangedFcn 回调在用户移动滑块并释放鼠标后执行。用户移动滑块时，同一组件的 ValueChangingFcn 回调会重复执行。

（3）名称：为回调函数指定名称。App 设计工具提供默认名称，读者可以在文本字段中更改该名称。

说明：如果 App 具有现有回调，则名称字段旁边会有一个下拉箭头，表示可以从列表中选择一个现有回调。

8.2.2　回调函数编程

在为组件创建回调后，App 设计工具会在代码视图中生成回调函数，并将光标放置在该函数中。此时即可在该回调函数中编写代码，对回调行为进行编程。

1. 回调输入参数

App 设计工具创建的所有回调函数的函数签名中都包含 app 与 event 两个输入参数。使用 app 对象可以访问 App 中的 UI 组件以及存储为属性的其他变量；event 包含有关 App 用户与 UI 组件交互的特定信息的对象。

（1）app 参数为回调提供 app 对象。在回调中访问组件（以及特定于组件的所有属性）的语法如下：

```
app.Component.Property
```

例如，将仪表（名称为 PressureGauge）的 Value 属性设置为 50。

```
app.PressureGauge.Value=50;
```

（2）event 参数提供具有不同属性的对象，具体取决于正在执行的特定回调。对象属性包含与回调响应的交互类型相关的信息。

例如，滑块的 ValueChangingFcn 回调中的 event 参数包含一个名为 Value 的属性。该属性在用户移动滑块（释放鼠标之前）时存储滑块值。可编写如下滑块回调函数，它使用 event 参数使仪表跟踪滑块的值：

```
function SliderValueChanging(app,event)
    latestvalue=event.Value;                   % 当前滑块值
    app.PressureGauge.Value=latestvalue;       % 更新仪表
end
```

提示：右击特定组件，在弹出的快捷菜单中执行"关于所选内容的帮助"命令，即可打开属性页。在属性页中可了解有关特定组件回调函数的 event 参数的更多信息。

2. 在回调函数之间共享数据

通过创建一个属性可以存储需要由多个回调访问的数据。属性分为私有属性与公共属性两种，其中包含属于 App 的数据。

（1）私有属性用来存储仅在 App 内部共享的数据；

（2）公共属性用来存储要在 App 外部共享的数据（如脚本、函数或其他需要访问数据的 App）。

在代码视图模式下，单击"编辑器"→"插入"→ <img>（属性）按钮，可以直接创建私有属性。

单击 <img>（属性）按钮下的 <img>（下三角）按钮可以弹出如图 8-23 所示的快捷菜单，分别用于创建公共属性或私有属性。

图 8-23 创建属性弹出菜单

执行命令后，默认创建的属性名称为 Property、Property2……读者可根据需要输入新的属性名称。随后即可使用语法 app.PropertyName 在所有 App 回调中指定和访问属性值。

8.2.3 组件间共享回调

通过在组件间共享回调可以方便地在 App 中通过多种方法来执行某个操作。例如，当单击按钮或在编辑字段中按下 Enter 键时，App 实现同样的响应方式。

可以为回调类型相同的多个所选组件创建单个共享回调。例如，在一个 App 中同时选中一个编辑字段和一个滑块两个组件，右击其中一个，在弹出的快捷菜单中执行"回调"→"添加 ValueChangingFcn 回调"命令，App 设计工具会创建一个新回调，并将其分配给编辑字段和滑块。

也可以在为一个组件创建回调后，通过将其分配给另一个组件来共享回调。在组件浏览器中右击第二个组件，在弹出的快捷菜单中执行"回调"→"选择现有的回调"命令。在弹出的"选择回调函数"对话框中的"名称"下拉列表中选择现有的回调，如图 8-24 所示。

图 8-24 "选择回调函数"对话框

8.2.4 编程创建和分配回调

对未出现在组件浏览器中的组件或图形对象可以在 App 代码中以编程方式创建和分配回调函数。例如，通过编程方式可以将回调分配给在 App 代码中创建的对话框，或分配给在 UIAxes 组件中绘制的 Line 对象。

在代码视图模式下，单击"编辑器"→"插入"→ （函数）按钮，可以直接创建私有函数。

单击 （函数）按钮下的 （下三角）按钮可以弹出如图 8-25 所示的快捷菜单，其中的命令可分别用于创建公共函数或私有函数。

将回调函数创建为私有函数时，必须将 app、src 和 event 作为前 3 个参数。下面是作为私有函数编写的回调示例：

```
methods (Access=private)
    function myclosefcn(app,src,event)
        disp('Have a nice day!');
    end
end
```

图 8-25 "函数"下拉菜单

将回调属性值指定为回调函数的句柄，可以实现将回调函数分配给组件。其语法如下：

```
@app.FunctionName
```

例如，创建一个将 myclosefcn( )函数分配给 CloseFcn 回调属性的报警对话框。myclosefcn( )函数在对话框关闭时执行，语句如下：

```
uialert(app.UIFigure,"Not found","Alert","CloseFcn",@app.myclosefcn);
```

在回调函数的前 3 个参数后可以继续指定附加参数。例如，接收一个额外输入的 name 参数的回调如下。

```
methods (Access=private)
    function displaymsg(app,src,event,name)
        msg=name+"Dialog box closed";
        disp(msg);
    end
end
```

要将该回调分配给一个组件，需要将该组件的回调属性指定为元胞数组。该元胞数组中的第一个元素必须为函数句柄。后续元素必须为附加输入值。例如，

```
uialert(app.UIFigure,"Not found","Alert", …
    "CloseFcn",{@app.displaymsg,"Alert"});
```

8.2.5 更改回调或断开与回调的连接

要为组件分配不同的回调或更改现有回调，可以在组件浏览器中选择该组件，然后单击下方的"回调"选项卡，并从下拉列表中选择需要分配的回调，如图 8-26 所示。

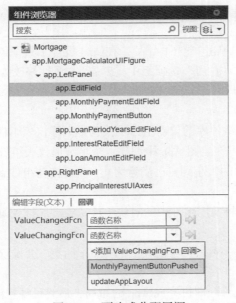

图 8-26 更改或分配回调

注意：下拉列表中仅显示现有回调。

要断开与组件共享的回调的连接，可以在组件浏览器中选择该组件，然后单击"回调"选项卡，并从下拉菜单中选择"<没有回调>"。断开与回调的连接后，可以为组件创建新回调，或使组件保持不使用回调函数。

说明：该操作只会断开回调与组件的连接，但不会从代码中删除函数定义，也不会断开回调与任何其他组件的连接。

8.2.6　搜索与删除回调

如果 App 中存在很多回调，那么通过在代码浏览器中的"回调"选项卡顶部的搜索栏中输入回调的部分名称，可以快速搜索并导航到特定回调。输入开始后，回调窗口中会显示符合搜索条件的回调，其余回调将不再显示。

单击代码浏览器中的回调可以将该回调快速定位到当前视窗中。右击回调，在弹出的快捷菜单中执行"转至"命令，如图 8-27 所示，可以将光标置于回调函数中。

可以删除 App 的代码中没有任何组件使用的回调函数。在代码视图模式下，单击代码浏览器中"回调"选项卡的回调上右击，在弹出的快捷菜单中执行"删除"命令，即可删除回调。

图 8-27　快捷菜单

8.2.7　回调应用示例

【例 8-1】创建具有滑块回调的 App，该 App 中包含一个在用户移动滑块时跟踪滑块值的仪表。

解：在 MATLAB App 设计工具中执行如下操作。

（1）启动 App 设计工具。

① 在 MATLAB 命令行窗口中输入以下命令即可进入 App 设计工具起始页。

```
>> appdesigner
```

② 在启动界面的 App 部分中单击"空白 App"，在 App 设计工具中创建一个新 App。

③ 在右侧组件浏览器下方的"位置"选项组中将 Position 属性修改为"100,100,400,280"。可以发现画布大小随之发生了变化。

（2）创建组件。

① 创建半圆形仪表组件。在组件库的仪器组件中找到半圆形仪表组件，在其上按住鼠标左键将其拖到画布的适当位置后松开鼠标，即可在绘图 App 中创建一个半圆形仪表组件。

② 拖动组件的控点调整组件的大小到自己满意为止。随后拖动组件到适当的位置，以满足布局美观的需求。

③ 创建滑块组件。同样地，将常用组件中的滑块组件从组件库拖到画布上，并将其放置在半圆形仪表组件的下方。

④ 删掉滑块标签。单击滑块，然后再单击其上的 Slider 标签，会发现在标签四周出现了控点，此时按 Delete 键即可将标签删除。

⑤ 拖动滑块组件到满意的位置。即可完成 App 的布局，最终设计视图中的画布如图 8-28 所示。

（3）添加回调函数。

① 添加滑块回调函数。右击滑块组件，在弹出的快捷菜单中执行"回调"→"添加 ValueChangedFcn 回调"命令，如图 8-29 所示。此时设计视图模式直接跳转至代码视图模式，光标在该函数的主体中。

② 添加代码。将 SliderValueChanged 回调函数的主体修改为以下代码，以将滑块的 Value 属性赋给仪表。

```
% value=app.Slider.Value;              % 将该语句注释掉
changingValue=event.Value;             % 获取最新滑块值
app.Gauge.Value=changingValue;         % 将仪表指针设置为最新滑块值
```

说明：此处滑块的 ValueChangingFcn 回调从 event 参数中获取滑块的当前值，随后将仪表指针指向该值。

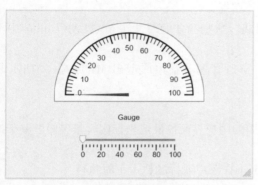

图 8-28　在画布上创建组件

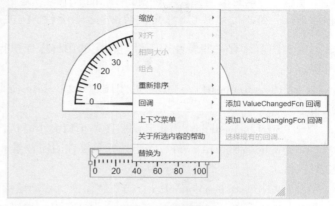

图 8-29　快捷菜单

（4）运行 App。

① 单击"编辑器"或"设计工具"选项卡下的 ▶（运行）按钮，会弹出"保存文件"对话框，将文件保存为 APPTrackSlider.mlapp 文件。并自动生成一个 App，如图 8-30 所示。

② 在 App 上拖动滑块调整滑块的值，可以发现仪表指针会指向滑块的值对应的位置，如图 8-31 所示。

图 8-30　生成的 App

图 8-31　调整滑块的值

第 36 集
微课视频

8.3　回调属性

在 MATLAB 中，回调就是对某些预定义的用户操作（如单击图形对象或关闭图窗）做出响应的函数。通过将函数分配给该用户操作的回调属性，从而将回调函数与特定的用户操作关联。

8.3.1　图形与图窗对象的回调

针对图形，所有图形对象都具有以下属性，通过这些属性可以定义回调函数。

（1）CreateFcn：在对象创建过程中，MATLAB 设置所有属性之后执行。

（2）DeleteFcn：在 MATLAB 删除对象之前执行。

（3）ButtonDownFcn：当鼠标指针悬停在对象上或在距离对象几个像素以内按下鼠标左键时执行。

注意：当调用绘图函数（如 plot( )或 bar( )）时，MATLAB 会创建新的图形对象并重置大部分图窗和坐标区属性。因此，对图形对象定义的回调函数会被 MATLAB 移除。

针对图窗还有一些属性用于针对特定的用户操作执行回调。这些额外的属性在 MATLAB Online 中不可用。

（1）CloseRequestFcn：请求关闭图窗（由 close 命令、窗口管理器菜单或退出 MATLAB 发出）时执行。

（2）SizeChangedFcn：当重新调整图窗窗口大小时执行。

（3）WindowButtonDownFcn：当光标悬停在图窗背景、禁用的用户界面控件或坐标区背景，按下鼠标按键时执行。

（4）WindowButtonMotionFcn：当在图窗窗口移动鼠标（但不在菜单或标题栏上）时执行。

（5）WindowButtonUpFcn：当在图窗中按下鼠标按键然后松开鼠标按键时执行。

（6）WindowKeyPressFcn：当光标位于图窗窗口中并按下某个键时执行。

8.3.2 回调属性

在 App 设计工具中，每个 UI 组件基本上都有 CreateFcn 与 DeleteFcn 回调，也拥有自己特有的回调。下面对部分典型的回调属性进行介绍，对于未涉及的属性读者在使用时请查阅帮助文件。

1. CreateFcn属性

该属性指定要在 MATLAB 创建对象时执行的回调函数。MATLAB 将在执行 CreateFcn 回调之前初始化所有属性值。若不指定 CreateFcn 属性，则 MATLAB 执行默认的创建函数。对现有组件设置 CreateFcn 属性没有任何作用。

如果将属性指定为函数句柄或元胞数组，则可以使用回调函数的第一个参数访问正在创建的对象；否则，使用 gcbo( )函数访问该对象。

2. DeleteFcn属性

该属性指定在 MATLAB 删除对象时要执行的回调函数。MATLAB 在销毁对象的属性之前执行 DeleteFcn 回调。若不指定 DeleteFcn 属性，则 MATLAB 执行默认的删除函数。

如果将该属性指定为函数句柄或元胞数组，则可以使用回调函数的第一个参数访问要删除的对象；否则，使用 gcbo( )函数访问该对象。

3. ClickedFcn（单击后执行的回调）

当用户单击组件（下拉框、列表框、树、表 UI 等）中的任意位置时，执行该回调函数。回调函数可以访问有关用户与相应组件交互的特定信息。

MATLAB 将 ClickedData 对象中的该信息作为第二个参数传递给回调函数。在 App 设计工具中，该参数名为 event。使用圆点表示法可以查询对象属性。如 event.InteractionInformation 返回有关用户在相应组件中单击位置的信息。

ClickedData 对象不可用于指定为字符向量的回调函数，表 8-1 列出了该对象的属性。表 8-2 列出了与组件相关联的 InteractionInformation 对象的属性。

表 8-1　ClickedData对象的属性

属　性	值
Source	执行回调的组件
InteractionInformation	有关App用户在组件中单击位置的信息。该信息存储为具有Item、ScreenLocation、Location属性的对象中。使用圆点表示法查询可以对象属性。如，event.InteractionInformation.Item返回用户单击了相应组件的哪一项
EventName	'Clicked'

表 8-2　InteractionInformation对象的属性

属　性	值
Item	单击相应组件项的索引，以标量形式返回；如果单击相应组件中与项无关的区域，则Item为空数组
ScreenLocation	单击的位置相对于其主显示画面左下角的位置，以[x y]二元素向量形式返回。x的值表示从显示画面左边缘到单击位置的水平距离（单位为像素）；y的值表示从显示画面的下边缘到单击位置的垂直距离
Location	单击的位置相对于相应组件父容器左下角的位置，以[x y]二元素向量形式返回。x的值表示从父容器的左边缘到单击位置的水平距离（单位为像素）；y的值表示从父容器的下边缘到单击位置的垂直距离

4．DoubleClickedFcn（双击后执行的回调）

当用户双击组件（复选框、列表框、树、表UI等）中的任意位置时，执行该回调函数。该回调函数可以访问有关用户与相应组件交互的特定信息。

与 ClickedFcn 回调基本相同，不同点在于 DoubleClickedFcn 回调需要双击，ClickedFcn 回调中的 ClickedData 对象变为 DoubleClickedData，其余均相同。

5．DropDownOpeningFcn（打开下拉菜单执行的回调）

指定当用户单击打开下拉菜单时要执行的回调函数。该回调的一个可能用途是动态更新下拉菜单中的条目列表。

该回调函数可以访问有关用户与下拉组件的交互的特定信息。MATLAB 将 DropDownOpeningData 对象中的该信息作为第二个参数传递给回调函数。在 App 设计工具中，该参数名为 event。使用圆点表示法可以查询对象属性。例如，event.Source 返回用户与之交互的 DropDown 对象以触发回调。

DropDownOpeningData 对象不可用于指定为字符向量的回调函数，表 8-3 列出了该对象的属性。

表 8-3　DropDownOpeningData对象的属性

属　性	值	属　性	值
Source	执行回调的组件	EventName	'DropDownOpening'

6．ButtonPushedFcn（按下按钮后执行的回调）

当用户单击 App 中的按钮时，将会执行该回调。该回调函数可以访问有关用户与按钮的交互的特定信息。

MATLAB 将 ButtonPushedData 对象中的该信息作为第二个参数传递给回调函数。在 App 设计工具中，该参数名为 event。使用圆点表示法可以查询对象属性。例如，event.Source 返回 Button 对象。

ButtonPushedData 对象不可用于指定为字符向量的回调函数，表 8-4 列出了该对象的属性。

表 8-4 ButtonPushedData对象的属性

属性	值	属性	值
EventName	'ButtonPushed'	Source	执行回调的组件

7. ValueChangedFcn（更改值后执行的回调）

针对按钮，当用户在 App 中更改按钮的状态时，将会执行该回调。如果以编程方式更改状态，则不会执行该回调。

针对下拉框，当用户从下拉列表中选择不同的选项时，将会执行该回调函数。如果以编程方式更改 Value 属性，则不会执行该回调函数。

针对滑块，当用户将滑块移动到滑块控件上的不同位置时，将会执行该回调。如果以编程方式更改滑块值，则不会执行该回调。

针对列表框，当用户从列表框中选择不同的项目时，将会执行该回调函数。如果以编程方式更改 Value 属性设置，则不会执行该回调函数。

针对日期选择器，当用户通过在文本字段中输入日期或者展开日期选择器并选择日期的方式更改日期时，将执行该回调。

该回调函数可以访问有关用户与组件交互的特定信息。MATLAB 将 ValueChangedData 对象中的该信息作为第二个参数传递给回调函数。在 App 设计工具中，该参数名为 event。使用圆点表示法可以查询对象属性。如 event.PreviousValue 返回组件的上一个值。

ValueChangedData 对象不可用于指定为字符向量的回调函数，表 8-5 列出了该对象的属性。

表 8-5 ValueChangedData对象的属性

属性	值
Value	组件在App用户最近一次与它交互之后的值
Source	执行回调的组件
Edited*	逻辑值，指明在下拉组件中输入一个新值时是否执行回调。 ① 0(false)：App用户选择或输入了下拉框组件Items属性的元素 ② 1(true)：App用户输入的值不是下拉框组件Items属性的元素
PreviousValue	组件在App用户最近一次与它交互之前的值
EventName	'ValueChanged'

标*的属性仅对下拉框组件有效。

8. ValueChangingFcn（更改值后执行的回调）

针对编辑字段，当用户在编辑字段中输入时，回调将重复执行；当用户按 Enter 键时，执行回调。如果以编程方式更改编辑字段值，则不会执行回调。

针对滑块，当用户沿 App 中的滑块控件移动滑块时，将会执行该回调。如果以编程方式更改 Value 属性，则不会执行此回调函数。

针对旋钮，当用户转动 App 中的旋钮时，将会执行此回调。如果以编程方式更改 Value 属性，则不会执行此回调函数。

该回调函数可以访问有关用户与相应组件交互的特定信息。MATLAB 将 ValueChangingData 对象中的该信息作为第二个参数传递给回调函数。在 App 设计工具中，该参数名为 event。使用圆点表示法可以查询对象属性。例如，event.Value 是编辑字段中触发了回调执行的值。

ValueChangingData 对象不可用于指定为字符向量的回调函数，表 8-6 列出了该对象的属性。

表 8-6　ValueChangingData对象的属性

属　　性	值	属　　性	值
Value	触发了回调执行的值	Source	执行回调的组件
EventName	'ValueChanging'		

在用户按 Enter 键之前，EditField 对象的 Value 属性不会更新。但是，可以在用户按 Enter 键前通过查询 ValueChangingData 对象的 Value 属性获取用户输入的文本。

注意：为避免可能导致的意外行为，请避免从其自己的 ValueChangingFcn 回调中更新 EditField 对象的 Value 属性。要更新编辑字段值以响应用户输入，请使用 ValueChangedFcn 回调。

9. SelectionChangedFcn属性（所选内容改变时执行的回调）

当用户在选项卡组中选择不同的选项卡时，将执行该回调函数。该回调函数可以访问有关用户与选项卡交互的特定信息。

MATLAB 将 SelectionChangedData 对象中的该信息作为第二个参数传递给回调函数。在 App 设计工具中，该参数名为 event。使用圆点表示法可以查询对象属性，例如，event.NewValue 返回当前选择的选项卡。

SelectionChangedData 对象不可用于指定为字符向量的回调函数。表 8-7 列出了该对象的属性。

表 8-7　SelectionChangedData对象的属性

属　　性	值	属　　性	值
OldValue	之前选择的Tab或[]（如未进行选择）	Source	执行回调的组件
NewValue	当前选择的Tab	EventName	'SelectionChanged'

10. SizeChangedFcn属性（更改大小时执行的回调）

定义该回调在该容器的大小更改时（如当用户调整窗口大小时）自定义 App 布局。在其中编写代码可以调整子组件的 Position 属性。

注意：在基于 uifigure 的 App 中，除非该容器的 AutoResizeChildren 属性设置为'off'，否则 SizeChangedFcn 回调将不会执行。

在 App 设计工具中，通过选择容器并清除组件浏览器组件选项卡中的 AutoResizeChildren 复选框，可以使 SizeChangedFcn 处于可执行状态。

（1）SizeChangedFcn 回调在下列情况下执行：

① 该容器首次变得可见。

② 该容器在大小改变时可见。

③ 该容器在大小改变后首次变得可见。如容器在大小改变时不可见，但后来变得可见。

（2）定义 SizeChangedFcn 回调时要考虑的其他重要事项：

① 考虑将该容器推迟到 SizeChangedFcn 使用的所有变量都定义之后再显示。该做法可避免 SizeChangedFcn 回调返回错误。要延迟显示容器，请将其 Visible 属性设置为'off'。然后，在定义 SizeChangedFcn 回调使用的变量之后将 Visible 属性设置为'on'。

② 如果 App 中包含嵌套容器，则从里向外调整大小。

③ 要访问从 SizeChangedFcn 中调整大小的容器，需要指向源对象（回调中的第一个输入参数）或使用 gcbo( )函数。

在基于 uifigure( )的 App 中，指定调整大小行为的替代方法是创建 GridLayout 对象或使用 App 设计工具中的自动调整布局选项。这些选项比 SizeChangedFcn 回调更容易使用。然而，与这些选项相比，SizeChangedFcn 回调更有优势，如：

① 将组件调整到用户定义的最小或最大状态。

② 实现非线性调整大小行为。

8.4 本章小结

通过本章的学习，读者应掌握在 MATLAB App 中进行布局的关键技巧，包括对组件进行对齐、分组和调整大小的方法等。同时，本章重点介绍了 App 组件的回调，掌握回调函数的创建和编程，能够更好地理解如何处理用户交互和应用程序的动态行为。

第 9 章 App 编 程

CHAPTER 9

在 MATLAB App 的开发中，深入理解编程方面的技巧是构建强大和灵活应用程序的关键。本章将引导读者探索代码管理、启动任务、多窗口 App 创建以及共享数据等关键主题。通过学习这些编程技巧，能够更好地掌握 App 的复杂性，提高开发效率，同时使应用程序更易于维护和扩展。

9.1 代码管理

代码视图模式下可以浏览 App 代码，代码视图具备 MATLAB 编辑器中的大多数编程功能，同时具备自动更新代码的强大功能。在代码浏览器中可以通过在搜索栏中输入部分名称来搜索回调，单击某个搜索结果，编辑器将自动滚动到该回调的定义位置。此外，如果更改了某个回调的名称，App 设计工具会自动更新代码中对该回调的所有引用。

第 37 集
微课视频

9.1.1 管理组件、函数和属性

在 App 设计工具中，代码的管理主要是指组件、函数和属性的管理。在代码视图中，可以通过组件浏览器、代码浏览器及 App 布局 3 个窗口管理代码。

1. 组件浏览器

组件浏览器如图 9-1 所示，位于 App 设计工具的右侧。组件浏览器包括以下内容。

（1）快捷菜单：右击列表中的组件以显示快捷菜单，该菜单包含用于删除或重命名组件、添加回调或显示帮助的选项。选中"在组件浏览器中包括组件标签选项"复选框将显示分组的组件标签。

（2）搜索栏：通过在搜索栏中输入部分名称，即可快速定位组件。

（3）"组件"选项卡（在图 9-1 中为 UI Figure）：使用此选项卡查看或更改当前所选组件的属性值。还可以通过在此选项卡顶部的搜索栏中输入部分名称来搜索属性。

（4）"回调"选项卡：使用此选项卡管理所选组件的回调。

2. 代码浏览器

代码浏览器如图 9-2 所示，出现在代码视图模式下，且位于 App 设计工具的左侧上方。代码浏览器包括以下内容。

（1）"回调""函数"和"属性"选项卡：使用这些选项卡添加、删

图 9-1 组件浏览器

除或重命名 App 中的任何回调、辅助函数或自定义属性。单击"回调"或"函数"选项卡中的某个项目，编辑器将滚动到代码中的对应部分。

通过选择要移动的回调，然后将回调拖放到列表中的新位置，来重新排列回调的顺序，该操作会同时在编辑器中调整回调位置。

（2）搜索栏：通过在搜索栏中输入部分名称，即可快速定位回调、辅助函数或属性。

3．App 布局窗口

App 布局窗口如图 9-3 所示，出现在代码视图模式下，且位于 App 设计工具的左侧下方。App 布局窗口提供 App 缩略图。通过使用缩略图方便在具有许多组件的复杂大型 App 中查找组件。在缩略图中选择某个组件，即会在组件浏览器中选择该组件。

图 9-2　代码浏览器

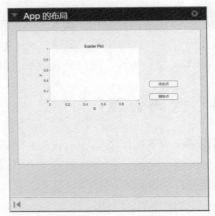

图 9-3　App 布局窗口

9.1.2　识别代码中的可编辑部分

在代码视图编辑器中，代码分为可编辑与不可编辑两部分。在默认的颜色方案中，代码的不可编辑部分以灰色显示，可编辑部分以白色显示，如图 9-4 所示。代码的不可编辑部分由 App 设计工具生成和管理，可编辑部分包括自定义函数（包括回调和辅助函数）的主体与自定义属性。

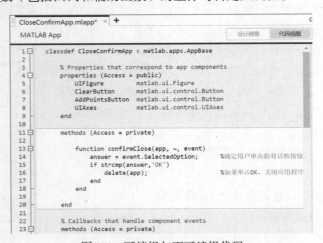

图 9-4　可编辑与不可编辑代码

9.1.3 编写 App

在 App 设计工具中，App 被定义为 MATLAB 类。App 设计工具会自动管理代码，因此构建 App 时，读者并不需要了解类或面向对象的编程知识。但是，App 设计工具中的编程所需要的工作流不同于严格使用函数的工作流。

1. 管理UI组件

在 App 中添加 UI 组件时，App 设计工具会为组件指定一个默认的名称。使用此名称（包括 app 前缀）可以在代码中引用该组件。

（1）双击组件浏览器中的名称并输入新名称可以更改组件的名称。在更改组件名称时，App 设计工具会自动更新对该组件的所有引用。

（2）要在代码中使用组件的名称，可以直接从组件浏览器中复制名称，这样会提高编程效率，复制方法如下。

① 将光标放在代码的可编辑区域中要添加组件名称的位置。然后在组件浏览器中的组件名称上右击，在弹出的快捷菜单中执行"在光标处插入"命令，如图 9-5 所示。

② 将组件名称直接从列表拖到代码中。

（3）在组件浏览器中选择要删除组件的名称，然后按 Delete 键即可删除组件。也可以执行右键快捷菜单中的"删除"命令。

图 9-5　快捷菜单

2. 管理回调

在代码中添加回调可以使组件响应用户交互。在 App 代码中添加回调的方法如下：

（1）右击组件浏览器中的组件，在弹出的快捷菜单中执行"回调"→"添加（回调属性）回调"命令。

（2）单击"编辑器"→"插入"→ （回调）按钮。

如果从 App 中删除组件，则 App 设计工具会删除与其关联的回调，前提是这些回调未被编辑且未与其他组件共享。

在代码浏览器的"回调"选项卡上选择回调名称，然后按 Delete 键可以手动直接删除回调。

3. 在App中共享数据（属性）

通过创建一个属性，可以实现数据的存储并能在不同的回调之间共享这些数据。例如，在希望 App 读取数据文件并允许 App 中的不同回调访问该数据时，可以在加载文件时将数据存储在一个属性中。

在代码视图模式下，在 App 代码中添加属性的方法如下：

（1）在"编辑器"选项卡的"插入"面板上展开 （属性）下拉列表，然后执行"私有属性"或"公共属性"命令创建属性，如图 9-6 所示。

（2）单击代码浏览器"属性"选项卡搜索栏右侧的 按钮，在弹出的快捷菜单中执行"私有属性"或"公共属性"命令，如图 9-7 所示。

此时，App 设计工具将创建一个模板属性定义（代码如下），并将光标放在该定义旁边，如图 9-8 所示。根据需要可以更改属性的名称。

```
properties (Access=public)
    Property              % Average cost
end
```

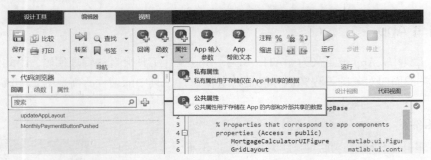

图 9-6　创建属性弹出菜单（在选项卡中）

图 9-7　创建属性弹出菜单（在代码浏览器中）

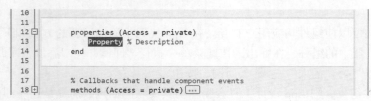

图 9-8　添加属性

使用语法 app.PropertyName 可以在代码中引用该属性。例如，app.Property 引用名为 Property 的属性。在代码浏览器的"属性"选项卡上选择属性名称，然后按 Delete 键可以直接删除属性。

4．在多处运行同一代码块（函数）

如果要在 App 中的多个位置执行同一代码块，则可以创建辅助函数。通过创建辅助函数，可以使常用命令执行同一代码块，而不用维护几组多余的代码。例如，通过创建一个辅助函数以实现用户更改编辑字段中的数字或选择下拉列表中的项后更新绘图。

在代码视图模式下，在 App 代码中添加函数的方法如下：

（1）在"编辑器"选项卡的"插入"面板上展开 （函数）下拉列表，然后执行"私有函数"或"公共函数"命令为代码添加辅助函数，如图 9-9 所示。

（2）单击代码浏览器"函数"选项卡搜索栏右侧的 按钮，在弹出的快捷菜单中执行"私有函数"或"公共函数"命令，如图 9-10 所示。

此时，App 设计工具将创建一个模板函数（代码如下），并将光标放在该函数的主体中。

```
methods (Access=private)
    function results=func(app)
```

```
        end
    end
```

在代码浏览器的"函数"选项卡上选择函数名称,然后按 Delete 键可以直接删除辅助函数。

图 9-9　创建函数弹出菜单（在选项卡中）

图 9-10　创建函数弹出菜单（在代码浏览器中）

5. 创建输入参数

单击"编辑器"→"插入"　（App 输入参数）按钮,在弹出的"App 详细信息"对话框中,为"输入参数"输入以逗号分隔的变量名称列表,如图 9-11 所示,可以在 App 中添加输入参数。输入参数通常用于创建具有多个窗口的 App。

提示：在"App 详细信息"对话框中需要指定以下输入参数。

（1）Main App。将 Main App 对象传递给 Dialog Box,以便从 Dialog Box 代码内引用 Main App 的函数和属性。

（2）其他数据。传递 Dialog Box 需要访问的在 Main App 中定义的任何其他数据。

6. 为App添加帮助文本

在 App 中添加摘要和描述,可以向用户提供有关 App 的信息。单击"编辑器"→"插入"→　（App 帮助文本）按钮,在弹出如图 9-12 所示的"App 帮助文本"对话框中可以要添加帮助文本或编辑现有帮助文本。

使用"App 帮助文本"对话框可以指定 App 的简短摘要,以及对该 App 的功能和使用方法的更详细解释。App 设计工具可将此帮助文本以注释形式添加到 App 定义语句中。

在 MATLAB 中,调用 help( )函数并指定 App 名称可以在 MATLAB 命令行窗口中显示 App 帮助文本。App 帮助文本会出现在 App 文档页的顶部,通过调用 doc( )函数并指定 App 名称来可以查看 App 的文档页。

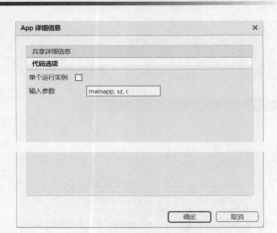

图 9-11 "App 详细信息"对话框

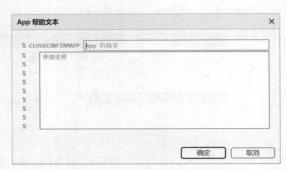

图 9-12 "App 帮助文本"对话框

7. 限制App一次只运行一个实例

在 App 设计工具中构建 App 时，用户可以在 App 的两种运行行为之间进行选择：

（1）一次只允许运行一个 App 实例。

（2）允许同时运行 App 的多个实例（默认）。

在组件浏览器中选择 App 节点后，从 App 选项卡的"代码选项"组中选中或取消选中"单个运行实例"复选框，如图 9-13 所示，可以更改 App 的运行行为。

（1）当选中"单个运行实例"复选框，并且多次运行该 App 时，MATLAB 会重用现有实例并将其前置，而不是创建一个新实例。

（2）如果取消选中"单个运行实例"复选框，则 MATLAB 会在每次运行该 App 时都创建一个新实例，并继续运行现有实例。

注意：这些运行行为适用于从 MATLAB 主界面 App 选项卡或命令行窗口运行的 App。当从 App 设计工具运行 App 时，无论此选项处于选中还是清除状态，其行为都不会更改。这是因为 App 设计工具在创建新的 App 实例之前始终会先关闭该 App 的现有实例。

图 9-13 设置运行行为

9.1.4 修复代码问题和运行时错误

与 MATLAB 编辑器一样，代码视图编辑器也提供代码分析器消息，帮助用户发现代码中的错误。

在从 App 设计工具中运行 App（通过单击 ▷ 运行）发生错误时，App 设计工具会在代码中突出显示错误的来源。单击错误指示符（带感叹号的红色圆圈）可以隐藏错误消息，如图 9-14 所示。通过在 App 设计工具中以交互方式调试 App 代码可以诊断代码中的问题。

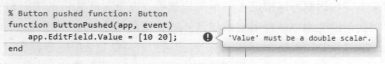

图 9-14 错误指示符

9.1.5 个性化代码视图外观

用户可以自定义代码在代码视图编辑器中的显示方式。在 MATLAB 主界面中，单击"主页"→"环境"→ ◎（预设）按钮，在弹出的"预设项"对话框中可以更改代码视图预设项。

1. 更改颜色设置

在"预设项"对话框左侧选择 MATLAB→"颜色"选项，如图 9-15 所示，通过调整"桌面工具颜色"和"MATLAB 语法高亮颜色"可以更改代码中可编辑部分的颜色设置并自定义语法高亮。这些设置会同时影响 App 设计工具的代码视图编辑器和 MATLAB 编辑器。

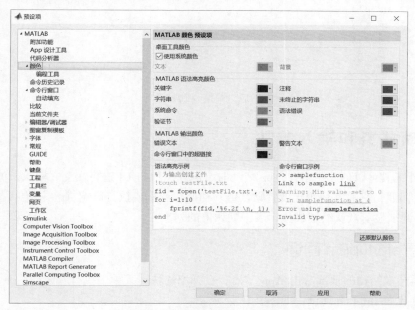

图 9-15 "预设项"对话框

在"预设项"对话框左侧选择 MATLAB→"App 设计工具"选项，如图 9-16 所示，通过调整"只读背景"颜色可以更改代码的不可编辑部分的背景颜色。该选项仅在"颜色"预设项中未选中"使用系统颜色"复选框时才能设置。

图 9-16 调整"只读背景"颜色

2. 更改制表符预设项

在"预设项"对话框左侧选择 MATLAB→"编辑器/调试器"→"制表符"选项，如图 9-17 所示，可以在代码视图编辑器中指定制表符和缩进的大小。这些预设项会同时影响 App 设计工具的代码视图编辑器和 MATLAB 编辑器。

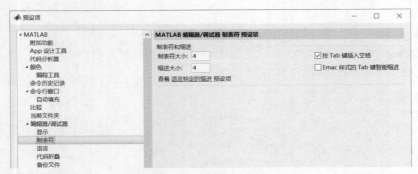

图 9-17 调整"制表符"

9.2 启动任务和输入参数

使用 App 设计工具可以创建一个在 App 启动时、但在用户与 UI 进行交互之前执行的特殊函数，该函数称为 startupFcn 回调，它非常适用于设置默认值、初始化变量或执行影响 App 初始状态的命令。例如，使用 startupFcn 回调来显示默认绘图或显示表中默认值的列表。

第 38 集
微课视频

9.2.1 创建 startupFcn 回调

在组件浏览器层次结构的顶部右击 App 节点，在弹出的快捷菜单中执行"回调"→"添加 StartupFcn 回调"命令即可创建 startupFcn 回调，如图 9-18 所示。

提示：App 节点与 MLAPP 文件同名，在图 9-18 中为 CloseConfirmApp。

图 9-18 创建 startupFcn 回调命令

如同创建其他回调函数一样，App 设计工具会创建该函数并将光标置于函数的主体中，也可向该函数添加代码，如图 9-19 所示。

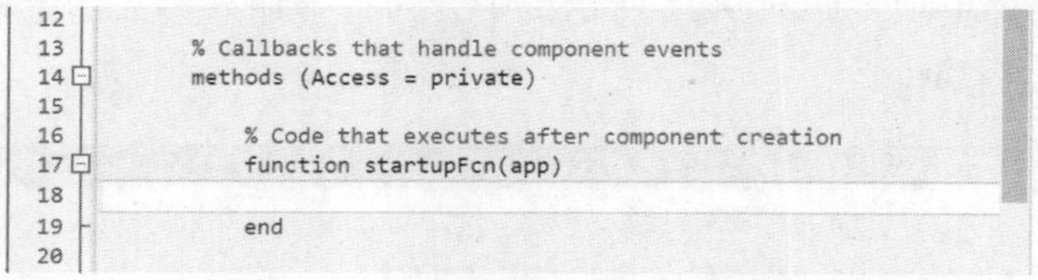

图 9-19　回调函数体（未添加代码）

9.2.2　定义输入 App 参数

使用 startupFcn 回调函数可以为 App 定义输入参数，通过这些输入参数，用户（或其他 App）可在 App 启动时指定初始值。

（1）在 App 设计工具中，打开 App 并单击代码视图切换到代码视图模式。

（2）单击"编辑器"→"插入"→ 🛢（App 输入参数）按钮，在弹出的如图 9-20 所示的"App 详细信息"（App 输入参数）对话框中可以为 App 添加、修改或删除输入参数（在 startupFcn 回调的函数中）。

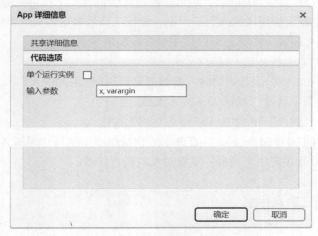

图 9-20　"App 详细信息"对话框

注意：startupFcn 回调函数的第一个参数 app 始终位于最前面，读者不能更改。

（3）在"输入参数"文本框中输入以逗号分隔的变量名列表作为输入参数，输入 varargin 时可以使任何参数都变为可选参数。

提示：varargin 是函数定义语句中的一个输入变量，允许函数接受任意数量的输入参数。通常将其作为最后一个输入参数附加在任何显式声明的输入项后。执行函数时，varargin 是一个 1×N 元胞数组，其中 N 是函数在显式声明的输入后收到的输入项数。若函数在显式声明的输入后未收到任何输入，则 varargin 代表空元胞数组。

（4）输入完成后单击"确定"按钮，App 设计工具将自动创建一个 startupFcn 回调，该回调具有在对话框中定义的函数输入参数。如果 App 中已经存在 startupFcn 回调，则函数输入参数会被更新，以包含新的输入参数。

（5）创建输入参数并对 startupFcn 进行编码后，便可以运行测试该 App。在"运行"选项区展开 ▷（运行）的下拉列表。在第二个菜单项（如图 9-21 所示）中，为每个输入参数指定输入值（不同参数间用逗号分隔），按 Enter 键后即可运行 App。

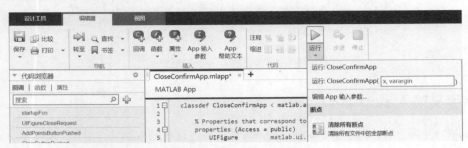

图 9-21 "运行"下拉列表

注意：如果直接单击 ▷（运行）按钮而没有在下拉列表中输入参数，则 MATLAB 可能会返回错误信息，错误的原因是未指定 App 必需的输入参数。

（6）使用一组输入参数成功运行 App 后，运行按钮图标会包含一个蓝色的圆。蓝色圆表示最后一组输入值可用于重新运行 App，而无须再次输入它们。App 设计工具最多支持从七组输入值中进行选择。

（7）单击 ▷（运行）按钮的上半部，可以使用最后一组值重新运行 App。单击 ▷（运行）按钮的下半部，可以从以前的几组值中选择一组。

（8）用户可以更改 startupFcn( )函数中的输入参数列表。具体方法如下：

① 从"运行"下拉列表中选择"编辑 App 输入参数"。

② 单击"编辑器"→"插入"→ ▣（App 输入参数）按钮。

③ 右击代码浏览器中的 startupFcn 回调，在弹出的快捷菜单中执行"编辑 App 输入参数"命令。

执行上述操作后均可打开相同的对话框，实现对参数进行修改。

9.3 创建多窗口 App

多窗口 App 是由两个或两个以上共享数据的 App 构成，App 之间共享数据的方式取决于用户的设计。

9.3.1 流程概述

本节通过介绍一种典型的多窗口 App 来讲解窗口间信息的传递，该 App 由一个 Main App（含一个 Options 按钮）和一个 Dialog Box（含一个 OK 按钮）共两个窗口组成，如图 9-22 所示。

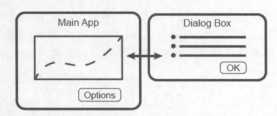

图 9-22 典型多窗口 App

通常，在 Main App（主 App）中有一个按钮（Options 按钮）用于打开 Dialog Box（对话框 App）。当关闭 Dialog Box 时，Dialog Box 将用户的选择发送给 Main App，Main App 执行计算并更新 UI。这两个 App 在不同的时间通过不同的方式共享信息：

（1）当 Dialog Box 打开时，Main App 通过使用输入参数调用 Dialog Box（对话框 App），并将信息传递给 Dialog Box。

（2）当单击 Dialog Box 中的 OK 按钮时，Dialog Box 将使用输入参数调用 Main App 中的公共函数，并将信息返回给 Main App。

要创建前面描述的 App，必须创建两个单独的 App（Main App 和 Dialog Box）。然后执行以下高级任务，每个任务都额外包含多个步骤。

（1）将信息发送给 Dialog Box。在接收输入参数的 Dialog Box 中编写一个 StartupFcn 回调，该回调必须有一个输入参数是 Main App 对象，然后在 Main App 中使用输入参数调用 Dialog Box。

（2）将信息返回给 Main App。在 Main App 中编写一个公共函数，以根据用户在 Dialog Box 中的选择来更新 UI。由于它是公共函数，因此 Dialog Box 可以调用它并将值传递给它。

（3）关闭窗口时的管理任务。在两个 App 中各编写一个 CloseRequest 回调，在窗口关闭时执行维护任务。

注意：如果需要将 App 部署为 WebApp（需要 MATLAB Compiler），则不支持创建多个 App 窗口。此时，需考虑创建一个具有多选项卡的单窗口 App。

【**例 9-1**】结合一个双窗口绘图 App（如图 9-23 所示）讲解多窗口 App 创建的方法与流程。

该 App 由一个主绘图 App 构成，主绘图 App 中有一个"选项"按钮，该按钮使用输入参数调用 Dialog Box。在对话框中，"确定"按钮的回调通过调用主 App 中的公共函数，将用户的选择发送回主 App。

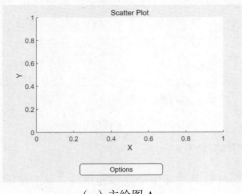

（a）主绘图 App　　　　　　　　　　（b）对话框 App

图 9-23　在画布上创建组件

（1）创建第一个 App 界面。

① 在 App 设计工具中创建一个新 App（Main App），并将其保存为 DWMainApp.mlapp 文件。

② 在组件浏览器中单击 DWMainApp，然后在其下方的 App 选项卡中将"名称"修改为 DWMainAppExercise，"版本"为 1.0，"作者"为 DingJB。

③ 在组件浏览器中单击 app.UIFigure，然后在其下方的 UI Figure 选项卡中将位置选项组中的 Position 属性修改为"100,100,450,370"，将标识符选项组中的 Name 属性修改为 ScatterPlot。

④ 创建坐标区组件。将组件库常用组件中的坐标区组件拖到画布中创建坐标区组件，双击坐标区的标题将其修改为 ScatterPlot。

⑤ 创建按钮组件。同样地，将常用组件中的按钮组件拖到画布创建按钮组件，双击按钮将名称修改为 Options。

⑥ 通过选中组件并拖曳组件的控点，适当调整各组件的大小及位置，创建完成的画布如图 9-23（a）所示。

（2）创建第二个 App 界面。

① 在 App 设计工具中单击"设计工具"→"文件"→ ➕（新建）按钮，创建第 2 个 App（Dialog Box），并将其保存为 DWDialogApp.mlapp 文件。

② 在组件浏览器中单击 DWDialogApp，然后在其下方的 App 选项卡中将"名称"修改为 DWDialogAppExercise，"版本"为 1.0，"作者"为 DingJB。

③ 在组件浏览器中单击 app.UIFigure，然后在其下方的 UI Figure 选项卡中将位置选项组中的 Position 属性修改为"100,100,300,200"，将标识符选项组中的 Name 属性修改为 Options。

④ 创建编辑字段（数值）组件。将组件库常用组件中的编辑字段（数值）组件拖到画布中创建编辑字段（数值）组件，属性设置如图 9-24（a）所示。

⑤ 创建下拉框组件。同样地，将常用组件中的下拉框组件拖到画布中创建下拉框组件，属性设置如图 9-24（b）所示。

（a）编辑字段（数值）组件

（b）下拉框组件

图 9-24　组件属性

⑥ 创建按钮组件。同样地，将常用组件中的按钮组件拖到画布中创建按钮组件，双击按钮将名称修改为 OK。

⑦ 通过选中组件并拖曳组件的控点，适当调整各组件的大小及位置，创建完成的画布如图 9-23（b）所示。

9.3.2　将信息发送给 Dialog Box

将值从 Main App 传递给 Dialog Box，需要执行以下操作步骤。

（1）在 Dialog Box 中，为 StartupFcn 回调函数定义输入参数，然后将代码添加到回调中。在 Dialog Box 代码视图模式下，单击"编辑器"→"插入"→ 🗨（App 输入参数）按钮。

在弹出的"App 详细信息"对话框中，为"输入参数"输入以逗号分隔的变量名称列表"mainapp, sz, cmap"，如图 9-25 所示，单击"确定"按钮退出对话框，并进入 startupFcn 回调。

提示：在"App 详细信息"对话框中需要指定以下输入参数。

① Main App。将 Main App 对象传递给 Dialog Box，以便从 Dialog Box 代码内引用 Main App 的函数和属性。

② 其他数据。传递 Dialog Box 需要访问的在 Main App 中定义的任何其他数据。

（2）在 Dialog Box 中，添加存储 Main App 对象的代码。

① 定义一个属性来存储 Main App。在代码视图中执行"编辑器"→"插入"→"属性"→"私有属性"命令，在出现的代码行中将 properties 模块中的属性名称更改为 CallingApp，如下所示。

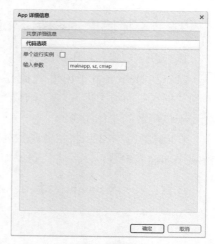

图 9-25 "App 详细信息"对话框

```
properties(Access=private)
    CallingApp                              % 用于存储 Main App 对象
end
```

② 在 StartupFcn 回调函数中，添加代码以将 Main App 对象存储在 CallingApp 属性中。

```
function StartupFcn(app,mainapp,sz,cmap)
    app.CallingApp=mainapp;                 % 存储 Main App 对象

    % 使用输入值更新 UI
    app.EditField.Value=sz;
    app.DropDown.Value=cmap;
end
```

（3）在 Main App 中，在回调内调用 Dialog Box 来创建对话框。

① 定义一个属性来存储 Dialog Box。在 Main App 的代码视图中，执行"编辑器"→"插入"→"属性"→"私有属性"命令，在出现的代码行中将 properties 模块中的属性名称更改为 DialogApp。

```
properties(Access=private)
    DialogApp                               % 用于存储 Dialog box 对象
    CurrentSize=35;                         % 当前参数值
    CurrentColormap='Parula';               % 当前颜色图
end
```

② 为 Options 按钮添加回调函数。右击画布中的按钮组件，在弹出的快捷菜单中执行"回调"→"添加 ButtonPushedFcn 回调"命令，此时光标置于该函数的主体中。

该回调需禁用 Options 按钮，以防止用户打开多个对话框。接下来，它获取要传递给对话框的值，然后使用输入参数和输出参数调用 Dialog Box。输出参数是 Dialog Box 对象。

```
function OptionsButtonPushed(app,event)
    app.OptionsButton.Enable="off";         % 打开对话框时禁用 Options 按钮
    app.DialogApp=DWDialogApp(app,…         % 调用 Dialog Box
        app.CurrentSize, app.CurrentColormap);
end
```

9.3.3 将信息返回给 Main App

执行以下步骤，将用户的选择从 Dialog Box 返回给 Main App。

（1）在 Main App 中创建一个公共函数以更新 UI。在 Main App 的代码视图模式下，在"编辑器"选项卡的"插入"面板上展开 🔧（函数）下拉列表，然后执行"公共函数"命令为代码添加辅助函数（此时光标置于该函数的主体中）。

在函数的主体中，将默认函数名称更改为所需的名称，并为希望从 Dialog Box 传递给 Main App 的每个选项添加输入参数，然后将代码添加到处理输入并更新 Main App 的函数中。

注意：表示 Main App 对象的参数 app 必须为第一个，因此需在该参数后指定其他参数。

```
methods (Access=public)

    function updateplot(app, sz, c)              % 创建公共函数 updateplot 以更新 UI
        % 将输入值赋值给 UI
        app.CurrentSize=sz;
        app.CurrentColormap=c;

        % 更新绘图
        X=rand(sz);
        Y=X*rand(sz);
        scatter(app.UIAxes,X,Y);
        colormap(app.UIAxes,c);

        % 重新启用 Options 按钮
        app.OptionsButton.Enable='on';
    end

end
```

（2）在 Dialog Box 中，从一个回调内调用公共函数。在代码视图中打开 Dialog Box 的情况下，为 OK 按钮添加回调函数。

在该回调中，调用在 Main App 代码中定义的公共函数。将存储在 CallingApp 属性中的 Main App 对象作为第一个参数进行传递；然后，传递 Main App 更新其 UI 所需的其他数据；最后，调用 delete( ) 函数关闭对话框。

```
function ButtonPushed(app,event)
    updateplot(app.CallingApp, app.EditField.Value, app.DropDown.Value);
                                            % 调用 Main App 中的公共函数
    delete(app)                             % 关闭 dialog box
end
```

9.3.4 关闭窗口时的管理任务

两个 App 都必须在用户关闭它们时执行某些任务。在 Dialog Box 关闭之前，必须重新启用 Main App 中的 Options 按钮；在 Main App 关闭之前，必须确保 Dialog Box 已关闭。

（1）在 Dialog Box 的代码视图模式下，右击组件浏览器中的 app.UIFigure 对象，在弹出的快捷菜单中执行"回调"→"添加 CloseRequestFcn 回调"命令，此时光标置于该函数的主体中，在该函数中添加重新启用 Main App 中的按钮并关闭 Dialog Box 的代码。

```
function DialogAppCloseRequest(app,event)
    app.CallingApp.OptionsButton.Enable="on";   % 启用 Main App 中的 Options 按钮
    delete(app)                                  % 关闭 dialog box
end
```

（2）在 Main App 的代码视图模式下，右击组件浏览器中的 app.UIFigure 对象，在弹出的快捷菜单中执行 "回调" → "添加 CloseRequestFcn 回调" 命令，此时光标置于该函数的主体中，在该函数中添加关闭这两个 App 的代码。

```
function MainAppCloseRequest(app,event)
    delete(app.DialogApp)    % 关闭 dialog box
    delete(app)              % 关闭 Main App
end
```

9.3.5　运行双窗口 App

（1）单击 "编辑器" 或 "设计工具" 选项卡下的 ▷（运行）按钮，并自动生成一个 ScatterPlot App，如图 9-26 所示。

（2）在 ScatterPlot App 上单击 Options 按钮，可以弹出 Options 对话框，在该对话框中修改参数设置，如图 9-27 所示。单击 OK 按钮，在 ScatterPlot 中即可重新绘制散点图，如图 9-28 所示。

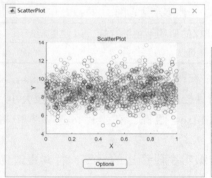

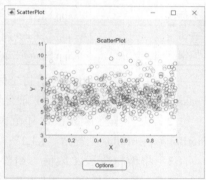

图 9-26　生成的散点图 App　　　图 9-27　修改参数值　　　图 9-28　新绘制的散点图

9.4　对多个组件共享回调

在组件间共享回调可以实现在 App 中提供多种方法来执行某个操作。例如，当用户单击按钮或在编辑字段中按下 Enter 键时，App 可以以同样的方式响应。下面通过一个示例进行讲解。

【例 9-2】试创建一个包含共享一个回调的两个 UI 组件的 App。该 App 显示具有指定层数的等高线图。当用户更改编辑字段中的值时，可以按 Enter 键或单击 UpdatePlot 按钮来更新绘图。

解：在 MATLAB App 设计工具中执行如下操作。

9.4.1　App 布局与参数设计

在 App 设计工具中，新建一个名称为 SharedCallback 的 App，其中画布的设计（窗口布局）如图 9-29（a）

所示，组件浏览器中对组件的名称进行了修改，如图9-29（b）所示。对象属性参数如表9-1所示。

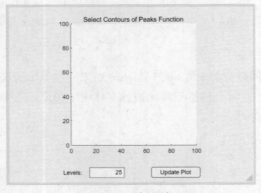
（a）画布设计

（b）组件浏览器

图 9-29　界面组件设计

表 9-1　主窗口对象属性

窗口对象	对象名称	回调（函数）	功　能
画布	PropertyApply	—	—
图窗	app.PlotUIFigure	—	—
坐标区	app.UIAxes	—	用于绘制展示散点图
按钮	app.UpdatePlotButton	ButtonPushed	获取Z的值和颜色图选择，以便更新绘图
编辑字段（数值）	app.SampleSizeEditField	ButtonPushed	共享回调

（1）在App设计工具中，将坐标区组件从组件库拖到画布上。双击标题，将其更改为Select Contours of Peaks Function；双击X轴和Y轴标签，按Delete键将其删除。拖动组件控点，调整坐标区显示区域大小。

（2）设置坐标区纵横比和范围。在组件浏览器中，选择app.UIAxes组件。在坐标区选项卡中将PlotBoxAspectRatio设置为"1,1,1"；将XLim和YLim设置为"0,100"。

（3）将编辑字段（数值）组件拖到画布上的坐标区下方。双击编辑字段旁边的标签，将其更改为"Levels:"；双击编辑字段，并将默认值更改为25。

（4）将按钮组件拖到画布上的编辑字段旁边。双击标签，将标签更改为Update Plot。

（5）在组件浏览器中，选择app.PlotUIFigure。在UI Figure选项卡中将标识符选项组中的Name设置为Contours Plot。

9.4.2　代码设计

（1）添加在用户单击该按钮时执行的回调函数。右击Update Plot按钮，在弹出的快捷菜单中执行"回调"→"添加ButtonPushedFun回调"命令即可创建ButtonPushed回调，在UpdatePlotButtonPushed回调中添加如下代码。

```
function UpdatePlotButtonPushed(app, event)
    Z=peaks(100);
    nlevels=app.LevelsEditField.Value;
    contour(app.UIAxes,Z,nlevels);
end
```

（2）与编辑字段共享回调。在组件浏览器中，右击 app.LevelsEditField 组件，在弹出的快捷菜单中执行"回调"→"选择现有的回调"命令，在弹出的"选择回调函数"对话框中，在"名称"下拉列表中选择 UpdatePlotButtonPushed，如图 9-30 所示。

图 9-30 "选择回调函数"对话框

说明：共享回调将允许用户在更改编辑字段中的值并按 Enter 键后更新绘图；也可以在更改值后单击 Update Plot 按钮更新绘图。

9.4.3 运行 App

（1）单击"编辑器"或"设计工具"选项卡下的 ▷（运行）按钮，并自动生成一个 Contours Plot App，单击 Update Plot 按钮，结果如图 9-31 所示。

（2）在 Configure Plot App 上修改将 Levels 参数设置为 15，并按 Enter 键，即可重新绘制图形，结果如图 9-32 所示。

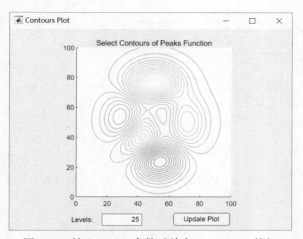
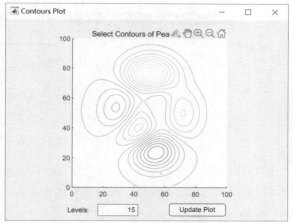

图 9-31 输入 Levels 参数后单击 Update Plot 按钮   图 9-32 输入 Levels 参数后按 Enter 键

9.5 使用辅助函数重用代码

辅助函数是指在 App 中定义，并可在代码中不同位置调用的 MATLAB 函数。例如，在用户更改编辑字段中的数字或选择下拉列表中的项后更新绘图时，通过创建辅助函数，可以使常用命令执行同一代码块，以避免维护冗余代码。

9.5.1 创建辅助函数

辅助函数有两种类型：私有函数，只能在 App 内部调用；公共函数，可在 App 内部或外部调用。私有函数通常在单窗口 App 中使用，而公共函数通常在多窗口 App 中使用。在 App 代码中添加函数的方法如下：

（1）在"编辑器"选项卡的"插入"面板上展开 （函数）下拉列表，然后执行"私有函数"或"公共函数"命令为代码添加辅助函数，如图 9-33 所示。

（2）在代码视图模式下，单击代码浏览器"函数"选项卡搜索栏右侧的按钮，在弹出的快捷菜单中执行"私有函数"或"公共函数"命令，如图9-34所示。

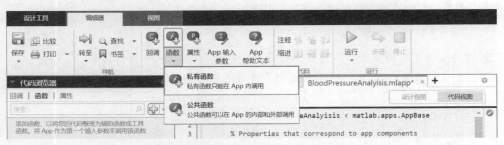

图9-33　创建函数弹出菜单（在选项卡中）

图9-34　创建函数弹出菜单（在代码浏览器中）

执行命令后，App设计工具会创建一个模板函数（代码如下），并将光标置于该函数的函数体中。然后即可更新函数名称及其参数，并在函数体中添加代码。

```
methods (Access=private)
    function results=func(app)
        ...
    end
end
```

辅助函数中，app参数是必需的，在app参数后可以添加更多的其他参数。例如，以下函数用于创建peaks()函数的曲面图，它接受附加参数n，该参数用于指定要在绘图中显示的样本数。

```
methods(Access=private)

    function updateplot(app,n)
        surf(app.UIAxes,peaks(n));
        colormap(app.UIAxes,winter);
    end

end
```

用户可以从任何回调中调用该函数。例如，以下代码用于调用updateplot()函数并指定n为50的值。

```
updateplot(app,50);
```

9.5.2 管理辅助函数

在代码浏览器中管理辅助函数与管理回调相似。通过双击代码浏览器"函数"选项卡中的名称并输入新名称，可以更改辅助函数的名称。更改辅助函数名称时，App 设计工具会自动更新对该函数的所有引用。

如果 App 有多个辅助函数，那么通过在"函数"选项卡顶部的搜索栏中输入部分名称可以快速搜索并导航至特定函数。

开始输入后，函数选项卡的内容将被清除，但会显示符合搜索条件的函数，如图 9-35（a）所示。单击其中的一个搜索结果以将函数滚动到视图中。右击搜索结果，在弹出的快捷菜单中执行"转至"命令，如图 9-35（b）所示，会将光标置于该函数中。

在"函数"选项卡中选择函数名称，然后按 Delete 键可以直接删除辅助函数。

（a）搜索函数

（b）快捷菜单

图 9-35　管理辅助函数

9.6　在 App 内共享数据

在 App 内共享数据的最佳方法是使用属性，因为属性可供 App 内的所有函数和回调访问。严格地说，所有 UI 组件都是属性，使用以下语法可以访问和更新回调中的 UI 组件：

```
app.Component.Property
```

例如，获取并设置一个仪表（名称为 PressureGauge）的 Value 属性可以使用以下命令。

```
x=app.PressureGauge.Value;           % 获取仪表值
app.PressureGauge.Value=50;          % 设置仪表值为 50
```

另外，如果想要共享某个中间结果或多个回调需要访问的数据，则应定义公共属性或私有属性来存储数据。公共属性在 App 内部和外部均可访问，而私有属性只能在 App 内部访问。

9.6.1　定义属性

通过创建一个属性，可以实现数据的存储并能在不同的回调之间共享这些数据。在代码视图模式下，App 设计工具提供了多种不同的方法用来创建属性：

（1）在"编辑器"选项卡的"插入"面板上展开 下拉列表，然后执行"私有属性"或"公共属性"命令创建属性，如图 9-36 所示。

（2）单击代码浏览器"属性"选项卡搜索栏右侧的 ![] 按钮，在弹出的快捷菜单中执行"私有属性"或"公共属性"命令，如图 9-37 所示。

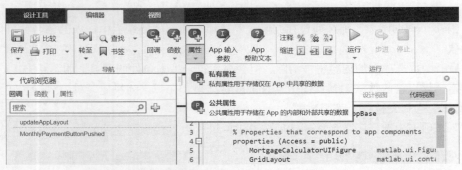

图 9-36　创建属性弹出菜单（在选项卡中）

图 9-37　创建属性弹出菜单（在代码浏览器中）

执行命令后，App 设计工具会在 properties 块中添加一条属性定义和一条注释，如图 9-38 所示。根据需要可以更改属性的名称。

```
properties (Access=public)
    Property                            % Description
end
```

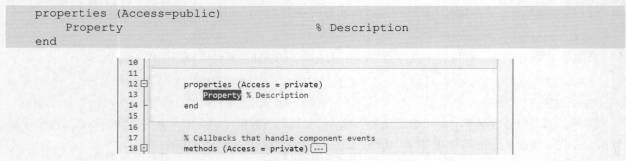

图 9-38　添加属性

此处，properties 块是可编辑的，因此可以更改属性的名称并编辑注释，以描述该属性。例如，以下属性存储平均成本值：

```
properties (Access=public)
    X                                          % 平均成本
end
```

如果代码需要在 App 启动时访问某个属性值,可以在 properties 块或在 startupFcn 回调中对其值进行初始化。

```
properties (Access=public)
    X=5;                                       % 平均成本
end
```

在属性定义中将数据类型与该属性相关联可以限制某属性存储值的类型。例如,以下代码要求赋给 X 的值必须为与 double 兼容的类型,并且所赋的任何值都存储为 double 类型。

```
properties(Access=public)
    X double                                   % 平均成本
end
```

9.6.2 访问属性

定义属性后,使用语法 app.PropertyName 可以在 App 代码中的任何位置访问和设置属性值。例如,app.Property 引用名为 Property 的属性。又如下面的代码:

```
y=app.X                                        % 获得 X 的值
app.X=5;                                       % 设置 X 的值
```

在代码浏览器的"属性"选项卡上选择属性名称,然后按 Delete 键可以直接删除属性。

【例 9-3】通过自行设计的 App 说明如何共享私有属性和下拉列表中的数据。App 中包含一个名为 Z 的私有属性,用于存储绘图数据。

解:在 MATLAB APP 设计工具中执行如下操作。

(1)App 布局与参数设计。

在 App 设计工具中,新建一个名称为 PropertyApply 的 App,画布的设计(窗口布局)如图 9-39(a)所示,组件浏览器中对组件的名称进行了修改,如图 9-39(b)所示。对象属性参数如表 9-2 所示。

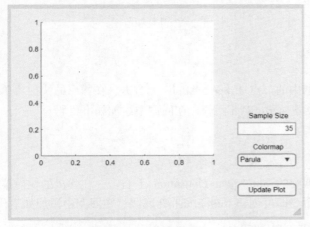

(a)画布设计　　　　　　　　　　(b)组件浏览器

图 9-39　界面组件设计

表 9-2 主窗口对象属性

窗口对象	对象名称	回调（函数）	功能
画布	PropertyApply	startupFcn	启动后直接调用默认参数绘图
图窗	app.PlotUIFigure		容器
坐标区	app.UIAxes		用于绘制展示散点图
按钮	app.UpdatePlotButton	ButtonPushedFcn	获取Z的值和颜色图选择，以便更新绘图
编辑字段（数值）	app.SampleSizeEditField	ValueChangedFcn	在更改样本大小（输入数值）时更新Z
下拉框	app.ColormapDropDown		用于选择颜色列表

说明：对表 9-2 内的对象，操作做如下说明，后面的讲解中将省略这些操作步骤。

① 对象名称的修改。双击组件浏览器中对应组件的名称即可修改组件名称。

② 添加回调。在组件浏览器对应的组件上右击在弹出的快捷菜单中添加对应回调（回调的添加还有其他方法，可参照前面的介绍）。

③ 窗口启动函数也可以在代码视图模式下执行"编辑器"→"插入"→"App 输入参数"命令输入。

（2）代码设计。

① 添加私有属性。切换到代码视图模式，在"编辑器"选项卡的"插入"面板上展开 🔧（属性）下拉列表，然后执行"私有属性"命令创建属性。

```
properties (Access = private)
    Z = peaks(35);                          % 获取绘图数据
end
```

② 添加辅助函数。在"编辑器"选项卡的"插入"面板上展开 🔧（函数）下拉列表，然后执行"私有函数"命令为代码添加辅助函数。

```
methods (Access = private)

    function plotsurface(app)
        surf(app.UIAxes,app.Z);             % 绘图
        cmap = app.ColormapDropDown.Value;
        colormap(app.UIAxes,cmap);          % 设置颜色图
    end

end
```

③ 添加窗口启动回调函数。在组件浏览器中的节点 PropertyApply 上右击，在弹出的快捷菜单中执行"回调"→"添加 StartupFun 回调"命令即可创建 startupFcn 回调，在回调中添加如下代码。

```
function startupFcn(app)
    plotsurface(app);
end
```

④ 在按钮组件上添加回调。在组件浏览器中的 app.UpdatePlotButton 上右击，在弹出的快捷菜单中执行"回调"→"添加 ButtonPushedFun 回调"命令即可创建 ButtonPushed 回调，在回调中添加如下代码。

```
function UpdatePlotButtonPushed(app, event)
    plotsurface(app);
end
```

⑤ 再编辑字段（数值）组件上添加回调。在组件浏览器中的 app.SampleSizeEditField 上右击，在弹出的快捷菜单中执行"回调"→"添加 ValueChangedFun 回调"命令即可创建 ValueChanged 回调，在回调中添加如下代码。

```
function SampleSizeEditFieldValueChanged(app, event)
    sampleSize = app.SampleSizeEditField.Value;
    app.Z = peaks(sampleSize);                    % 更新 Z 属性
end
```

（3）运行 App。

① 单击"编辑器"或"设计工具"选项卡下的 ▶（运行）按钮，并自动生成一个 Configure Plot App，如图 9-40 所示。

② 在 Configure Plot App 上修改参数设置，单击 Update Plot 按钮，即可重新绘制图形，结果如图 9-41 所示。

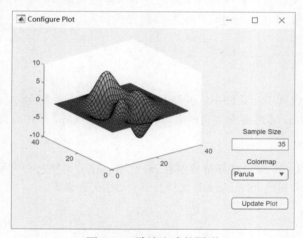

图 9-40 默认生成的图形

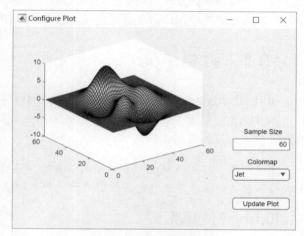

图 9-41 新绘制的图形

9.7 本章小结

本章深入研究了 MATLAB App 编程的多个方面，包括代码管理、启动任务、多窗口 App 创建、共享数据以及使用辅助函数。通过掌握这些技能，能够构建更具交互性和可扩展性的应用程序。在本章的过程学习中，需要结合 MATLAB 程序设计的基本思想进行学习。

第 10 章 App 打包与共享

CHAPTER 10

在成功构建 MATLAB App 后，下一步是将其打包并与其他人分享。本章将深入讲解如何有效地打包应用程序，并提供多种方式来共享它们。从创建独立的 App 窗口到各种共享方式，本章将帮助读者将应用程序轻松地传播给其他用户，无论是直接共享 MATLAB 文件还是通过更广泛的部署方式。

10.1 打包 App

利用 MATLAB 设计工具创建的任何 App 均可打包到单一文件中，并与其他人进行共享。在打包 App 时，MATLAB 会创建一个 App 安装文件（.mlappinstall），通过该安装文件可以将 App 安装到 App 库中，随后即可在 App 库中直接访问该 App。

第 43 集
微课视频

注意：在"打包为 App"窗口输入信息时，MATLAB 会创建并持续保存.prj 文件。.prj 文件包含有关 App 的信息。如果在单击打包按钮前退出，那么即使未创建.mlappinstall 文件，.prj 文件仍会保留。

10.1.1 打包窗口

打包 App 也即构建 App 安装文件，是在"打包为 App"窗口中进行的，执行以下操作之一会在主界面上方出现"打包为 App"窗口。

（1）在 MATLAB 主界面中，单击"主页"→"环境"→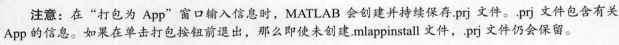（附加功能）的下三角按钮，在弹出的菜单中执行"打包为 App"命令。

（2）在 MATLAB 主界面中，单击 App→"文件"→ （打包 App）按钮。

（3）在 App 设计工具界面中，单击"设计工具"→"共享"→ （共享）的下三角按钮，在弹出的菜单中执行 MATLAB App 命令，如图 10-1 所示。

图 10-1 在 App 设计工具中执行打包命令

10.1.2 打包设置

（1）在如图10-2所示的"打包为App"窗口中，单击左侧"选取主文件"中的"添加主文件"并指定用于运行所创建的App的文件。这里的主文件必须可在没有输入的情况下调用，并且必须是函数或方法，而非脚本。MATLAB会分析主文件以确定App中是否使用了其他文件。

提示：主文件必须返回App的图窗句柄，以便MATLAB在用户退出App时从搜索路径中删除App文件（由GUIDE创建的函数会返回图窗句柄）。

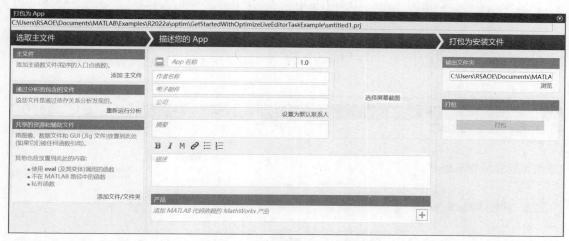

图10-2 "打包为App"窗口

（2）单击"添加文件/文件夹"可以添加App需要但未列在"通过分析而包括的文件"下的文件。在.mlappinstall文件中可以包含外部接口，如MEX或Java文件，但这样做会对运行App的系统有所限制。

（3）在中间部分的"描述您的App"中，进行如下设置。

① 在App名称字段中输入App名称。在安装该App时，MATLAB会对.mlappinstall文件使用该名称并在App库中使用该名称来标记App。

② 指定App图标（可选）。单击App名称字段左侧的图标，如图10-3所示，选择一个App图标或指定自定义图标，MATLAB会自动缩放图标以在安装对话框、App库和快速访问工具栏中使用。

③ 选择一个以前保存的屏幕截图来表示App（可选）。

图10-3 指定App图标

④ 指定作者信息（可选），包括作者名称、电子邮箱、公司等信息。

⑤ 在描述说明字段中提供 App 的详细说明，以便其他人决定是否要安装它。

⑥ 添加 App 所依赖的 MATLAB 产品。单击产品字段右侧的 ➕（加号）按钮，选择 App 所依赖的产品，然后单击"应用"按钮确定更改。

创建包后，当在当前文件夹浏览器中选择.mlappinstall 文件时，MATLAB 会在当前文件夹浏览器的详细信息面板中显示提供的信息（电子邮箱地址和公司名称除外）。如果在 MATLAB Central File Exchange 中共享 App，也会显示同样的信息。在 File Exchange 中，选择的屏幕截图（如果有）代表该 App。

（4）设置完成后的"打包为 App"窗口如图 10-4 所示，单击右侧的"打包"按钮，即可对 App 进行打包。

在 App 打包过程中，MATLAB 会创建一个.prj 文件，该文件包含 App 的相关信息，例如，包括的文件和说明。.prj 文件允许更新 App 中的文件，而无须重新指定有关该 App 的描述性信息。

图 10-4　App 打包设置

10.1.3　安装 App

App 打包完成后，在"打包为 App"窗口右侧的"打包"面板中单击"打开输出文件夹"，如图 10-5 所示，即可打开打包后安装文件(.mlappinstall)的位置，至此 App 即打包完成。

双击该安装文件 DWApp.mlappinstall，即可弹出如图 10-6 所示的安装界面，单击"安装"按钮，安装完成后 DWApp 即出现在 MATLAB 主界面 APP 选项卡下的 APP 面板中。

图 10-5　打包完成

图 10-6　安装 App

在 MATLAB 主界面中,单击 APP→APP→DWApp 按钮即可执行该 App。

10.2 共享 App

前面介绍的是 App 的打包及在 MATLAB 中执行 App,下面介绍 App 的共享。共享 App 的方式有多种。

(1)直接共享 MATLAB 文件。这是共享 App 的最简单方法,但用户必须在其系统中安装 MATLAB,以及 App 所依赖的其他 MathWorks 产品。同时用户还必须熟悉在 MATLAB 命令行窗口中执行命令,并知道如何管理 MATLAB 路径。

(2)打包 App(10.1 节已讲解)。该方法使用 MATLAB 附带的 App 打包工具。当用户安装打包的 App 时,该 App 会出现在 MATLAB 的 APP 面板中。与直接共享 MATLAB 文件的情况一样,用户必须在其系统中安装 MATLAB(以及 App 所依赖的其他 MathWorks 产品)。

说明:当要与更多用户共享 App,或用户不太熟悉在 MATLAB 命令行窗口中执行命令或管理 MATLAB 路径时,应采用该方法。

(3)创建预部署 Web App。该方法允许创建用户可以在其 Web 浏览器上运行的 App。要部署 Web App,必须在系统上安装 MATLAB Compiler。用户必须安装能够访问的 Web 浏览器,但无须安装 MATLAB。

(4)创建独立的桌面应用程序。该方法允许与其系统中未安装 MATLAB 的用户共享桌面 App。创建独立应用程序时,必须在系统中安装 MATLAB Compiler。用户必须在其系统中安装 MATLAB Runtime 才可运行该应用程序。

第 44 集
微课视频

10.2.1 直接共享 MATLAB 文件

在直接共享 MATLAB 文件时,如果 App 是在 GUIDE 中创建的,则需要与用户共享.fig 文件、.m 文件以及所有其他依存文件;如果 App 是以编程方式创建的,则需要与用户共享所有.m 文件和其他依存文件;如果 App 是在 App 设计工具中创建的,则需要与用户共享.mlapp 文件和所有其他依存文件。

单击 App 设计工具中的"设计工具"→"共享"→ ▤(App 详细信息)按钮,在弹出的"App 详细信息"对话框中可以设置名称、版本、作者、摘要和说明等信息。

要为用户提供更丰富的文件浏览体验,还可以在"App 详细信息"对话框提供用于指定屏幕截图的选项。如果没有指定屏幕截图,那么 App 设计工具会在运行 App 时自动捕获并更新屏幕截图,如图 10-7 所示。

说明:指定 App 详细信息也更便于打包和编译 App。对于某些操作系统,MATLAB 会提供 App 的详细信息,并在这些操作系统的文件浏览器中显示。

展开"代码选项"部分,如图 10-8 所示,可以指定输入参数以及 App 是可以一次运行多个实例还是只能运行一个实例。

10.2.2 共享打包 App

按照 10.1 节中讲解的操作方法可以创建一个.mlappinstall 文件(打包 App),并可通过 MATLAB 的 APP 选项卡进行访问。生成的.mlappinstall 文件包括所有依存文件。此时即可直接与用户共享.mlappinstall 文件。

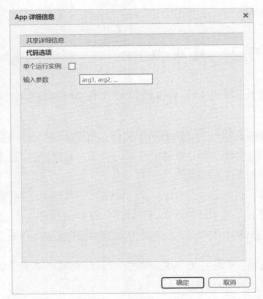

图 10-7　App 详细信息对话框　　　　图 10-8　展开"代码选项"后的对话框

在 MATLAB 当前文件夹浏览器中双击.mlappinstall 文件可以安装该 App。通过将.mlappinstall 文件上传到 MATLAB Central File Exchange，也可以将 App 作为附加功能共享。

通过执行以下步骤，用户可以从 MATLAB 中找到并安装附加功能：

（1）在 MATLAB 主界面中，单击"主页"→"环境"→（附加功能）按钮。

（2）通过浏览"附加功能资源管理器"窗口左侧的"可用类别"可以查找附加功能。也可以在搜索栏中输入关键字来搜索附加功能。

（3）单击"附加功能"打开附加功能的详细信息页。

（4）在信息页上，单击"添加"以安装该附加功能。

注意：虽然.mlappinstall 文件可以包含指定的任何文件，但 MATLAB Central File Exchange 对提交的文件设置了其他限制。如果 App 包含以下任何文件，则无法将其提交到 File Exchange：

① MEX 文件。

② 其他二进制可执行文件，如 DLL（通常可以接受数据和图像文件）。

10.2.3　创建预部署 Web App

Web App 是可以在 Web 浏览器中运行的 MATLAB App。一个交互式 MATLAB App 可以使用 App 设计工具创建，使用 MATLAB Compiler 进行打包，并在 MATLAB Compiler 中使用开发版 MATLAB Web App Server 或使用 MATLAB Web App Server 产品来托管。

每个 Web App 都有唯一 URL，使用 HTTP 或 HTTPS 协议可以从 Web 浏览器进行访问。服务器主页中会列出所有可用的托管 Web App。通过共享 Web App 的唯一 URL 或服务器主页的 URL 可以共享 Web App。

创建 Web App 需要 MATLAB Compiler，并且只有使用 App 设计工具设计的 App 才能部署为 Web App。另外，预部署 Web App 不支持某些功能。

如果系统中已安装了 MATLAB Compiler，则可以从 App 设计工具中将 MATLAB App 打包为 Web App。

其方法如下：

单击"设计工具"→"共享"→ ![共享图标] （共享）的下三角按钮，在弹出的菜单中执行 Web App 命令，如图 10-9 所示，即可打开 Packaging Progress（打包进程）对话框，如图 10-10 所示。

图 10-9　预部署 Web App

图 10-10　Packaging Progress 对话框

通过在 Packaging Progress 对话框中指定服务器 URL，可以将 WebApp 直接部署到服务器。服务器 URL 的格式为：https://webAppServer:PortNumber/webapps/home/index.html。

注意：只有 MATLAB Web App Server 产品支持将 Web App 直接上传到服务器的功能，并且需要启用身份验证。

10.2.4　创建独立的桌面应用程序

通过创建独立的桌面应用程序，可以与系统未安装 MATLAB 的用户共享 App。但是，创建独立应用程序时必须在自己的系统中安装 MATLAB Compiler。运行该 App 时用户必须在其系统中安装 MATLAB Runtime。

如果系统中已安装了 MATLAB Compiler，则可以从 App 设计工具中直接打开应用程序编译器。其方法如下：

单击"设计工具"→"共享"→ ![共享图标] （共享）的下三角按钮，在弹出的菜单中执行"独立桌面 App"命令，即可打开 MATLAB Compiler，如图 10-11 所示。

如果 App 是使用 GUIDE 或以编程方式创建的，通过单击 MATLAB 主界面中的 APP→APP→ ![图标] （Application Compiler）按钮打开 Application Compiler。

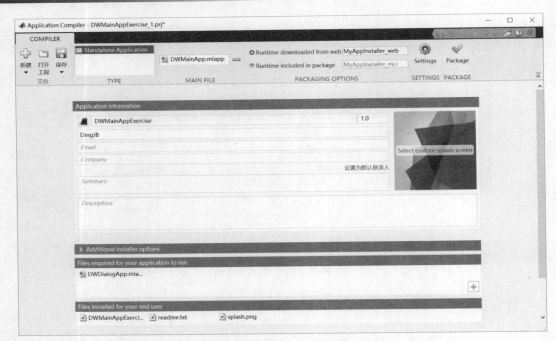

图 10-11　MATLAB Compiler

注意：Application Compiler 位于 APP 面板中的"应用程序部署"应用程序组中。

10.3　本章小结

本章深入讨论了 MATLAB App 的打包和共享。在本章中，我们学习了将应用程序打包为 App 窗口的方法，以及设置相关的打包参数；同时，了解了多种共享 App 的方式，包括直接共享 MATLAB 文件、通过打包 App、创建预部署 Web App 以及独立桌面应用程序。通过掌握这些技能，读者将能够更轻松地分享自己的应用程序，并让更多的人从中受益。

第 11 章　GUIDE 迁移

CHAPTER 11

随着 MATLAB App 设计工具的发展，从旧版的 GUIDE 迁移到新的设计工具成为提高应用程序开发效率和功能性的关键一步。本章将深入讨论迁移方法、迁移工具的功能以及迁移过程中的重要方面，特别是回调代码的更新和手动代码的调整。通过掌握这些策略，读者将能够顺利将现有应用程序迁移到更现代且功能强大的设计工具中。

11.1　迁移到 App 设计工具

在 MATLAB R2019b 及后续版本中，MathWorks 宣布将在未来版本中删除原来用于在 MATLAB 中构建 App 的拖放式环境 GUIDE。在删除 GUIDE 后，使用 GUIDE 创建的现有 App（GUI）可继续在 MATLAB 中运行，在需要更改 App 的行为时仍可编辑 App 程序文件。下面介绍 GUIDE 的迁移策略。

要继续编辑使用 GUIDE 创建的现有 App 的布局并保持与将来的 MATLAB 版本的兼容性，建议根据表 11-1 中所列出的迁移策略进行迁移。

第 45 集
微课视频

表 11-1　迁移策略

开 发 需 求	迁 移 策 略	迁 移 方 法
持续开发	将App迁移到App设计工具	在GUIDE中打开App，并执行"文件"→"迁移到App设计工具"命令，在出现的"GUIDE删除选项"对话框中，单击"迁移"按钮
偶尔编辑	将App导出为单个MATLAB文件，使用函数管理App布局和代码	在GUIDE中打开App，并执行"文件"→"导出为MATLAB文件"命令，在出现的"GUIDE转换选项"对话框中，单击"导出"按钮

对于功能复杂或需要持续功能开发的使用 GUIDE 创建的 App，建议将其迁移到 App 设计工具，该迁移策略具有以下优点：

（1）可以继续以交互方式设计 App 的布局。
（2）可以利用增强的 UI 组件集和自动调整布局选项等功能，使 App 能够响应屏幕大小的变化。
（3）可以构建 App 并将其作为 WebApp 进行共享。

11.1.1　迁移方法

在 MATLAB 中利用 GUIDE to App Designer Migration Tool 迁移工具实现 GUIDE 到 App 设计工具的迁移。

根据最初所采用的开发环境，用户可以采用多种方法来迁移 App。

（1）在 GUIDE 中，打开 App 并执行菜单栏中的"文件"→"迁移到 App 设计工具"命令，会弹出"GUIDE 删除选项"对话框。

说明：如果尚未安装 GUIDE to App Designer Migration Tool，则需在"GUIDE 删除选项"对话框中单击"安装支持包"按钮，如图 11-1 所示，打开"附加功能资源管理器"，并在其中安装该迁移工具。

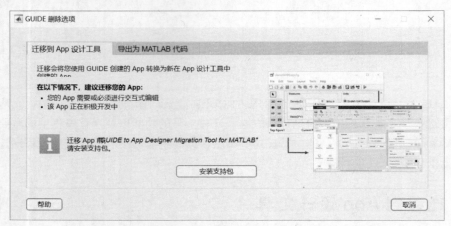

图 11-1 "GUIDE 删除选项"对话框

安装该工具后，会重新打开"GUIDE 删除选项"对话框。在选择正确的 FIG 文件后单击"迁移"按钮。App 将迁移并自动在 App 设计工具中打开该 App。

（2）在 App 设计工具中，打开 App 并执行"设计工具"→"文件"→"打开 GUIDE to App Designer Migration Tool"命令。

（3）在 MATLAB 命令行窗口中，调用 appmigration.migrateGUIDEApp( )函数可以批量迁移多个使用 GUIDE 创建的 App，该函数的调用格式如下。

```
appmigration.migrateGUIDEApp           % 启动 GUIDE to App Designer Migration Tool
appmigration.migrateGUIDEApp(files)    % 将指定的 GUIDE App 批量迁移到 App 设计工具
```

11.1.2 迁移工具的功能

迁移工具可以读入 GUIDE FIG 文件并在 MLAPP 文件中自动生成 App 设计工具的等效组件和布局，以帮助用户迁移 App；同时 GUIDE 回调代码和用户定义的其他函数会被复制到 MLAPP 文件中。代码迁移时还会创建迁移报告，为需要手动进行代码更新的部分提供操作建议。迁移工具功能描述如表 11-2 所示。

表 11-2 迁移工具功能描述

迁移工具功能	描 述
文件转换	读取 GUIDE FIG 文件和关联的代码，然后生成 App 设计工具 MLAPP 文件。App 设计工具文件名采用 guideFileName_App.mlapp 形式
组件和 App 布局	将组件和属性配置转换为 App 设计工具的等效内容，并保留 App 的布局
回调代码	在 MLAPP 文件中保留 GUIDE 回调代码和用户定义函数的副本

续表

迁移工具功能	描述
教程	逐步演示对迁移的App所做的更改
迁移报告	总结迁移工具成功完成的操作。列出针对App的任何限制或不受支持的功能，并提供建议的操作（如果有）

11.1.3 回调代码

迁移工具使用名 convertToGUIDECallbackArguments( )函数，以确保在 App 中使 GUIDE 样式回调代码与 App 设计工具 UI 组件兼容。该函数将 App 设计工具回调参数转换为代码所需的 GUIDE 样式回调参数。

convertToGUIDECallbackArguments( )函数将添加到每个迁移的回调函数的开头，它接收 App 设计工具回调参数 app 和 event，并返回 GUIDE 样式回调参数 hObject、eventdata 和 handles，如图 11-2 所示。

```matlab
% Button pushed function: showcode
function showcode_Callback(app, event)
    % Create GUIDE-style callback args - Added by Migration Tool
    [hObject, eventdata, handles] = convertToGUIDECallbackArguments(app, event);

    % hObject    handle to showcode (see GCBO)
    % eventdata  reserved - to be defined in a future version of MATLAB
    % handles    structure with handles and user data (see GUIDATA)
    open(handles.scriptPath);
end
```

图 11-2 回调代码示例

每个 GUIDE 样式回调参数具有不同的用途，如下所述。

（1）hObject 是正在执行其回调的对象的句柄。对于使用 GUIDE 创建的 App 中作为 UIControl 或 ButtonGroup 对象的组件，hObject 是 UIControlPropertiesConverter 或 ButtonGroupPropertiesConverter 对象的句柄。创建这些对象是为了让 GUIDE 样式代码在 App 设计工具回调函数中工作。

（2）eventdata 通常为空，但可以是包含关于回调事件特定信息的结构体。

（3）handles 是一个包含 UI 图窗的迁移子组件的结构体，这些子组件设置了'Tag'属性值。在使用 GUIDE 创建的 App 中作为 UIControl 对象的子组件是迁移的 App 中的 UIControlPropertiesConverter 对象。同样，子 ButtonGroup 对象是迁移的 App 中的 ButtonGroupPropertiesConverter 对象。

UIControlPropertiesConverter 和 ButtonGroupPropertiesConverter 对象如同 GUIDE 样式代码和 App 设计工具组件及回调之间的适配器。

为使用 GUIDE 创建的 App 中作为 UIControl 对象的每个组件创建一个 UIControlPropertiesConverter 对象。这些转换器对象与迁移的 App 中的 App 设计工具 UI 组件相关联。转换器对象与使用 GUIDE 创建的 App 中的原始 UIControl 具有相同的属性和值，但转换器对象将它们应用于其关联的 App 设计工具 UI 组件。

同样，对于 GUIDE 中的 ButtonGroup 对象，在 App 设计工具中会创建 ButtonGroupPropertiesConverter 对象。通过该对象，可以将 SelectedObject 属性设置为 UIControlPropertiesConverter 对象，以便 SelectionChangedFcn 回调能够正常工作。

11.1.4 手动代码更新

在某些情况下，需要用户在迁移 App 之前或之后采取额外的操作。表 11-3 列出了需要部分额外步骤或手动代码更新的常见场景和编码模式。

表 11-3 手动代码更新操作

GUIDE创建App的功能	描述	建议操作
多窗口App（即两个或更多共享数据的App）	多窗口App要求单独迁移每个App；迁移后的App文件名后追加_App；必须更新其他App对这些App的调用	单独迁移每个App。在调用方App中，将被调用的App的名称更新为新文件名
单选按钮和单选按钮回调	迁移工具不会迁移不属于单选按钮组的单选按钮，也不会迁移单个单选按钮的回调函数	在App设计工具中创建一个按钮组，并向其中添加单选按钮。要执行在单选按钮选择状态改变时的行为，需为按钮组创建Selection-ChangedFcn回调函数
uistack	不支持在App设计工具中调用此函数	在迁移前，确定该功能对App是否至关重要，App设计工具中没有相应的解决方法
findobj、findall和gcbo	使用findobj、findall或gcbo引用组件和设置属性可能会出错。UIControl对象被迁移到等效的App设计工具UI组件。要访问和设置这些迁移组件的属性，须在UIControlProperties-Converter对象上设置。也可将代码更新为使用其关联的App设计工具组件、属性和值	改用handles结构体来引用组件，或将代码更新为使用关联的App设计工具组件、属性和值
nargin和nargchk	辅助函数会迁移到App方法，并使用app作为额外的输入参数。这可能导致不正确的nargin或nargchk逻辑	将检查值增大1

OutputFcn(varargout)和Figure输出	App设计工具中没有等效功能。在实例化迁移到App设计工具中的App时，输出始终是App对象，而不是Figure对象	如果OutputFcn函数包含对App至关重要的初始化代码，则将其添加到OpeningFcn的末尾；如果OutputFcn函数指定在实例化App（如Figure对象）时将输出分配到工作区，则需要创建实例化App的函数。如：
		function out = MyGUIDEApp(varargin)
		    app = MyMigratedApp(varargin{:});
		    out = app.UIFigure;
		end

11.1.5 代码间的差异

App 设计工具与 GUIDE 之间的主要差异在于代码结构、回调语法以及访问 UI 组件和共享数据的方式。表 11-4 总结了其中的部分差异。

如果计划向迁移的 App 添加新 App 设计工具功能，或希望更新该 App 以使用 App 设计工具代码样式和约定，了解这些差异会非常有帮助。

表 11-4　GUIDE 和 App 设计工具代码之间的差异

差　　异	GUIDE	App设计工具
使用图窗和图形	调用figure( )函数构建App窗口；调用axes( )函数创建坐标区以显示绘图；支持所有MATLAB图形函数，而无须指定目标坐标区	调用uifigure函数构建App窗口；调用uiaxes函数创建坐标区以显示绘图；支持大多数MATLAB图形函数
使用组件	使用uicontrol( )函数创建大多数组件，可用组件较少	使用自己专用函数创建每个UI组件，可用组件较多，包括Tree、Gauge、TabGroup和DatePicker等
访问组件属性	使用set( )和get( )访问组件属性，并使用handles指定组件。如 name=get(handles.Fig,'Name')	支持set和get，但建议使用圆点表示法访问组件属性，并使用app指定组件。如 name=app.UIFigure.Name
管理App代码	代码被定义为可以调用局部函数的主函数。所有代码均可编辑	代码被定义为MATLAB类。只有回调、辅助函数和自定义属性可以编辑
编写回调	所需的回调输入参数是handles、hObject和eventdata。如 myCallback(hObject,eventdata,handles)	所需的回调输入参数是app和event。如 myCallback(app,event)

共享数据	使用UserData属性、handles结构体或者guidata、setappdata或getappdata函数存储数据以及在回调和函数之间共享数据。如
	handles.currSelection=selection;
	guidata(hObject,handles);
		使用自定义属性创建变量存储数据以及在回调和函数之间共享数据。如
		app.currSelection=selection

11.1.6　更新迁移的 App 回调代码

迁移的 App 默认使用 GUIDE 样式对象和代码约定，在迁移的 App 中建议更新回调代码以使用 App 设计工具对象和代码约定。更新回调代码可以支持现代 App 构建功能，并使 App 更易于维护。按照以下操作步骤可以更新代码。

（1）使用 App 设计工具 UI 组件。在回调函数中，更新对 handles 结构体的引用，改用 app 对象。通过 handles 结构体可访问转换器对象，这些对象表示使用 GUIDE 创建的 App 中的 UIControl 对象，而通过 app 对象可访问在 App 设计工具中创建的 App 中的 UI 组件。

例如，GUIDE 样式回调可以使用以下代码来设置普通按钮样式的 UIControl 对象的背景颜色：

```
handles.pushbutton1.BackgroundColor='red';
```

更新为以下代码后可以直接设置按钮 UI 组件的背景颜色：

```
app.pushbutton1.BackgroundColor='red';
```

（2）更新 UI 组件属性，即更新回调代码设置的属性。通常，UIControl 对象和与其等效的 UI 组件对象之间具有许多相同的属性。但是，它们在属性名称或属性接受的值的类型方面存在一些差异。关于 UIControl 和 UI 组件对象和属性之间的比较，如何更新代码以使用 UI 组件的内容此处不再赘述，请参考帮助文件。

（3）删除未使用的代码。一旦回调函数不再使用 hObject、eventdata 和 handles 参数，请删除由创建这些参数的迁移工具添加的代码行。

```
[hObject,eventdata,handles]=convertToGUIDECallbackArguments(app,event);
```

也可以更新 App 中使用 errordlg( )或 warndlg( )等函数创建的对话框代码，如使用 uialert( )和 uiconfirm( )函数创建的专门用于 App 构建的对话框等。

11.2　导出到 MATLAB 文件

导出使用 GUIDE 创建的 App 时，还可以通过在单个 MATLAB 程序文件中重新创建 GUIDE FIG 和程序文件，将其转换为编程式 App。在以下情况下建议使用该方法。

（1）后期对 App 的布局或行为可能仅做微小修改。

（2）后续以编程方式（而不是以交互方式）开发 App。

在 GUIDE 中打开要导出的 App，执行菜单栏中的"文件"→"导出为 MATLAB 文件"命令。

也可以右击 MATLAB 当前文件夹浏览器中的 FIG 文件，在弹出的快捷菜单中执行"导出为 MATLAB 文件"命令，会弹出如图 11-3 所示的"GUIDE 删除选项"对话框。

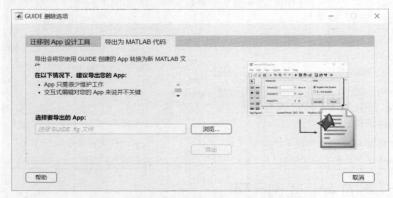

图 11-3　"GUIDE 删除选项"对话框

在"GUIDE 删除选项"对话框中确认选择了正确的 FIG 文件，然后单击"导出"按钮，MATLAB 将创建一个文件名后追加了 _export 的程序文件。新文件包含了原始回调代码以及用来处理 App 创建和布局的自动生成的函数。

11.3　本章小结

本章详细讲解了从 GUIDE 迁移到 MATLAB App 设计工具的策略，重点讲解了迁移方法、工具的功能以及代码更新的关键方面。通过学习这些内容，读者将更加熟悉迁移过程中的挑战和解决方案。

第 12 章 App 设计实例

CHAPTER 12

前面已经系统学习了在 MATLAB App 设计工具中构建 App 的方法。本章将通过具体的 App 设计实例，以更加直观的方式带领读者深入了解 MATLAB App 的构建过程。本章选择具有代表性的应用场景，演示如何选择合适的组件、布局方式，以及编写有效的回调函数，从而构建出一个功能完善且用户友好的 App。通过具体的案例学习，读者可以快速将之前学到的知识应用于实际情境中，解决实际问题。

12.1 设计绘图 App

【例 12-1】在 App 设计工具中，创建一个抵押贷款摊销计算器 App，该 App 首先接收用户输入，并根据输入计算每月还款额，最后绘制一段时间内的本金和利息金额。

本例用于演示如何从 UI 组件访问属性值及在 App 中绘制数据。

第 46 集
微课视频

12.1.1 布局 UI 组件

在设计视图模式下布局 App UI 组件，使用到的组件如表 12-1 所示，App 界面的左面板包括 4 个数值文本编辑框、1 个按钮；右面板包括一个坐标区，坐标区内有网格布局，并相应地对控件的名称、属性等进行修改。布局 UI 组件并配置部件外观的步骤如下。

表 12-1 主窗口对象属性

窗口对象	对象名称	回调（函数）	功 能
画布（自动）	Mortgage	—	启动后直接调用默认参数绘图
图窗（自动）	app.MortgageCalculatorUIFigure	—	容器
左面板（自动）	app.LeftPanel	—	容器
数值编辑字段	app.LoanAmountEditField	—	用于输入贷款金额
数值编辑字段	app.InterestRateEditField	—	用于输入利率
数值编辑字段	app.LoanPeriodYearsEditField	—	用于输入贷款期限
数值编辑字段	app.MonthlyPaymentEditField	—	用于查看计算出的每月还款额
按钮	app.MonthlyPaymentButton	ButtonPushedFcn	根据提供的输入计算每月还款额
右面板（自动）	app.RightPanel	—	容器
坐标区	app.PrincipalInterestUIAxes	—	显示抵押分期付款变化曲线

（1）从 App 设计工具起始页打开一个新的"可自动调整布局的两栏式 App"。在设计视图中，将数值编辑字段、普通按钮和坐标区等从组件库拖到 App 画布上。

（2）直接在画布上编辑组件或在组件浏览器中更改属性来修改组件的外观。

① 以交互方式编辑组件的标签。双击 App 画布上的编辑字段标签，并修改标签文本。

② 关闭在 Monthly Payment 编辑字段中编辑数据的功能。选中编辑字段组件，在组件浏览器中"编辑字段（数值）"选项卡中取消选中"交互性"选项组中的 Editable 复选框，如图 12-1 所示。

图 12-1 关闭编辑数据功能

布局 App 组件完成后，设计视图中的 App 画布如图 12-2（a）所示，组件浏览器如图 12-2（b）所示，其中显示了供 App 用户输入贷款金额、利率和贷款期限的字段，以及用于计算每月还款额的按钮（尚未生效），本金与利息绘图为空。

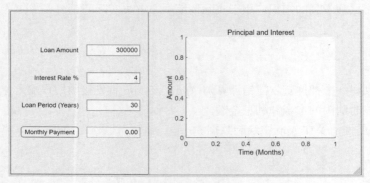

（a）画布布局

（b）组件浏览器

图 12-2 布局结果

12.1.2 App 行为编程

App 行为编程是在代码视图模式中使用回调函数完成的，当 App 用户与特定的 App 组件进行交互时，这些函数便会执行。本例中为 Monthly Payment 按钮编写一个回调函数，它在用户按下该按钮时计算每月还款额并对数据绘图。

（1）添加回调函数。在组件浏览器中的 app.MonthlyPaymentButton 上右击，在弹出的快捷菜单中执行"回调"→"添加 ButtonPushedFcn 回调"命令。

此时，App 设计工具会在代码视图中自动生成一个空白函数，并将其作为回调函数分配给按钮。

（2）在刚创建的回调函数中，添加代码来计算每月还款额，并绘制本金和利息随时间变化的图。由于回调已分配给按钮，因此当单击 Monthly Payment 按钮时，就会执行代码。下面具体分析回调函数中的代码。

1. 计算每月还款额

使用圆点表示法 app.ComponentName.Property 访问 App 组件的数值输入值。将字段 LoanAmount、InterestRate、LoanPeriodYears 中的输入数据存储到回调函数中的一个局部变量中。

```
amount=app.LoanAmountEditField.Value;
rate=app.InterestRateEditField.Value/12/100;
nper=12*app.LoanPeriodYearsEditField.Value;
```

使用 Loan Amount、Interest Rate%和 Loan Period（Years）的数值编辑字段中的输入，在回调函数中计算每月的还款额。

```
payment=(amount*rate)/(1-(1+rate)^-nper);
```

将 Monthly Payment 值设置为计算的还款额，实现在 Monthly Payment 数值编辑字段中输出计算的还款额。

```
app.MonthlyPaymentEditField.Value=payment;
```

2. 在坐标区中绘制数据

为实现基于 Monthly Payment 值生成本金和利息金额，需要执行以下操作。

（1）预分配和初始化变量。

```
interest=zeros(1,nper);
principal=zeros(1,nper);
balance=zeros(1,nper);
balance(1)=amount;
```

（2）计算本金和利息。

```
for i=1:nper
   interest(i) =balance(i)*rate;
   principal(i)=payment-interest(i);
   balance(i+1)=balance(i)-principal(i);
end
```

（3）使用 plot( )函数在 App 中绘制数据，并将 App 中的 UIAxes 对象指定为第一个参数。在名为 PrincipalInterestUIAxes 的坐标区上绘制本金和利息金额。

```
plot(app.PrincipalInterestUIAxes,(1:nper)',principal,(1:nper)',interest);
```

3. 编辑坐标区外观

将 UIAxes 对象指定为对应函数中的第一个参数可以调整轴范围和标签。

分别在 legend、xlim 和 ylim 函数中将 app.PrincipalInterestUIAxes 指定为第一个输入参数，向坐标区添加图例并调整坐标区范围。

```
legend(app.PrincipalInterestUIAxes,…
        {"Principal","Interest"},"Location","Best")
xlim(app.PrincipalInterestUIAxes,[0 nper])
ylim(app.PrincipalInterestUIAxes,"auto")
```

12.1.3 代码解析

在代码视图模式下，对该 App 的代码进行全面解读，以便于读者更好地掌握 App 的设计理念及方法。

代码中首先定义名称为 Mortgage 的 App 类，属性包括整个界面图布、网格布局、左面板、数值文本编辑框及相应的文本框标签、按钮、右面板、坐标区等设计视图中的组件。代码如下。

```
classdef Mortgage < matlab.apps.AppBase

    % 与 App 组件对应的属性
```

```matlab
properties (Access=public)
    MortgageCalculatorUIFigure      matlab.ui.Figure
    GridLayout                      matlab.ui.container.GridLayout
    LeftPanel                       matlab.ui.container.Panel
    MonthlyPaymentEditField         matlab.ui.control.NumericEditField
    MonthlyPaymentButton            matlab.ui.control.Button
    LoanPeriodYearsEditField        matlab.ui.control.NumericEditField
    LoanPeriodYearsEditFieldLabel   matlab.ui.control.Label
    InterestRateEditField           matlab.ui.control.NumericEditField
    InterestRateEditFieldLabel      matlab.ui.control.Label
    LoanAmountEditField             matlab.ui.control.NumericEditField
    LoanAmountEditFieldLabel        matlab.ui.control.Label
    RightPanel                      matlab.ui.container.Panel
    PrincipalInterestUIAxes         matlab.ui.control.UIAxes
end
```

本例中采用"可自动调整布局的两栏式 App"的布局模式，该模式分为左、右两个面板。在运行程序时，界面可以手动调整大小，为了自适应界面的大小变化，这里固定了左面板的宽度，即无论界面如何变换，左面板的宽度始终为 576。读者可在运行程序后自动调整界面观察变化情况，代码如下。

```matlab
% 与具有自动刷新（auto-reflow）功能的 App 相对应的属性
properties (Access=private)
    onePanelWidth=576;                  % 定义界面自动重排刷新时的属性
end
```

另外，三栏式需要对其中两个进行控制，以避免界面崩溃报错，代码如下。此处的代码只是定义了面板宽度值。

```matlab
properties (Access=private)
    onePanelWidth=576;                  % 定义界面自动重排刷新时的属性
    twoPanelWidth=768;
end
```

接下来的代码就是回调函数部分，也是代码的主要部分。在两栏式布局模式下，updateAppLayout 函数用于设置界面大小的调整。

在之前代码中已定义左面板宽度为固定值，当总界面的宽度比设定的面板宽度小时，自动调整为 1×2 的布局；当界面宽度大于设定面板宽度时，自动调整为 2×1 的布局；其他情况下，左面板宽度保持不变，右面板大小随界面调整。

```matlab
% 处理组件事件的回调
methods (Access=private)

    % 根据 UIFigure 宽度更改应用程序的排列
    function updateAppLayout(app, event)
        currentFigureWidth=app.MortgageCalculatorUIFigure.Position(3);
        if(currentFigureWidth <= app.onePanelWidth)
            % 更改为 2×1 网格样式
            app.GridLayout.RowHeight={316, 316};
            app.GridLayout.ColumnWidth={'1x'};
            app.RightPanel.Layout.Row=2;
            app.RightPanel.Layout.Column=1;
        else
            % 更改为 1×2 网格样式
```

```matlab
            app.GridLayout.RowHeight={'1x'};
            app.GridLayout.ColumnWidth={257, '1x'};
            app.RightPanel.Layout.Row=1;
            app.RightPanel.Layout.Column=2;
        end
    end
```

下面的 MonthlyPaymentButtonPushed( )函数是按钮的回调函数,也即当按下按钮时希望执行的操作,该段代码在前面已有介绍,此处不再赘述。

说明:读取文本框(数值编辑字段)中的内容可采用 Var=app.XX.value 方式;文本框既可以作为数值输入,也可以作为数值输出。

```matlab
        % 按钮回调函数
        function MonthlyPaymentButtonPushed(app, event)
            
            % 计算月供,分别读取文本编辑框里的内容,并赋给相应的变量
            amount=app.LoanAmountEditField.Value;
            rate=app.InterestRateEditField.Value/12/100;
            nper=12*app.LoanPeriodYearsEditField.Value;
            payment=(amount*rate)/(1-(1+rate)^-nper);          % 计算并赋给 payment
            app.MonthlyPaymentEditField.Value=payment;
            
            % 预分配和初始化变量
            interest=zeros(1,nper);                            % 初始化变量,建立1行 nper 列的全零矩阵
            principal=zeros(1,nper);
            balance=zeros(1,nper);
            
            balance(1)=amount;
            
            % 计算一段时间内的本金和利息
            for i=1:nper
                interest(i) =balance(i)*rate;
                principal(i)=payment-interest(i);
                balance(i+1)=balance(i)-principal(i);
            end
            
            % 绘制本金与利息的图形
            plot(app.PrincipalInterestUIAxes,(1:nper)',principal,...
                (1:nper)',interest);
            legend(app.PrincipalInterestUIAxes,{'Principal','Interest'},...
                'Location','Best')
            xlim(app.PrincipalInterestUIAxes,[0 nper]);
            ylim(app.PrincipalInterestUIAxes,'auto');
        end
    end
```

后面的代码是对组件初始化的属性定义和 App 创建及删除两部分,在之前设计界面是通过拖曳控件、在检查器中修改相应的属性参数实现的,这部分会自动生成,所以一般不需要再修改。

```matlab
        % 组件初始化
    methods (Access=private)
```

```matlab
        % 创建 UIFigure 和组件
        function createComponents(app)
            % 创建并隐藏 MortgageCalculatorUIFigure,直到创建所有组件
            app.MortgageCalculatorUIFigure=uifigure('Visible','off');
            ……                    % 中间内容省略
            % 创建所有组件后显示图形
            app.MortgageCalculatorUIFigure.Visible='on';
        end
    end

    % 创建和删除 App
    methods (Access=public)
        % 构造 App
        function app=Mortgage
            % 创建 UIFigure 和组件
            createComponents(app)
            % 通过 App Designer 注册 App
            registerApp(app,app.MortgageCalculatorUIFigure)
            if nargout == 0
                clear app
            end
        end

        % 删除 App 前执行的代码
        function delete(app)
            % 删除 App 时删除 UIFigure
            delete(app.MortgageCalculatorUIFigure)
        end
    end
end
```

12.1.4 运行 App

(1) 单击"编辑器"或"设计工具"选项卡下的 ▷(运行)按钮,并自动生成一个 Mortgage Calculator App,单击 Monthly Payment 按钮,该 App 会计算每月还款额,并绘制本金和利息数据,结果如图 12-3 所示。

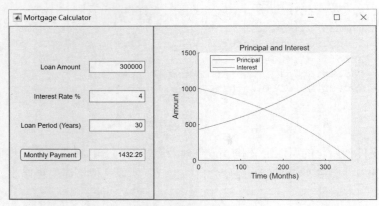

图 12-3 默认运行结果

（2）在 App 的数值字段中输入新值（修改输入参数），单击 Monthly Payment 按钮，即可重新进行计算并绘制图形，结果如图 12-4 所示。

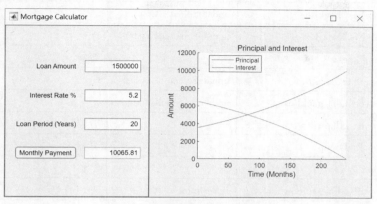

图 12-4　调整参数后的运行结果

12.2　设计自动调整布局的 App

如果 App 要在不同分辨率和屏幕大小的多个环境中共享，建议使用自动调整布局模式。通过自动调整布局，可以调整 App 大小和 App 内容布局，以适应每个 App 用户的屏幕大小。

【例 12-2】创建一个具有自动调整布局功能的 App，该 App 通过自动对 App 内容进行放大、缩小和调整布局来响应大小调整。

该 App 通过使用散点图、直方图和表格来显示数据；使用选项卡将打印选项输出与数据的表格显示分隔开；使用如复选框、滑块、开关、下拉菜单和单选按钮组等多个组件；App 中使用的数据随产品一起提供。

第 47 集
微课视频

12.2.1　布局 UI 组件

在设计视图模式下布局 App UI 组件，使用到的组件如表 12-2 所示，当调整 App 窗口的大小时，该调整布局面板中的组件会自动调整其布局。布局 UI 组件并配置部件外观的步骤如下。

表 12-2　主窗口对象属性

窗 口 对 象	对 象 名 称	回调（函数）	功　　能
画布（自动）	PatientsDisplay	startupFcn	启动后直接调用
图窗（自动）	app.PatientsDisplayUIFigure	updateAppLayout	容器。回调为创建两栏式App自动添加的回调
左面板（自动）	app.LeftPanel	—	容器
标签	app.DataSelectionLabel	—	—
面板	app.Panel2_4	—	容器
下拉框	app.HospitalNameDropDown	updateSelectedGenders	—
面板	app.Panel2_2	—	容器

续表

窗口对象	对象名称	回调（函数）	功 能
复选框	app.YesCheckBox	updateSelectedGenders	—
复选框	app.NoCheckBox	updateSelectedGenders	—
面板	app.Panel2	—	容器
复选框	app.MaleCheckBox	updateSelectedGenders	—
复选框	app.FemaleCheckBox	updateSelectedGenders	—
右面板（自动）	app.RightPanel	—	容器
选项卡组	app.TabGroup	—	容器
选项卡	app.PlotTab	—	容器
开关	app.BloodPressureSwitch	refreshplot	—
按钮组	app.ButtonGroup	—	—
按钮	app.HistogramButton	refreshplot	—
按钮	app.ScatterButton	—	—
滑块	app.BinWidthSlider	refreshplot SliderValueChanging	—
坐标区	app.UIAxes	—	用于绘图
选项卡	app.DataTab	—	容器
表	app.UITable	refreshplot	用于展示数据

（1）从 App 设计工具起始页打开一个新的"可自动调整布局的两栏式 App"。App 设计工具创建两个面板；左侧面板为固定面板，右侧面板用于调整布局。在设计视图中，将复选框、普通按钮和坐标区等控件从组件库拖到 App 画布上。

本例中使用左侧面板中的附加面板对相关控件进行分组。从上到下依次是标签（Data Selection）及 3 个小面板。第一个面板的 Title 为 Location，放着下拉框；第二个面板的 Title 是 Gender，包括两个复选框 Male 和 Female；第三个面板的 Title 是 Smoker，包括两个复选框 Yes 和 No。

右侧面板放置一个选项卡组，用于添加可视化的坐标区和数据表。在第一个子项 Plot 中，从上到下依次是仪器工具中的开关、绘图区、按钮组、滑块；在第二个子项 Data 中放置表。

（2）直接在画布上编辑组件或在组件浏览器中更改属性来修改组件的外观。其中，下拉框与表组件的部分属性如下。

① 在 app.HospitalNameDropDown 下拉框组件的属性中，设置 Items 为"County General Hospital, St. Mary's Medical Center, VA Hospital, All"，如图 12-5（a）所示。

② 在 app.UITable 表组件的属性中，设置 ColumnName 为"Last Name, Gender, Smoker, Age, Height, Weight, Diastolic, Systolic, Location"，如图 12-5（b）所示。

（3）布局 App 组件完成后，设计视图中的 App 画布如图 12-6（a）所示，组件浏览器如图 12-6（b）所示。

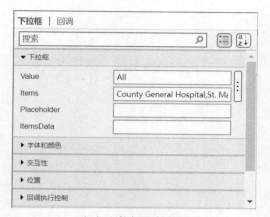

（a）下拉框组件属性　　（b）表组件属性

图 12-5　组件属性

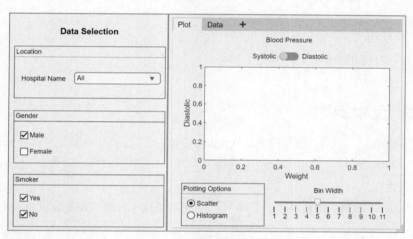

（a）画布布局

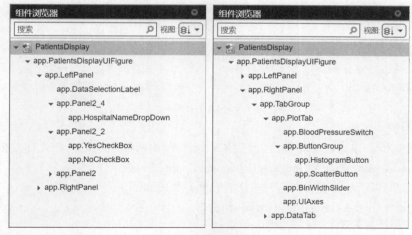

（b）组件浏览器

图 12-6　布局结果

12.2.2 自动调整布局行为

App 右侧面板中的 App 内容会根据 App 窗口大小调整大小和调整布局。该行为是在回调函数 updateAppLayout()中实现的，代码如下。

```
% 根据 UIFigure 的宽度更改 App 的排列方式
function updateAppLayout(app, event)
    currentFigureWidth=app.UIFigure.Position(3);
    if(currentFigureWidth <= app.onePanelWidth)
        % 更改为 2×1 网格样式
        app.GridLayout.RowHeight={480, 480};
        app.GridLayout.ColumnWidth={'1x'};
        app.RightPanel.Layout.Row=2;
        app.RightPanel.Layout.Column=1;
    else
        % 更改为 1×2 网格样式
        app.GridLayout.RowHeight={'1x'};
        app.GridLayout.ColumnWidth={220, '1x'};
        app.RightPanel.Layout.Row=1;
        app.RightPanel.Layout.Column=2;
    end
end
```

12.2.3 App 行为编程

在对 App 进行布局后，对 App 进行编程以响应用户的输入。App 行为编程是在代码视图模式中使用回调函数完成的。只要 App 用户与特定的 App 组件进行交互，这些函数就会执行。

1. 创建私有属性

在代码视图模式下，单击"编辑器"→"插入"→ （属性）按钮，在光标处直接创建如下私有属性。

```
properties (Access=private)
    % 声明 PatientsDisplay 类的私有属性
    Data                      % 存储用于显示的数据
    SelectedGenders           % 存储用户选择的性别信息
    SelectedColors            % 存储用户选择的颜色信息
    BinWidth                  % 存储直方图的条宽度
    Histogram=gobjects(0)     % 存储直方图对象，初始化为空数组
    displayedIndices          % 存储已显示的数据的索引
end
```

2. 创建私有函数

在代码视图模式下，单击"编辑器"→"插入"→ （函数）按钮，在光标处依次创建私有函数 numhistbins()、annotateScatterPlot()、annotateHistogram()、filterData()。

函数 numhistbins()用于计算直方图每一条柱的数据，代码如下。

```
function NBins=numhistbins(app,data)
    % 计算直方图柱条数函数
    binwidth=app.BinWidth;                % 将滑块读取的 BinWidth 的值赋值给 binwidth
    range2plot=floor(min(data)):binwidth:ceil(max(data));
              % range2plot 是最小值到最大值的范围的向量，floor 函数是向下取整
```

```
        NBins=size(range2plot,2);                    % 确定直方图每个条形的宽度
end
```

函数 annotateScatterPlot( )用于绘制散点图,代码如下。

```
function annotateScatterPlot(app)
    % 更新 X 和 Y 标签(定义坐标区 X 轴名称为 Weight,Y 坐标的名称根据控件开关的状态更新)
    app.UIAxes.XLabel.String='Weight';
    app.UIAxes.YLabel.String=app.BloodPressureSwitch.Value;

    % 不显示直方图中的滑块(隐藏滑块及其标签)
    app.BinWidthSliderLabel.Visible='off';
    app.BinWidthSlider.Visible='off';
end
```

说明:采用 app.XXX.Visible='on'或者'off'可以控制组件是否可见;坐标区的 X、Y 坐标名称可以根据控件的状态进行更改,方式为 app.XXX.XLabel.String='Weight'。采用语句 XXX= app.xxx.Value 可以直接读取开关控件的值。

函数 annotateHistogram( )用于绘制直方图,代码如下。

```
function annotateHistogram(app)
    % 更新 X 和 Y 标签(坐标区的 X 的名称根据控件状态变化,Y 坐标的名称为#of Patients)
    app.UIAxes.XLabel.String=app.BloodPressureSwitch.Value;
    app.UIAxes.YLabel.String='# of Patients';

    % 显示直方图滑块及其标签
    app.BinWidthSliderLabel.Visible='on';
    app.BinWidthSlider.Visible='on';
end
```

函数 filterData( )用于数据筛选,代码如下。

```
function filterData(app)
    % 根据组件过滤数据,最初假设将显示所有数据,然后根据控件过滤数据
    tempIndices=ones([size(app.Data,1),1]);          % 定义 x 行 y 列的单元向量

    % 将一列追加到 tempIndices,展示控制吸烟者的数据
    if app.NoCheckBox.Value && ~app.YesCheckBox.Value
        tempIndices=[tempIndices, app.Data.Smoker == 0];
    elseif app.YesCheckBox.Value && ~app.NoCheckBox.Value
        tempIndices=[tempIndices, app.Data.Smoker == 1];
    elseif ~app.YesCheckBox.Value && ~app.NoCheckBox.Value
        tempIndices=[tempIndices, zeros([size(app.Data,1),1])];
    end

    % 将一列追加到 tempIndices,展示满足性别控制的数据
    if app.MaleCheckBox.Value && ~app.FemaleCheckBox.Value
        tempIndices=[tempIndices, app.Data.Gender == "Male"];
    elseif app.FemaleCheckBox.Value && ~app.MaleCheckBox.Value
        tempIndices=[tempIndices, app.Data.Gender == "Female"];
    elseif ~app.FemaleCheckBox.Value && ~app.MaleCheckBox.Value
        tempIndices=[tempIndices, zeros([size(app.Data,1),1])];
    end
```

```
    % 将一列追加到 tempIndices，展示满足地区控制的数据
    if app.HospitalNameDropDown.Value ~= "All"
    tempIndices=[tempIndices,…
        app.Data.Location == string(app.HospitalNameDropDown.Value)];
    end

    % 确定满足所有要求的数据点
    app.displayedIndices=(sum(tempIndices,2)/size(tempIndices,2) == 1);
end
```

说明：程序中，if 语句用于判别复选框与下拉框的状态，程序调用方法如下。

```
% 复选框的程序调用方法
if app.A.Value && ~app.B.Value
        statement1;
elseif app.B.Value && ~app.A.Value
        statement2;
elseif  ~app.A.Value && ~app.B.Value
        statement3;
end
% 下拉框的程序调用方法
XXX == string(app.DropDown.Value)
```

3. 添加回调函数

（1）在组件浏览器中的 PatientsDisplay 上右击，在弹出的快捷菜单中执行"回调"→"添加 StartupFcn 回调"命令，此时光标置于 startupFcn( )函数的主体中。在该函数中输入以下代码。

```
function startupFcn(app)
    % 启动函数，用于初始化 App
    % 加载数据
    load('patients.mat','LastName','Gender','Smoker','Age',…
        'Height','Weight','Diastolic','Systolic','Location');

    % 将数据存储在表格中，并将其显示在 App 的 Data 选项卡中
    app.Data=table(LastName,Gender,Smoker,Age,Height,Weight,…
            Diastolic,Systolic,Location);
    app.UITable.Data=app.Data;
    app.BinWidth=app.BinWidthSlider.Value;   % 从滑块获取的条宽度赋给 BinWidth

    updateSelectedGenders(app)               % 根据相应的数据更新坐标轴
    refreshplot(app)                         % 刷新绘图
end
```

说明：该回调用于加载数据，即先将数据赋值给 app.Data，再导入表格中。

（2）在代码视图模式下，单击"编辑器"→"插入"→ 🔽（回调）按钮。或在代码浏览器窗口的回调选项卡上单击 ➕（添加回调函数以响应用户交互）按钮。

在弹出的"添加回调函数"对话框中进行如图 12-7 所示的设置，添加 refreshplot 回调，并在回调函数中输入以下代码，用于

图 12-7　添加 refreshplot 回调

更新绘图。

```matlab
function refreshplot(app, event)
    % 刷新绘图的方法
    Genders=app.SelectedGenders;
    Colors=app.SelectedColors;
    
    % 从新的绘图开始
    cla(app.UIAxes)                                           % 清空坐标区内的绘图数据
    hold(app.UIAxes,'on')
    app.Histogram=gobjects(0);
    
    % 选择相关数据段
    xdata=app.Data.Weight;
    ydata=app.Data.(app.BloodPressureSwitch.Value);
    
    % 根据控件过滤数据
    filterData(app);
    
    % 根据选择创建散点图或直方图（按钮组的程序调用采用 switch 语句）
    switch app.ButtonGroup.SelectedObject.Text
        
        case 'Scatter'
            % 为每个选定的性别构建散点图
            for ii=1:length(Genders)
            selectedpatients=((app.Data.Gender == Genders(ii)) & ...
                (app.displayedIndices));
            scatter(app.UIAxes,xdata((selectedpatients)),...
                    ydata(selectedpatients),Colors{ii});
            end
            annotateScatterPlot(app)
            
        case 'Histogram'
            % 为每个选定的性别建立一个直方图
            for ii=1:length(Genders)
            selectedpatients=((app.Data.Gender == Genders(ii)) & ...
             (app.displayedIndices));
            NBins=numhistbins(app,ydata(selectedpatients));
            h=histogram(app.UIAxes,ydata(selectedpatients),...
                ...NBins,'BinLimits',[floor(min(ydata)) ceil(max(ydata))]);
            h.EdgeColor=Colors{ii};
            h.FaceColor=Colors{ii};
            app.Histogram=[app.Histogram h];
            end
            annotateHistogram(app)
    end
    
    % 更新表以仅显示满足控件要求的数据
    app.UITable.Data=app.Data(app.displayedIndices,:);
```

```
        drawnow;                                                    % 更新图窗并处理回调
    end
```

（3）继续单击"编辑器"→"插入"→ （回调）按钮，在"添加回调函数"对话框中进行如图 12-8 所示的设置，添加 updateSelectedGenders 回调，并在回调函数中输入以下代码，用于更新数据。

```
function updateSelectedGenders(app, event)
    % 列出要使用的性别和颜色
    Genders=[];
    Colors=[];
    Smoker=[];

    if app.MaleCheckBox.Value
        Genders="Male";
        Colors="blue";
    end
    if app.FemaleCheckBox.Value
        Genders=[Genders "Female"];
        Colors=[Colors "red"];
    end
    if app.YesCheckBox.Value
        Smoker="Yes";
    end
    if app.NoCheckBox.Value
        Smoker=[Smoker "No"];
    end

    if isempty(Genders) || isempty(Smoker)              % isempty 函数是判断数组是否为空
        % 禁用开关和按钮（如果处于打开状态）
        app.BloodPressureSwitch.Enable='off';
        app.ScatterButton.Enable='off';
        app.HistogramButton.Enable='off';
        app.BinWidthSliderLabel.Enable='off';
        app.BinWidthSlider.Enable='off';
    else
        % 启用开关和按钮（如果处于关闭状态）
        app.BloodPressureSwitch.Enable='on';
        app.ScatterButton.Enable='on';
        app.HistogramButton.Enable='on';
        app.BinWidthSliderLabel.Enable='on';
        app.BinWidthSlider.Enable='on';
    end
    app.SelectedGenders=Genders;
    app.SelectedColors=Colors;

    refreshplot(app)
end
```

（4）继续单击"编辑器"→"插入"→ （回调）按钮，在"添加回调函数"对话框中进行如图 12-9 所示的设置，添加 SliderValueChanging 回调，并在回调函数中输入以下代码，用于设置更新直方图的宽度。

图 12-8　添加 updateSelectedGenders 回调

图 12-9　添加 SliderValueChanging 回调

```
function SliderValueChanging(app, event)
    % 根据滑块值的变化，更新直方图的宽度（bindwidth）
    app.BinWidth=event.Value;
    for ii=1:length(app.Histogram)
        app.Histogram(ii).NumBins=numhistbins(app,app.Histogram(ii).Data);
    end
```

（5）在组件浏览器中，选中 app.YesCheckBox 组件，在下方的"回调"选项卡中设置 ValueChangedFcn 为 updateSelectedGenders 回调，如图 12-10 所示，利用同样的方法将其余回调添加到控件上（如表 12-2 所示）。

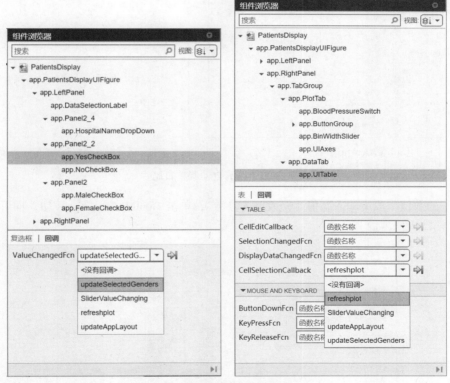

图 12-10　为组件设置回调

12.2.4　运行 App

（1）单击"编辑器"或"设计工具"选项卡下的 ▷（运行）按钮，并自动生成一个 Patients Display App。

在 App 中，控件位于左侧的固定面板中，用于调整布局的右侧面板包含两个可视化选项卡和一个数据表。

当缩小 App 窗口宽度时，右侧面板会根据窗口宽度大小进行动态调整，并移至固定的左侧面板下方，如图 12-11 所示。

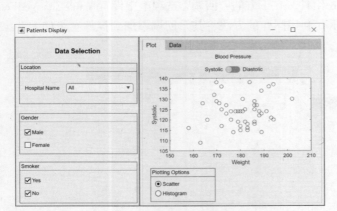

（a）默认 App 界面　　　　　　　　　　　（b）调整后的 App 界面

图 12-11　App 自动调整布局

（2）在 App 的数值字段中输入新值（修改输入参数），单击 Monthly Payment 按钮，即可重新进行计算并绘制图形，结果如图 12-12 所示。

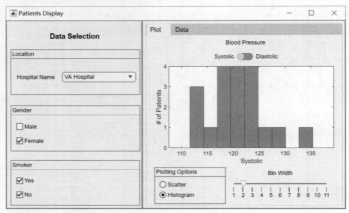

图 12-12　调整参数后的运行结果

12.3　使用网格布局构建 App

使用网格布局管理器可以在调整 App 大小时控制 App 组件的对齐和缩放。通过网格布局管理器可轻松地管理 App 组件的布局，而不必设置每个组件的像素位置。

【例 12-3】使用网格布局创建一个 App，该 App 可以在调整 App 大小时控制 App 组件的对齐和缩放。

该 App 左侧面板上的 UI 组件控制脉冲的参数，并使用网格布局管理器对控件进行布局，在调整 App 大小时，网格布局管理控件的对齐方式。右侧面板包含用于数据可视化的坐标区，当用户更改脉冲参数时，绘图会做相应的更新。

通过调整 App 窗口的宽度可以查看网格布局中的组件对调整大小所作出的反应。可以发现，当 App 窗口缩小时，网格布局中的组件大小始终保持一致。在 MATLAB APP 设计工具中执行如下操作。

12.3.1　布局 UI 组件

App 在设计视图模式下布局 UI 组件，使用到的组件如表 12-3 所示。布局 UI 组件并配置部件外观的步骤如下。

表 12-3　主窗口对象属性

窗口对象	对象名称	回调（函数）	功　能
画布（自动）	PulseGenerator	startupFcn	启动后直接调用
图窗（自动）	app.PulseGeneratorUIFigure	updateAppLayout	容器
左面板（自动）	app.LeftPanel	—	容器
下拉框	app.TypeDropDown	KnobValueChanged	—
数值编辑字段	app.SignalLengthsEditField	KnobValueChanged	—
数值编辑字段	app.FrequencyEditField	KnobValueChanged	—
指示灯	app.AutoUpdateLamp	—	—
开关	app.AutoUpdateSwitch	AutoUpdateSwitchValueChanged	—
按钮	app.PlotButton	PlotButtonPushed	—
面板	app.Panel	—	容器
网格布局管理器	app.GridLayout2	—	容器
分档旋钮	app.DispersionKnob	KnobValueChanged	—
旋钮	app.HighPassKnob	KnobValueChanged	—
旋钮	app.LowPassKnob	KnobValueChanged	—
分档旋钮	app.ModulationKnob	KnobValueChanged	—
旋钮	app.WindowKnob	KnobValueChanged	—
旋钮	app.EdgeKnob	KnobValueChanged	—
右面板（自动）	app.RightPanel	—	容器
开关	app.PlotTypeSwitch	KnobValueChanged	—
坐标区	app.PulsePlotUIAxes	—	用于绘图

第 48 集
微课视频

在设计视图中添加并配置网格布局管理器,然后将 UI 组件添加到已配置的布局中,具体操作如下。

(1)从 App 设计工具起始页创建一个新的"可自动调整布局的两栏式 App"。

(2)向左侧面板添加一个网格布局。App 设计工具可以将网格布局应用于整个 App 窗口或放置它的容器(本例中为左侧面板中添加的面板)。

(3)调整网格的行数和列数。在网格布局上右击,在弹出的快捷菜单中执行"配置网格布局"命令。通过选择行或列,可以在弹出的调整大小配置面板中添加和删除行和列。本例中,将网格布局设置为 7 行 4 列。

(4)在调整大小配置面板中设置 ColumnWidth 和 RowHeight 属性。本例中,将包含旋钮的列的 ColumnWidth 设置为"1x",以便在调整 App 大小时调整列以填充空间。此加权宽度确保旋钮宽度相同,并共享网格中的空间。将包含编辑字段的行的 RowHeight 属性设置为"fit",以便这些行自动调整以适应其内容。

(5)在组件浏览器中指定网格布局的其他属性。通过编辑 ColumnSpacing 和 RowSpacing 值来更改列间距和行间距,并使用 Padding 属性调整网格外围的间距。

(6)通过将 UI 组件从组件库拖到网格布局中的对应位置,将其添加到网格中。

(7)布局 App 组件完成后,设计视图中的 App 画布如图 12-13(a)所示,组件浏览器如图 12-13(b)所示。

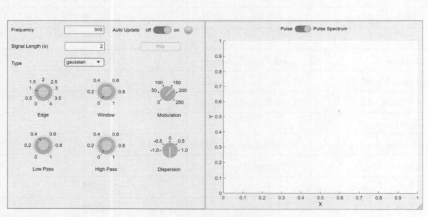

(a)画布布局　　　　　　　　　　　　　　(b)组件浏览器

图 12-13　布局结果

12.3.2　App 行为编程

在对 App 进行布局后,对 App 进行编程以响应用户的输入。App 行为编程是在代码视图模式中使用回调函数完成的。只要 App 用户与特定的 App 组件进行交互,这些函数就会执行。

1. 创建私有属性

在代码视图模式下,单击"编辑器"→"插入"→ 🅿 (属性)按钮,在光标处直接创建如下私有属性(用于自动更新)。

```
properties (Access=private)
    autoUpdate                                       % 用于在类内部实现自动更新相关的逻辑
end
```

2. 创建私有函数

在代码视图模式下，单击"编辑器"→"插入"→ 🔧（函数）按钮，在光标处依次创建私有函数 updatePlot( )、generatePulse( )。

函数 updatePlot( )用于更新绘图的方法，代码如下。

```
function updatePlot(app)

    % 获取用户在 App 界面中输入的信号长度、频率和绘图类型
    signalLength=app.SignalLengthsEditField.Value;
    frequency=app.FrequencyEditField.Value;
    plotType=app.PlotTypeSwitch.Value;

    p=generatePulse(app);                            % 调用 generatePulse 方法产生脉冲
    t=-signalLength/2:1/frequency:signalLength/2;    % 生成时间向量 t

    % 根据绘图类型选择绘制的图形
    if strcmp(plotType,'Pulse')
        % 如果绘图类型是 'Pulse'，则在 PulsePlotUIAxes 中绘制脉冲信号
        plot(app.PulsePlotUIAxes, t, p);
        xlabel(app.PulsePlotUIAxes,'Time(s)');
    else
        % 如果绘图类型不是 'Pulse'，则进行频谱分析并绘制频谱图
        lp=length(p);
        Y=fft(p);
        sig=abs(Y(1:ceil(lp/2)));
        f=linspace(0, frequency/2, ceil(lp/2));
        % 在 PulsePlotUIAxes 中绘制频谱图
        plot(app.PulsePlotUIAxes, f(sig>1e-4), sig(sig>1e-4));
        % 如果希望使用对数坐标，可以使用 semilogy 函数
        % semilogy(app.PulsePlotUIAxes, f(sig>1e-4), sig(sig>1e-4));
        xlabel(app.PulsePlotUIAxes,'Frequency (Hz)');
    end

end
```

函数 generatePulse( )用于产生不同类型的脉冲。该函数根据用户在 App 中的输入参数生成不同类型的脉冲信号，并可以根据用户的选择进行低通滤波、高通滤波、频率调制等处理。函数最后将生成的信号进行归一化并返回。代码如下。

```
function result=generatePulse(app)
    % 生成脉冲信号的函数

    % 从 App 界面获取用户输入的参数
    frequency=app.FrequencyEditField.Value;
    signalLength=app.SignalLengthsEditField.Value;
    edge=app.EdgeKnob.Value;
    window=app.WindowKnob.Value;
    modulation=str2double(app.ModulationKnob.Value);
```

```matlab
lowpass=app.LowPassKnob.Value;
highpass=app.HighPassKnob.Value;
dispersion=str2double(app.DispersionKnob.Value);

startFrequency=10;
stopFrequency=20;

t=-signalLength/2:1/frequency:signalLength/2;            % 生成时间向量 t
sig=(signalLength/(8*edge))^2;                           % 信号方差

% 根据用户选择的信号类型生成相应的脉冲信号
switch app.TypeDropDown.Value
    case 'gaussian'
        y=exp(-(t).^2/sig);
    case 'sinc'
        x=2*pi*edge*50.*t/(5*signalLength);
        y=sin(x)./x;
        y(x==0)=1;
    case 'square'
        y=(t > -signalLength/edge/2) & (t < signalLength/edge/2);
    case 'triangle'
        y=(t+signalLength/edge/2).*(t<0)-…
            (t-signalLength/edge/2).*(t>=0);
        y(y < 0)=0;
    case 'monocycle'
        if (sig == 0)
            y=t;
        else
            y=2*t./sig.*exp(-(t).^2/sig);
        end
    case 'exponential'
        y=exp(-t*8*edge/signalLength);
        y(t<0)=0;
    case 'biexponential'
        y=exp(-abs(t)*8*edge/signalLength);
    case 'mexican hat'
        z=t./sqrt(0.75*sig);
        y=sqrt(1/2*pi).*(1-z.^2).*exp(-z.^2/2);
    case 'raised cosine'
        rb=2*edge*50/(5*signalLength);
        x=pi.*t.*rb;
        y=sin(x)./x;
        y(x==0)=1;
        y=y.*(cos(2*pi*rb.*t)./(1-(4*rb.*t).^2));
    case 'double sinc'
        x1=2*stopFrequency*pi.*t;
        x2=2*startFrequency*pi.*t;
        y1=sin(x1)./x1;
        y1(x1==0)=1;
        y2=sin(x2)./x2;
        y2(x2==0)=1;
        y=stopFrequency*y1-startFrequency*y2;
    case 'sinc squared'
        x=2*pi*edge*16.*t/(5*signalLength);
```

```matlab
            y=sin(x)./x;
            y(x==0)=1;
            y=y.^2;
        case 'sweep'
            theta=startFrequency.*(t+signalLength/2)+…
                ((stopFrequency-startFrequency)/(signalLength)).*…
                (t+signalLength/2).^2;
            y=real(exp(1j*(2*pi.*theta-pi/2)));
end

% 如果需要进行低通滤波、高通滤波或频率调制
if (lowpass < 1) || (highpass > 0) || (dispersion ~= 0)
    c=length(y);
end

% 进行信号的傅里叶变换
s=fft(y);
sA=abs(s);
sP=angle(s);

% 低通滤波
if (lowpass < 1)
    cP=ceil(lowpass*c/2);
    if (cP == 0)
        sA(:)=0;
    else
        sA(cP:end-cP+2)=0;
    end
end

% 高通滤波
if (highpass > 0)
    cP=floor(highpass*c/2);
    if (cP ~= 0)
        sA(1:cP)=0;
        sA(end-cP+2:end)=0;
    end
end

% 频率调制
if (dispersion ~= 0)
    pp=dispersion.*linspace(0,2*pi,c);
    sP=sP+pp;
end

% 逆傅里叶变换得到处理后的信号
s2=sA.*cos(sP)+1j*sA.*sin(sP);
y=real(ifft(s2));

% 如果有窗函数,则应用窗函数
if (window > 0)
    c=length(y);
```

```
            w=ones(size(y));
            p1=floor(c*window/2);
            % Window 定义为 3 部分：taper, constant, taper
            w(1:p1+1)=(-cos((0:p1)/p1*pi)+1)/2;
            w(end-p1:end)=(cos((0:p1)/p1*pi)+1)/2;
            y=w.*y;
    end

    % 如果有频率调制，则应用频率调制
    if modulation ~= 0
        y=y.*cos(pi*t*modulation);
    end
    result=y./max(abs(y));

end
```

3. 添加回调函数

（1）在组件浏览器中的 PulseGenerator 上右击，在弹出的快捷菜单中执行"回调"→"添加 StartupFcn 回调"命令，此时光标置于 startupFcn( ) 函数的主体中。在该函数中输入以下代码。

```
function startupFcn(app)
    % App 启动时的初始化函数
    app.AutoUpdateSwitch.Value='on';       % 设置自动更新开关为打开状态
    app.PlotTypeSwitch.Value='Pulse';      % 设置默认绘图类型为脉冲
    app.PlotButton.Enable='off';           % 禁用绘图按钮（初始化时不希望手动触发绘图）
    app.autoUpdate=1;                      % 设置类的私有属性 autoUpdate 为 1
    updatePlot(app)                        % 调用 updatePlot 方法进行绘图
end
```

（2）在组件浏览器中的 PlotButton 上右击，在弹出的快捷菜单中执行"回调"→"添加 ButtonPushedFcn 回调"命令，此时光标置于 PlotButtonPushed( ) 函数的主体中。在该函数中输入以下代码。

```
function PlotButtonPushed(app, event)
    updatePlot(app)
end
```

（3）在组件浏览器中的 AutoUpdateSwitch 上右击，在弹出的快捷菜单中执行"回调"→"添加 ValueChangedFcn 回调"命令，此时光标置于 AutoUpdateSwitchValueChanged( ) 函数的主体中。在该函数中输入以下代码。函数在自动更新开关状态改变时被调用。

```
function AutoUpdateSwitchValueChanged(app, event)
    % 自动更新开关状态改变时的回调函数
    % 检查自动更新开关的状态
    if strcmp(app.AutoUpdateSwitch.Value, 'on')
        % 如果开关状态为 'on'，则启用自动更新
      app.autoUpdate=1;
      app.PlotButton.Enable='off';          % 禁用手动触发绘图按钮
      app.AutoUpdateLamp.Color=[0 1 0];     % 设置自动更新灯的颜色为绿色
    else
        % 如果开关状态为 'off'，则禁用自动更新
      app.autoUpdate=0;
      app.PlotButton.Enable='on';           % 用手动触发绘图按钮
```

```
            app.AutoUpdateLamp.Color=[0.5 0.5 0.5];          % 设置自动更新灯的颜色为灰色
        end
end
```

（4）在代码视图模式下，单击"编辑器"→"插入"→ (回调) 按钮，在弹出的"添加回调函数"对话框中进行如图 12-14 所示的设置，添加 KnobValueChanged 回调，并在回调函数中输入以下代码，用于更新绘图。该函数在旋钮值改变时被调用。

```
function KnobValueChanged(app, event)
    % 旋钮值改变时的回调函数
    if app.autoUpdate                % 如果启用了自动更新，则调用 updatePlot()方法进行绘图
        updatePlot(app)
    end
end
```

图 12-14　添加 KnobValueChanged 回调

12.3.3　运行 App

（1）单击"编辑器"或"设计工具"选项卡下的 ▶（运行）按钮，并自动生成一个 Pulse Generator App。在 App 中，控件位于左侧的固定面板中，用于调整布局的右侧面板包含两个可视化选项卡和一个数据表。

当缩小 App 窗口宽度时，右侧面板会根据窗口宽度大小进行动态调整，并移至固定的左侧面板下方，如图 12-15 所示。

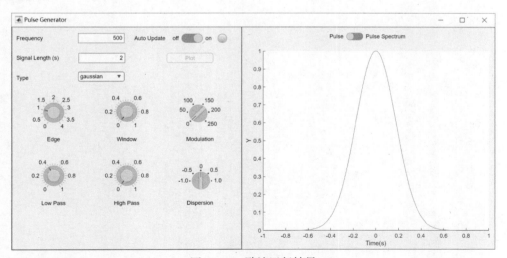

图 12-15　默认运行结果

（2）在 App 的数值字段中输入新值（修改输入参数），调整旋钮的值可以得到不用的信号，绘图区重新绘制图形，结果如图 12-16 所示。

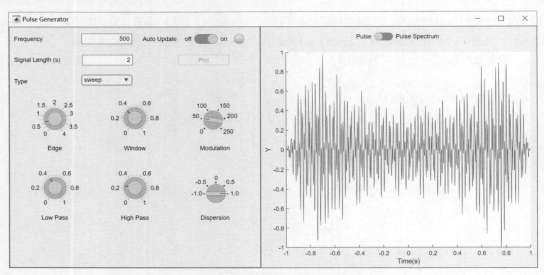

图 12-16　调整参数后的运行结果

12.4　本章小结

本章通过实际案例的讲解，为读者提供了在 App 设计过程中的实际经验。通过参与实际项目，读者可以更深入地理解 MATLAB App 的构建和设计思路与方法。通过本章的学习，读者将进一步拓展应用开发技能，拥有更强大的 App 设计能力，能够更自信地应对实际项目中的挑战。

参 考 文 献

[1] 付文利. MATLAB 应用全解[M]. 北京：清华大学出版社，2023.
[2] 刘浩，韩晶. MATLAB R2022a 完全自学一本通[M]. 北京：电子工业出版社，2022.
[3] 李昕. MATLAB 数学建模[M]. 2 版. 北京：清华大学出版社，2022.
[4] 沈再阳. MATLAB 信号处理[M]. 2 版. 北京：清华大学出版社，2023.
[5] 温正. MATLAB 科学计算[M]. 2 版. 北京：清华大学出版社，2023.
[6] 张岩. MATLAB 优化算法[M]. 2 版. 北京：清华大学出版社，2023.
[7] 李献. MATLAB/Simulink 系统仿真[M]. 2 版. 北京：清华大学出版社，2023.
[8] 温正. MATLAB 智能算法[M]. 2 版. 北京：清华大学出版社，2023.
[9] 刘成龙. MATLAB 图像处理[M]. 2 版. 北京：清华大学出版社，2023.
[10] 王广，邢林芳. MATLAB GUI 程序设计[M]. 北京：清华大学出版社，2018.
[11] 魏鑫，周楠. MATLAB 2022a 从入门到精通[M]. 北京：电子工业出版社，2022.
[12] 汪晓银，李治，周保平. 数学建模与数学实验[M]. 3 版. 北京：科学出版社，2019.
[13] 周开利，邓春晖. MATLAB 基础及其应用教程[M]. 北京：北京大学出版社，2007.
[14] 李宏艳，郭志强，李清华，等. 数学实验 MATLAB 版[M]. 北京：清华大学出版社，2015.
[15] 张志涌，杨祖樱. MATLAB 教程[M]. 北京：北京航空航天大学出版社，2015.